应用型人才培养精品教材

Python 语言程序设计

主 编　赵 嘉　叶 军　李 璠
副主编　田秀梅　关素洁

电子工业出版社
Publishing House of Electronics Industry
北京·BEIJING

内 容 简 介

Python 是近年来最流行的编程语言之一，深受编程人员的喜爱和追捧。本书以程序设计为主线，由浅入深、循序渐进地讲述 Python 语言的基本概念、基本语法和数据结构等基础知识。全书共 12 章，主要内容包括 Python 语言基础、顺序结构、分支结构、循环结构、字符串与正则表达式、复合数据类型、函数、面向对象程序设计、图形绘制、图形用户界面程序设计、文件操作和 Python 语言与大数据挖掘（包含访问数据库）。本书配有大量典型的实例，读者可以边学边练，巩固所学知识，并在实践中提升实际开发能力。

本书既可作为普通高等院校各专业"Python 语言程序设计"课程的配套教材，又可作为 Python 语言程序设计自学者及参加相关考试应试者的参考用书。

图书在版编目（CIP）数据

Python 语言程序设计 / 赵嘉，叶军，李璠主编. —北京：电子工业出版社，2023.12
ISBN 978-7-121-47333-3

Ⅰ. ①P… Ⅱ. ①赵… ②叶… ③李… Ⅲ. ①软件工具—程序设计 Ⅳ. ①TP311.561

中国国家版本馆 CIP 数据核字（2024）第 028189 号

责任编辑：魏建波
印　　刷：三河市君旺印务有限公司
装　　订：三河市君旺印务有限公司
出版发行：电子工业出版社
　　　　　北京市海淀区万寿路 173 信箱　邮编 100036
开　　本：787×1092　1/16　印张：17.25　字数：441.6 千字
版　　次：2023 年 12 月第 1 版
印　　次：2025 年 1 月第 3 次印刷
定　　价：59.80 元

凡所购买电子工业出版社图书有缺损问题，请向购买书店调换。若书店售缺，请与本社发行部联系，联系及邮购电话：（010）88254888，88258888。

质量投诉请发邮件至 zlts@phei.com.cn，盗版侵权举报请发邮件至 dbqq@phei.com.cn。

本书咨询联系方式：（010）88254173，qiurj@phei.com.cn。

前　言

习近平总书记在党的二十大报告中提到"要坚持教育优先发展、科技自立自强、人才引领驱动，加快建设教育强国、科技强国、人才强国，坚持为党育人、为国育才，全面提高人才自主培养质量，着力造就拔尖创新人才，聚天下英才而用之。"作为高等教育的主阵地，高校要全面贯彻党的教育方针，把立德树人的成效作为检验学校一切工作的根本标准，推动我国高等教育高质量发展。教材是落实立德树人根本任务的重要载体，是育人育才的重要依托。

计算机编程语言是程序设计最重要的工具之一，它是计算机能够接收和处理的、具有一定语法规则的语言。Python 是目前非常流行的编程语言，具有简洁、优雅、易读、可扩展等特点，已经被广泛应用到 Web 开发、系统运维、搜索引擎、机器学习、游戏开发等各个领域。目前社会对 Python 语言的学习需求日益增长，教育部在 2018 年将 Python 纳入了全国计算机等级考试范围。

结合教育部高等学校非计算机专业计算机基础课程教学指导分委员会提出的《关于进一步加强高等学校计算机基础教学的几点意见》，编者组织了长期从事"Python 语言程序设计"课程教学的教师编写了《Python 语言程序设计》一书。本教材的编写遵循以下几个原则。

第一，**内容选择科学**。从云计算、大数据到人工智能，Python 无处不在，涉及的内容和知识点较多。本教材紧扣全国计算机等级考试二级 Python 语言程序设计考试大纲进行教学内容设计。

第二，**资源建设丰富**。本教材配套出版实践教程，两本教材实现了理论与实践相结合，强化了理论知识和实践能力的双重培养。教材的每个章节均安排了习题，部分章节还有典型案例分享。

第三，**融入课程思政**。本教材结合教学内容、思维方法和价值理念，深入挖掘思政元素，将思政内容与课程教学目标、内容有机融合。

本教材由南昌工程学院信息工程学院教师执笔。全书共 12 章，第 1 章、第 5~6 章由关素洁编写，第 2~4 章由田秀梅编写，第 7~8 章由叶军编写，第 9~10 章由李璠编写，第 11~12 章由赵嘉编写。赵嘉负责全书的统稿工作。

在本教材的编写过程中，编者得到了南昌工程学院信息工程学院计算机基础教研室全体教师的支持，在此表示衷心感谢。

由于计算机技术日新月异的发展，加上编者水平有限，书中疏漏之处在所难免，敬请专家、教师和广大读者不吝指正，有问题请发送邮件到 zhaojia@nit.edu.cn。

编　者

目　录

第 1 章　Python 语言基础

Python 语言是目前非常流行且简洁、强大的编程语言，具有易读、可扩展、交互性强等特点。它是一种开源的脚本语言，被广泛应用在 Web 应用开发、自动化运维、人工智能、网络爬虫、科学计算、游戏开发等领域。可以说，Python 在各行各业有着极其重要的作用，其价值不可估量。对于编程初学者而言，其简洁的语法特点，让初学者不必陷于语法细节，而专注于如何解决问题，所以 Python 是理想的选择。

本章介绍了 Python 语言概述、Python 语言开发环境配置、常量和变量、Python 数据类型、数值类型的运算、常用系统函数等。

1.1　Python 语言概述

程序设计语言又叫编程语言，是让人与计算机通信的语言，是计算机能够理解和识别用户操作意图的一种交互体系，它按照特定的规则组织计算机指令，自动进行各种运算。按照程序设计语言的语法规则组织的一组指令的集合被称为计算机程序。

Python 语言是一个语法简洁、跨平台、可扩展的开源编程语言。本节主要介绍程序设计语言、编译和解释、计算机编程、Python 语言的发展、Python 语言的特点。

1.1.1　程序设计语言

程序设计语言可按照其发展过程分为机器语言、汇编语言和高级语言。

1. 机器语言

机器语言是二进制语言，属于低级语言，直接使用二进制代码表示指令，是计算机硬件能直接识别和执行的程序设计语言。不同计算机结构的机器指令各不相同，按照一种计算机的机器指令编写的程序不能在另一种计算机上执行。例如，计算数字 2 和 3 的和，16 位计算机上的机器指令为：11010010　00111011。

2. 汇编语言

使用机器语言编写的程序十分烦冗，难以阅读和修改，因此汇编语言诞生了，它使用助记符与机器语言中的机器指令进行一一对应，在早期确实提高了程序员的编程效率。例如，计算数字 2 和 3 的和，汇编指令为 "add 2,3,result"，运算结果被写入 result。但是用汇编语言编写的程序，计算机不能直接识别，需要由汇编语言编译器将其转换成机器指令。汇编语言和机器语言类似，不同计算机结构的汇编指令各不相同，难以移植，都属于低级语言。

3. 高级语言

高级语言是一种接近自然语言的程序设计语言，可以更容易地描述计算问题并利用计算机解决问题。高级语言的语句是面向问题的，而不是面向机器的。例如，计算数字 2 和 3 的和，高级语言的代码为"result=2+3"，这行代码在不同计算机上都是一样的。世界上有六百多种高级语言，如流行的 C、C++、C#、Java、JavaScript、PHP、Python、SQL 等。

1.1.2　编译和解释

使用高级语言编写的程序叫作源程序，它不能被计算机直接识别，必须经过转换才能被执行，转换方式有两类：编译和解释。

编译是将源代码经过编译器（Compiler）转换为目标代码，目标代码是机器语言代码，因此其目标程序可脱离语言环境被独立执行，即源程序一旦被编译，就不再需要编译器或源代码。只执行一次编译，所以编译速度不是关键，目标程序的运行速度才是关键。因此，编译器一般都集成了很多优化技术，使目标程序具备更好的执行效率。

解释是一边将源代码由相应程序设计语言的解释器（Interpreter）"翻译"成目标代码，一边执行，也就是逐条翻译、逐条运行源代码。解释器不能集成太多优化技术，没有对全部代码的性能进行优化，因为优化技术会消耗运行时间，因此执行速度会受影响。

编译和解释的区别类似于外文材料的翻译和实时的同声传译。静态语言采用编译的方式执行，如 Java 语言、C 语言；脚本语言采用解释的方式执行，如 JavaScript 语言、PHP 语言。Python 语言是一种高级、通用的脚本语言，虽然采用解释的方式执行程序，但它的解释器保留了编译器的部分功能，也会生成完整的目标代码，这种将解释器和编译器结合的方式推动了现代脚本语言的演进。

1.1.3　计算机编程

计算机编程就是使用计算机语言编写程序，简称编程。对于非计算机专业的读者，常常会疑问："为什么要学习计算机编程？"

计算机编程能够培养逻辑思维能力和抽象思维能力。计算机编程是一个求解问题答案的过程，先从问题分析入手，要经过对算法的分析、设计至程序代码的编写、调试和测试、运行等一系列过程，这是从抽象问题到解决问题的完整过程，体现了一种抽象的交互关系、形式化方法的思维模式，被称为"计算思维"。计算思维是区别于以数学为代表的理论思维和以物理为代表的实验思维的第三种思维，它以计算机科学为基础。训练计算思维能够促进人类思考，增强观察力，深化对交互关系的理解。

计算机编程能够提升创造力，增进认识。编写程序不是为了单纯的求解计算题，计算机编程注重的是思考的过程，它要求作者不仅要思考解决问题的方法，更要思考如何让程序有更好的用户体验、更高的执行效率和更有趣的展示效果。不同群体、不同时代、不同文化对程序有着不同的理解，计算机编程需要对时代大环境和使用群体小环境有更多的认识，从细微处给出更好的程序体验，这些思考和实践将帮助程序员加深其对用户行为及社会、文化的认识。

　　计算机编程能够提高效率。计算机已经成为当今社会的普通工具，掌握一定编程技术有助于更好地利用计算机解决计算相关的问题。

　　计算机编程能够增强求职竞争力，带来就业机会。程序员是信息时代最重要的工作岗位之一，国内外对程序员的需求都很大，程序员就业前景广阔。程序员往往不需要掌握多种编程语言，精通某一种就能够获得就业机会。

1.1.4　Python 语言的发展

　　Python 语言诞生于 1990 年，由荷兰人 Guido van Rossum 设计。1989 年圣诞节期间，Guido van Rossum 决定开发一个新的脚本解释程序，为其研究小组的 Amoeba 分布式操作系统执行管理任务，于是诞生了 Python 语言。Guido van Rossum 之所以选择 Python（大蟒蛇的意思）作为该编程语言的名字，是因为他是电视喜剧《蒙提·派森的飞行马戏团》（*Monty Python's Flying Circus*）的爱好者。

　　1991 年，第一版的 Python 公开发行。由于功能强大和采用开源方式发行，Python 发展很快，用户越来越多，形成了一个庞大的语言社区。

　　2000 年 10 月，Python 2.0 正式发布，它解决了其解释器和运行环境中的诸多问题，开启了 Python 被广泛应用的新时代。2010 年，Python 2.x 发布最后一版，主版本号为 2.7，终结了 2.x 系列版本的发展，并且不再进行这一系列的改进。

　　2008 年 12 月，Python 3.0 正式发布，这个版本在语法和解释器内部做了重大改进，解释器内部采用完全面向对象的方式实现，这导致 3.x 系列版本无法向下兼容，即无法兼容 2.0 系列版本的既有语法，所有基于 Python 2.x 编写的库函数都必须经过修改，才能被 3.x 系列版本的解释器运行。对几万个函数库的版本进行升级的过程虽然痛苦，但却令人期待，至今绝大部分的 Python 函数库和 Python 程序员都采用 3.x 系列版本的语法和解释器。

1.1.5　Python 语言的特点

　　在 Python 开发领域流行这样一句话："人生苦短，我用 Python。"这句话出自 Bruce Eckel，原话是"Life is short，you need Python"。TIOBE 编程语言排行榜显示，2021 年 10 月 Python 首次超越 Java、JavaScript、C 语言等，成为最受欢迎的编程语言。Python 语言具有如下多个区别于其他高级语言的特点。

　　（1）语法简洁：Python 语言注重解决问题而不是搞明白该语言本身。它去掉了分号、花括号，通过强制缩进来体现语句间的逻辑关系，显著提高了程序的可读性，增加了可维护性。实现相同的功能，Python 语言的代码行数是其他编程语言的 1/3～1/5。

　　（2）开源、免费：开源即开放源代码（Open Source Code），指的是一种软件发布模式。一般的软件仅可取得已经编译过的二进制的可执行文档，通常只有软件的作者或著作权所有者拥有程序的原始码。所谓开源，就是公开源代码，源代码可以被自由使用、复制、修改和再发布。Python 语言是开源项目的优秀代表，解释器的全部代码都是开源的，可以在 Python 语言官网自由下载。Python 还开源了函数库。Python 不仅开源，而且免费，用户使用 Python 进行开发，不要支付任何费用，也不必担心版权问题（作为非营利组织的 Python 软件基金会拥有 Python 2.1 版本之后的所有版本的版权，该组织致力于推进并保护 Python 语言的开放性）。

（3）跨平台：由于 Python 开源，因此 Python 已经经过改动并被移植在许多平台上，包括 Linux、Windows、FreeBSD（类 UNIX 操作系统）、Symbian，以及 Google 基于 Linux 开发的 Android 平台。Python 程序可以在任何安装了解释器的计算机上执行，因此，用该语言编写的程序可以不经修改就实现跨平台运行。

（4）强大的生态系统：Python 解释器提供了丰富的内置类和第三方库。此外，世界各地的程序员在开源社区提供了大量成熟的第三方库，几乎覆盖了计算机技术的所有领域，编写 Python 程序可以利用已有的内置类或第三方库，给开发者带来了极大的便利，具备良好的编程生态。常用的 Python 第三方库包括 NumPy（表达 N 维数组的最基础库）、Pandas（Python 数据分析高层次应用库）、SciPy（数学、科学和工程计算功能库）、Matplotlib（高质量的二维数据可视化功能库）、PyPDF2（用来处理 PDF 文件的工具集）、Scrapy（网络爬虫功能库）、Beautiful Soup（HTML 和 XML 的解析库）、Django（Web 应用框架）、Flask（Web 应用开发微框架）等。

（5）模式多样：虽然 Python 3.0 解释器内部采用面向对象方式实现，但在语法层面同时支持面向过程和面向对象两种编程模式，这使得编程更加灵活。

1.2　Python 语言开发环境配置

要使用 Python 语言进行程序开发，必须安装其开发环境，即 Python 解释器。

1.2.1　安装 Python

Python 语言可用于多种计算机操作系统，包括 Windows、Linux 和 macOS。可以到 Python 官方网站下载与自己计算机操作系统匹配的安装包，Python 官网下载页面如图 1-1 所示。

图 1-1　Python 官网下载页面

图 1-1 的第一个矩形内显示的是 Python 最新的稳定版本 Python 3.10.6。Python 3.10.6 不能在 Windows 7 或更早的操作系统上使用。其他操作系统可选择第二个矩形内的相应链接。如果计算机中安装的是 64 位的 Windows 7 操作系统，就单击第二个矩形内的"Windows"选项，之后选择下载 Python-3.8.10-amd64.exe。下载完成后，双击安装包 Python-3.8.10-amd64.exe，进入 Python 安装界面，如图 1-2 所示为 Python 安装界面。注意，要选中"Add Python 3.8 to PATH"复选框（这样可以在安装过程中自动配置 Path 环境变量，避免了烦琐的手动配置），并使用默认的安装路径，单击"Install Now"选项，进入安装过程。如果要设置安装路径和其他特性，可以选择"Customize installation"选项。

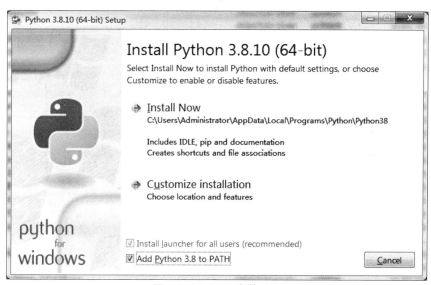

图 1-2　Python 安装界面

安装成功后，将显示如图 1-3 所示的安装成功界面，单击"Close"按钮即可完成安装。

图 1-3　安装成功界面

Python 安装包将在系统中安装一批与 Python 开发和运行相关的程序，其中最重要的两个是 Python 命令行和 Python 集成开发环境（Integrated DeveLopment Environment，IDLE）。

1.2.2　启动 Python 解释器和集成开发环境

在 Python 安装完成后，启动 Python 解释器和集成开发环境，它们的界面分别为命令行和图形用户界面。

1. 启动命令行形式的 Python 解释器

在 Windows 操作系统下，依次选择"开始"→"所有程序"→"Python 3.8"→"Python 3.8（64-bit）"命令来启动命令行形式的 Python 解释器，如图 1-4 所示。其中"＞＞＞"是 Python 解释器的提示符，在提示符后输入一条语句并敲回车键，将会立即显示运行结果。

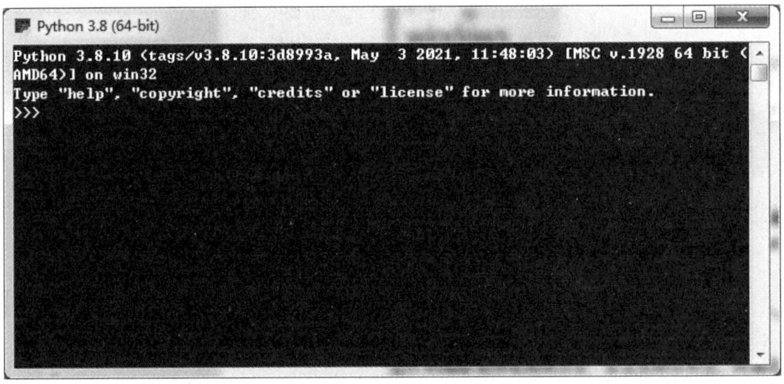

图 1-4　命令行形式的 Python 解释器

还可以用 Windows 操作系统命令提示符启动 Python 解释器，具体方法为：单击"开始"按钮，选择"运行"选项，在弹出的"运行"对话框中输入"cmd"后，单击"确定"按钮，启动 Windows 操作系统命令提示符，输入"Python"，即可启动 Python 解释器，如图 1-5 所示。由于在安装 Python 时已经把 Python 的安装路径添加到环境变量 Path 中，所以在运行 python.exe 时，系统会自动找到 python.exe，否则需要在文件名前面加上安装路径。

图 1-5　启动 Python 解释器

2. 启动图形用户界面的 Python 集成开发环境

在 Windows 操作系统下，依次选择"开始"→"所有程序"→"Python 3.8"→"IDLE

（Python 3.8 64-bit）"命令就可以启动 Python 集成开发环境，如图 1-6 所示。

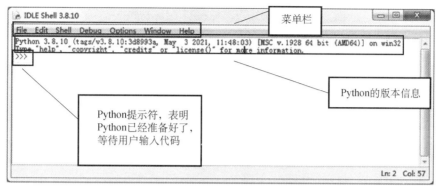

图 1-6　启动 Python 集成开发环境

图形用户界面的 Python 集成开发环境，集程序编辑、解释、执行于一体，可以提高编程效率。

1.2.3　运行 Python 程序

运行 Python 程序有两种方式：交互式和文件式。所谓交互式，就是 Python 解释器即时响应用户输入的每行代码，给出运行结果，适用于代码量少的情况和单条语法练习。所谓文件式，就是先将 Python 程序写在一个或多个源文件中，然后在 Python 解释器中执行源文件，这是最常见的程序运行方式。下面以在 Windows 操作系统中运行程序为例来具体说明。

1. 交互式

用 1.2.2 节介绍的方法分别启动命令行形式的 Python 解释器和图形用户界面的 Python 集成开发环境后，可以在命令提示符"＞＞＞"后输入如下代码：

```
print("Hello,World")
```

按 Enter 键后显示输出结果为"Hello,World"，图 1-7 所示是用命令行启动交互式 Python 运行环境，图 1-8 所示的是用图形用户界面启动交互式 Python 运行环境。在命令提示符"＞＞＞"后输入"exit()"或"quit()"可退出 Python 交互式运行环境。

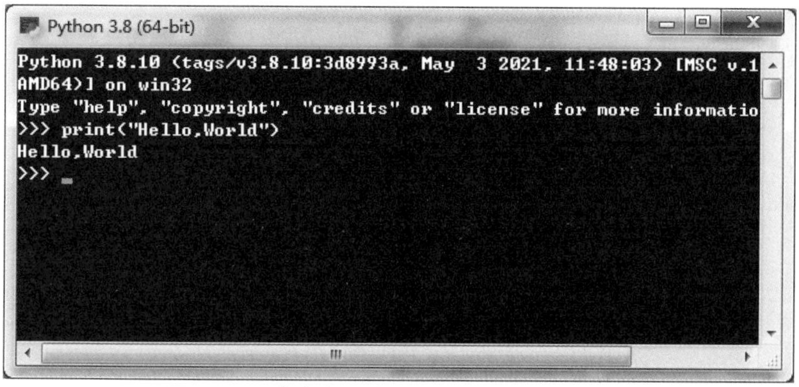

图 1-7　用命令行启动交互式 Python 运行环境

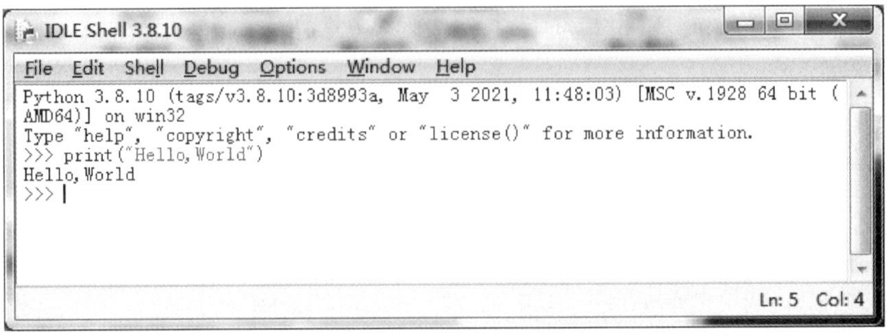

图 1-8　用图形用户界面启动交互式 Python 运行环境

2. 文件式

在图形用户界面的窗口中依次选择"File"→"New File"命令，或按 Ctrl+N 快捷键打开
Python 程序编辑窗口，这个窗口不是交互式的，而是一个具备 Python 语法高亮辅助的编辑器，
可以编辑代码。先在这个窗口中输入代码"print("Hello World")"（可以是多行的），然后依次
选择"File"→"Save"命令（或按 Ctrl+S 快捷键），确定保存文件的位置和文件名正确，例
如，F:/pe/hello.py，如图 1-9 所示为通过 IDLE 编写并运行 Python 程序文件。

图 1-9　通过 IDLE 编写并运行 Python 程序文件

上面已经在 IDLE 中新建了一个 Python 程序文件，运行这个后缀为.py 的 Python 程序文
件有两种方法，第一种是直接在 IDLE 中按 F5 键或在菜单中依次选择"Run"→"Run Module"
命令运行该程序文件。程序运行结果会在"IDLE Shell"窗口中显示，如图 1-10 所示。

图 1-10　程序运行结果

第二种是启动 Windows 操作系统的命令提示符，输入如下形式的命令：Python 程序的完整路径+文件名，就会显示运行结果，例如，输入"python F:\pe\hello.py"，如图 1-11 所示。也可先把命令行工具的当前路径切换到 Python 程序文件所在文件夹中，具体命令如图 1-12 所示。

图 1-11　运行 Python 程序文件

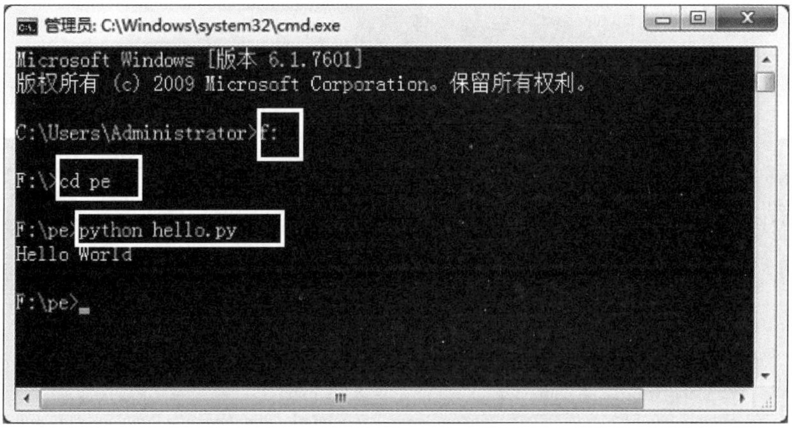

图 1-12　切换当前路径的具体命令

　　IDLE 是一个 Python 自带的、简单且有效的集成开发环境，无论交互式或文件式，都非常方便，它是小规模的 Python 软件项目的主要编写工具，本书所有程序都可以通过 IDLE 编写并运行。对于单行代码或通过观察输出结果来讲解少量代码的情况，采用 IDLE 交互式（由">>>"开头）进行描述；对于讲解整段代码的情况，采用 IDLE 文件式进行描述。

　　除了 Python 自带的集成开发环境，还可以选择第三方开发工具，如 PyCharm、Eclipse、Visual Studio Code、Jupyter Notebook 等。

1.3　常量和变量

　　程序处理的对象是数据，数据有不同的类型，有不同的表现形式。在高级语言中，基本的数据形式有常量和变量。计算机处理的数据被存储在内存单元中，机器语言或汇编语言通过内存单元的地址来操作数据。而在高级语言中，需对内存单元进行命名，以通过名字来访问内存单元。有名字的内存单元就是常量或变量。所谓变量，是在程序运行过程中，值会发生变化的量。和变量相对的就是常量，常量是在程序运行过程中值不会发生变化的量。

1.3.1 变量

变量的一般定义如下：在程序运行过程中，值可以改变的量被称为变量。变量是存储数据的容器（若干字节的内存单元），可用来存储数据，并通过变量名来操作数据。

在 Python 中，不仅变量的值可以变化，变量的类型也可以变化。

在 Python 语言中，变量不需要声明其数据类型，每个变量在使用之前都通过赋值来创建并开辟存储空间，并保存值。如果没有赋值而直接使用，会抛出变量未定义的异常。系统根据所赋的值，自动确定其数据类型。

Python 采用的是基于值的内存管理方式，Python 会为每个出现的值分配存储空间。当给变量赋值时，Python 解释器会给该值分配一个存储空间，变量指向这个存储空间，当变量的值发生改变时，改变的并不是这个存储空间的内容，而是改变了变量的指向关系，即变量指向了另一个值。示例如下：

```
>>> a=12              #单个直接赋值，创建变量a，给12分配存储空间，让a指向12
>>> id(a)             #查看a的内存地址
8791371028592
>>> a=a+1             #计算出和为13，把13赋给a，给13分配存储空间，a指向13
>>> id(a)
8791371028624
```

在上面的代码中，id()函数可以返回对象的内存地址。当执行 a=a+1 后，a 的值变为 13，此时 a 指向 13，不再指向 12。Python 具有内存自动管理功能，对于没有任何指向的值，Python 自动将其删除，并回收存储空间。开发人员一般不需要考虑内存管理问题。

赋值的方式除了有单个直接赋值，还有多个批量赋值和分别赋值等方式。示例如下：

```
>>> b=c=12.34         #多个批量赋值，给12.34分配存储空间，变量b和c都指向它
>>> id(b),id(c)       #查看b和c的内存地址，两个变量指向同一个值
(50852336, 50852336)
>>> x,y,z=34,3.5,"China" #分别赋值，变量x指向34，y指向3.5，z指向字符串"China"
>>> type(x)           #查看x的类型，x是整型（int）变量
<class 'int'>
>>> type(y)           #查看y的类型，y是浮点型（float）变量
<class 'float'>
>>> type(z)           #查看z的类型，z是字符串型（string）变量
<class 'str'>
```

可以使用 Python 内置函数 type()来查询变量的类型。在 Python 语言中，变量的类型可以变化。示例如下：

```
>>> a=12
>>> type(a)
<class 'int'>
>>> a="Happy"
>>> type(a)
<class 'str'>
```

Python 会为每个出现的对象分配存储空间，哪怕它们的值相等。示例如下：

```
>>> a=1.0
>>> b=1.0
>>> id(a)
```

```
47789136
>>> id(b)
50852304
>>> a=1
>>> b=1
>>> id(a)
8791371028240
>>> id(b)
8791371028240
```

从上面的代码中，当执行 a=1.0、b=1.0 这两条语句时，a 和 b 的内存地址不同，所以分别给两个 float 类型的对象分配了存储空间，a 和 b 分别指向这两个对象。但是为了提高内存利用效率，对于一些简单的对象，如一些较小的整型（int）对象，Python 采用了重用对象内存的方法。例如，a=1、b=1，对于像 1 这样简单的小数值的 int 类型对象，Python 只会为 1 分配一次存储空间，a 和 b 均指向它，所以 a 和 b 的内存地址相同。

1.3.2　常量

在程序运行过程中，值不能改变的数据对象被称为常量。例如，整数 100、浮点数 3.5、字符串 "Hello World"。需要注意，Python 没有提供定义常量的关键字，不过 PEP 8 定义了常量的命名规范，即常量名由大写字母和下画线组成。例如，PI=3.14159265359。从 Python 语法角度看，PI 仍然是一个变量，因为 Python 没有任何机制保证 PI 不会被改变。修改 PI 值，不会弹出任何错误提示。所以，用全大写字母形式的变量名表示常量只是习惯上的用法。常量通常放置在代码的最上部，并作为全局变量使用。

1.3.3　关键字与标识符

1. 关键字

关键字也称预定义保留标识符，指在编程语言内部定义并保留、使用的标识符，有特定的含义和作用。表 1-1 列出了 Python 语言中的关键字。

表 1-1　Python 语言中的关键字

and	as	assert	async	await	break
class	continue	def	del	elif	else
except	finally	for	from	False	global
if	import	in	is	lambda	nonlocal
not	None	or	pass	raise	return
try	True	while	with	yield	

需要注意的是，Python 中的关键字是区分字母大小写的。例如，for 是关键字，但 For、FOR 都不是关键字。可通过如下方式查看 Python 中的所有关键字。

```
>>> import keyword
>>> keyword.kwlist
```

2. 标识符

程序处理的对象是数据，程序用于描述数据处理的过程。在程序中，通过名称建立对象与使用方法的关系，为此，每种程序设计语言都规定了如何在程序中描述名称。程序设计语言中的名称通常被称为标识符。

Python 语言中的变量名、函数名、类名、对象名等，被统称为标识符。通俗地讲，标识符就是名称。具体命名规则如下。

（1）Python 语言允许采用大写字母、小写字母、数字、下画线等字符及其组合作为标识符，但首字符不能是数字。长度没有限制（在语法上没限制，但受限于计算机存储资源，标识符的长度有长度限制）。

（2）标识符中不能出现空格、@、%和$等特殊字符。

（3）标识符中的字母是严格区分大小写的。

（4）标识符不能与关键字一样。

（5）以下画线开头的标识符有特殊的含义，应该避免标识符的开头和结尾都使用下画线的情况。例如，单独的下画线（_）是一个特殊变量，用于表示上一次运算的结果。

（6）Python 3.x 的标识符可以采用中文等非英语语言字符，但存在输入法的切换、平台编码支持、跨平台兼容等问题，从编程习惯和兼容性角度考虑，一般不建议将中文字符作为标识符。

1.4　Python 数据类型

Python 3.x 有 4 个标准的数据类型，分别是数值类型、序列类型（字符串、列表、元组）、集合类型（集合）和映射类型（字典）。这 4 个标准的数据类型又可以划分为基本数据类型和复合数据类型，数值类型是基本数据类型，包括整型、浮点型、复数型和布尔类型。字符串、列表、元组、集合和字典是复合数据类型，如图 1-13 所示。本节重点介绍数值类型，简单介绍复合数据类型，详细内容将在第 5、6 章介绍。

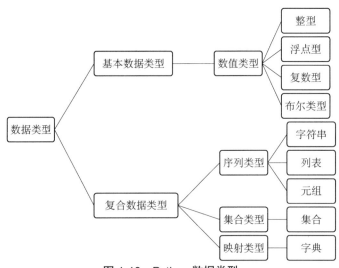

图 1-13　Python 数据类型

1.4.1　数值类型

表示数字或数值的数据类型被称为数值类型，Python 中的数值类型包括整型（int）、浮点型（float）、复数型（complex）和布尔类型（bool）。

1. 整型

整型用来存储整数，有正整数、负整数和 0，和数学中的整数的概念一致，共有 4 种进制：十进制、二进制、八进制和十六进制，默认采用十进制，其他进制需要在数字的前面增加引导符号，如表 1-2 所示。二进制一般以 0b 开头，八进制一般以 0o 开头，十六进制一般以 0x 开头。

表 1-2　整型的 4 种进制

进制	引导符号	描述
十进制	无	默认情况，例如，0、-4、100
二进制	0b 或 0B	由 0~1 组成，例如，0b1010、0B110
八进制	0o 或 0O	由 0~7 组成，例如，0o101、-0O12
十六进制	0x 或 0X	由 0~9、A~F 组成，例如，0x41、0XABC

整型的理论取值范围是 $[-\infty, +\infty]$，但实际的取值范围受限于运行 Python 程序的计算机内存大小。一般认为整型没有取值范围限制。

2. 浮点型

浮点型数据与数学中的实数的概念一样，表示带有小数点的数值，有两种表示形式，分别为十进制小数形式和科学计数法形式。

（1）十进制小数形式。由数字和小数点组成，如 3.2、1.0 等。小数部分可以是 0，如 1 是整型的，而 1.0 是浮点型的。另外，允许小数点后面没有任何数字，表示小数部分为 0，如用 123. 表示 123.0。也允许没有整数部分，只有小数点和小数部分，表示整数部分为 0，如用 .12 表示 0.12。

（2）科学计数法形式。采用"<尾数>e<指数>"或"<尾数>E<指数>"的形式表示，其中尾数为十进制数，指数为十进制整数。必须给出尾数和指数部分，如 1.5e3，其中 1.5 为尾数，3 为指数，表示 1.5×10^3。下面是浮点数的例子。

```
-2.35、-10.（等价于-10.0）、3.1415、.5（等价于 0.5）、4.2e2、314E-2
```

3. 复数型

复数型数据用于表示数学中的复数。复数由实数部分和虚数部分构成，用 a+bj、a+bJ 或者 complex(a,b) 表示，其中 a 和 b 都是浮点型的。示例如下：

```
1.23+7j    2.34e1-2j
```

对于复数 z，可以用 z.real 和 z.imag 来获得它的实数部分和虚数部分，示例如下：

```
>>> (2.34e1-2j).real
23.4
>>> (2.34e1-2j).imag
-2.0
```

4. 布尔类型

布尔类型也叫逻辑类型，用来表示"真"或"假"的值，在 Python 中分别用 True（真或对）或 False（假或错）来表示。这种值为真或假的表达式被称为布尔表达式，Python 的布尔表达式包括关系表达式和逻辑表达式，它们通常用来在程序中表示条件，满足条件则结果为 True，不满足则结果为 False。

在 Python 3.x 中，布尔值可转换为数值，True 的值为 1，False 的值为 0。空对象、数值 0 或对象 None 的布尔值都是 False。示例如下：

```
>>> x=5
>>> x-1<x
True
>>> x<0
False
>>> x=False
>>> x+(5>4)
1
```

1.4.2 复合数据类型——字符串

字符串属于复合数据类型，其元素是单个字符，用得非常频繁，所以单独介绍。

1. 字符串的表示

存储和处理文本信息在计算机应用中十分常见。文本在程序中用字符串（String）类型表示。字符串是由 0 个或多个字符组成的有序字符序列，用单引号、双引号或三引号（三单引号或三双引号）界定。其中单引号和双引号中的字符必须在同一行，而三引号内的字符可分布在连续的多行上。例如，"Python"、'How are you'、'"南昌"'、"""请输入一个整数"""，空字符串可表示为"、""。

下面的【例 1-1】使用了不同形式的字符串。

【例 1-1】不同形式的字符串。

```
str1='Python'     #单引号为定界符
str2="Python"     #双引号为定界符
str3='我喜欢用"Python"语言编程'
                  #若字符串中有双引号，就用单引号定界，反之亦然
str4='''少年智则国智
少年富则国富
少年强则国强
少年独立则国独立'''
                  #三单引号为定界符，可表示多行字符串
print(str1,str2,str3)
print(str4)
```

运行结果如下：

```
Python Python 我喜欢用"Python"语言编程
少年智则国智
少年富则国富
少年强则国强
少年独立则国独立
```

2. 转义字符

Python 支持转义字符，所谓转义字符是指用反斜杠"\"开头，后面跟字符或数字，表示对一些特殊字符进行转义。有的转义字符可表达特定字符的本意，如\"表示双引号；有的转义字符可形成组合，如\n 表示换行符（把光标移到下一行的行首）。常用的转义字符如表 1-3 所示。

表 1-3　常用的转义字符

转义符	含义	转义符	含义
\"	双引号	\n	换行符
\'	单引号	\t	制表符
\\	反斜杠	\b	退格
\a	响铃	\r	回车符
\ddd	用 1~3 位的八进制数表示 ASCII 码所代表的字符	\xhh	用 1~2 位的十六进制数表示 ASCII 码所代表的字符

3. 基本的字符串函数

（1）eval()函数。

eval()函数是 Python 语言中一个非常重要的字符串处理函数，它的作用是将字符串的内容作为 Python 的语句来执行。示例如下：

```
>>> a=5
>>> eval("a+1")
6
>>> eval("3+4")
7
```

（2）len()函数。

len()函数返回字符串的长度，即字符串中字符的个数。示例如下：

```
>>> len("abc")
3
>>> len("字符串长度")
5
```

关于字符串的更多知识将在第 5 章介绍。

1.4.3　其他复合数据类型

仅能表示一个数据，不可分解为其他类型的、表示单一数据的类型被称为基本数据类型。然而在实际计算中却存在大量需要同时处理多个数据的情况，这需要将多个数据有效地组织起来并统一表示，这种能够表示多个数据的类型被称为复合数据类型。

复合数据类型可分为 3 类：序列类型、集合类型和映射类型。

字符串、元组和列表是有顺序的数据元素的集合体，被称为序列（Sequence）。序列具有按顺序存取的特性，可通过各数据元素在序列中的位置编号（索引）来访问数据元素。集合和字典属于无顺序的集合体，数据元素没有特定的排列顺序，不能像序列那样通过位置编号来访问数据元素。

本节只介绍复合数据类型的概念，以建立对 Python 数据类型的整体认识，有关复合数据类型的详细内容将在第 6 章介绍。

1. 列表

列表（List）是 Python 中使用较多的复合数据类型，可以完成大多数复合数据结构的操作。列表是内置的有序、可变的序列，列表的所有元素都放在一对方括号"[]"中，并用逗号分隔，元素的数据类型可以不相同，既可以是整型、浮点型等基本数据类型，也可以是列表、元组、集合、字典及其他自定义类型的对象。示例如下：

```
>>> mlist=["2022100123","张三","男",18]
>>> print(mlist)
['2022100123', '张三', '男', 18]
>>> print(mlist[0])
2022100123
```

与字符串不同，列表中的元素是可变的。示例如下：

```
>>> a=[70,80,90]
>>> a[0]=75
>>> print(a)
[75, 80, 90]
```

2. 元组

元组（Tuple）是一个有序、不可变的序列，元组中的元素都放在一对圆括号"()"中，并用逗号分隔。它与列表类似，不同之处在于元组的元素不能修改，相当于只读列表。示例如下：

```
>>> mtuple=("2022100123","张三","男",18)
>>> print(mtuple)
('2022100123', '张三', '男', 18)
>>> print(mtuple[1])
张三
>>> mtuple[1]="张三丰"      #把姓名"张三"改为"张三丰"，但元组不可变，编译出错
Traceback (most recent call last):
  File "<pyshell#23>", line 1, in <module>
    mtuple[1]="张三丰"
TypeError: 'tuple' object does not support item assignment
```

3. 字典

字典（Dict）是用花括号"{}"括起来、用逗号分隔元素的集合，其元素由关键字和值组成（即键值对），形式为"关键字:值"。通过关键字存取字典中的元素，关键字必须是不可变类型的，且不能重复。字典是 Python 中唯一的映射类型。字典中的元素是无序的、可变的。示例如下：

```
>>> mdict={"学号":2022100123,"姓名":"张三","性别":"男","年龄":18}
>>> print(mdict)
{'学号': 2022100123, '姓名': '张三', '性别': '男', '年龄': 18}
>>> print(mdict["年龄"])
18
>>> mdict["年龄"]=19                #把年龄改为"19"
```

```
>>> mdict["班级"]="22 计科 1 班"        #增加一个键值对
>>> print(mdict)
{'学号': 2022100123, '姓名': '张三', '性别': '男', '年龄': 19, '班级': '22 计科 1 班'}
```

4. 集合

集合（Set）是包含 0 个或多个元素的、无序且不重复的数据类型。它的基本功能是进行成员关系测试和消除重复元素。集合可以用花括号"{}"或 set()函数创建。示例如下：

```
>>> mset={1,2,3,3,4}
>>> print(mset)          #消除重复元素
{1, 2, 3, 4}
>>> nset=set("hello")
>>> print(nset)
{'o', 'h', 'l', 'e'}
```

1.5　数值类型的运算

Python 的运算符非常丰富，包括算术运算符、关系运算符、逻辑运算符、成员运算符、身份运算符、位运算符等。通过运算符将运算量连接起来就构成了表达式。每种运算符都有不同的优先级，像我们熟悉的"先乘除、后加减"就反映了乘和除的优先级比加和减的优先级高。

本节介绍 Python 提供的数值运算操作符，主要包括算术运算符和算术表达式、数值运算函数和数值类型转换函数。其他运算符将在后续章节陆续介绍。

1.5.1　算术运算符与算术表达式

算术运算符主要用于数字的处理，完成数学中的加、减、乘、除四则运算。算术运算符包括+（加）、−（减）、*（乘）、/（除）、//（整除）、%（求余）、**（乘方），算术表达式如表 1-4 所示。

表 1-4　算术表达式

算术表达式	说明	举例
x+y	x 与 y 之和	2+3（结果是 5），2+3.0（结果是 5.0）
x−y	x 与 y 之差	2−3（结果是−1）
x*y	x 与 y 之积	2*3（结果是 6）
x/y	x 与 y 之商（商是浮点数）	5/2（结果是 2.5），4/2（结果是 2.0）
x//y	x 与 y 之整除商，即不大于 x 与 y 之商的最大整数	5//2（结果是 2），−5//2（结果是−3）5//2.0（结果是 2.0）
x%y	x 与 y 之商的余数，也称模运算	10%4（结果是 2），5%3.0（结果是 2.0）
x**y	x 的 y 次幂，即 x^y	5**2（结果是 25），25**0.5（结果是 5.0）

算术运算符的运算规则与数学中的一致，其运算结果也符合数学意义。在表 1-4 中，我

们发现整数和浮点数混合的运算结果是浮点数；对于整数和整数运算，如果其数学意义上的结果是小数，则结果是浮点数；如果其数学意义上的结果是整数，则结果是整数。

**（乘方）运算的优先级高于乘除运算，乘除运算的优先级高于加减运算。

用算术运算符将数值类型的变量连接起来就构成了算术表达式，它的计算结果是一个数值。用不同数据类型的数据进行运算时，这些数据类型应当是兼容的，并遵循算术运算符的优先级。书写 Python 语言的算术表达式应遵循以下规则。

（1）算术表达式中的所有字符都必须写在同一行。注意 Python 语言的算术表达式和数学表达式的区别，特别是分数式、乘方、带有下标的变量等。例如，$c=a^2+b^2$ 应写成 c=a**2+b**2。

（2）根据算术运算符的优先级合理地加括号，以保证运算顺序的正确。

1.5.2　数值运算函数

Python 提供了一些内置函数，这些内置函数不需要引用库就可以直接使用。前面用到的 print()、type()、id()函数都是内置函数。下面介绍 6 个与数值运算相关的内置函数，如表 1-5 所示。

表 1-5　与数值运算相关的内置函数

函数	说明
abs(x)	返回数字 x 的绝对值或复数 x 的模
divmod(x,y)	返回包含商和余数的元组，即(x//y,x%y)
max(x_1,x_2,...,x_n)	返回 x_1、x_2、...、x_n 中的最大值，n 没有限制
min(x_1,x_2,...,x_n)	返回 x_1、x_2、...、x_n 中的最小值，n 没有限制
pow(x,y[,z])	返回(x**y%z)，[]表示该参数可省略，即 pow(x,y)，返回 x**y，即 x 的 y 次幂
round(x[,n])	对 x 进行四舍五入，保留 n 位小数。n 默认为 0，即返回四舍五入后的 x 的整数值

abs()函数可以计算复数的绝对值，复数的绝对值是从二维坐标系中的复数位置到坐标原点的长度。示例如下：

```
>>> abs(3-4j)
5.0
```

pow()函数的第三个参数是可选的，在使用此参数时，模运算和幂运算同时进行，速度快这个特点在加密、解密算法和科学计算中十分重要。示例如下：

```
>>> pow(2,3,3)
2
>>> pow(2,0.5)
1.4142135623730951
```

1.5.3　数值类型转换函数

在 Python 提供的内置函数中，有 6 个对数值类型进行转换的函数，它们可以显式地在不同数值类型之间切换，如表 1-6 所示。

表 1-6　内置的数值类型转换函数

函数	说明
bin(x)	将整数 x 转换为二进制字符串
oct(x)	将整数 x 转换为八进制字符串
hex(x)	将整数 x 转换为十六进制字符串
int(x)	若 x 是浮点数，返回其整数部分（注意不是四舍五入） 若 x 是字符串（必须是整数字符串，否则会报错），则返回对应的整数
float(x)	若 x 是整数，则返回浮点型的 x 若 x 是字符串（必须是数字字符串），则返回对应的浮点数
complex(re[,im])	生成一个复数，re 为实部，im 为虚部（默认为 0）

示例如下：

```
>>> bin(0b1011)
'0b1011'
>>> bin(1023)
'0b1111111111'
>>> oct(65)
'0o101'
>>> hex(65)
'0x41'
>>> int("343")
343
>>> int(3.96)
3
>>> float("3")
3.0
>>> float("3.45")
3.45
>>> complex(3,4)
(3+4j)
>>> complex(5)
(5+0j)
```

1.6　常用系统函数

Python 语言有标准库和第三方库两类，标准库随 Python 安装包一起发布，不需要额外安装，用户可随时使用，第三方库需要在安装后才能使用。每个标准库都定义了很多函数，这些函数被称为系统函数，任何程序都可直接或间接地调用这些函数。在调用系统函数之前，先要用 import 语句导入库，格式有如下两种：

```
import   库名
import   库名  as  别名
```

该语句的作用是先将库中定义的函数代码复制到自己的程序中，然后就可以访问库中的任何函数了，使用方法为"库名.函数名（参数列表）"或"别名.函数名（参数列表）"。例如，

math 库提供了很多进行浮点数运算的函数，若要调用该库中的平方根函数 sqrt()，则语句如下：

```
>>> import math
>>> math.sqrt(2)
1.4142135623730951
```

还有一种导入库的方法，格式如下：

```
from 库名 import 函数名 1，函数名 2...
```

该语句从指定库中导入指定函数，在调用该指定函数时，不用加"库名."，示例如下：

```
>>> from math import sqrt
>>> sqrt(3)
1.7320508075688772
```

若要导入库中的所有函数，则函数名要用"*"，格式如下：

```
from 库名 import *
```

这样在调用库中的任意函数时，都不用加"库名."。但当多个库中有同名的函数时，会引起混乱，所以还是推荐初学者用第一种导入方法。

1.6.1 math 库

math 库一共提供了 4 个数学常量和 44 个函数，44 个函数包括 16 个数值表示函数、8 个幂对数函数、16 个三角对数函数和 4 个高等特殊函数。它不支持复数运算，仅支持整数和浮点数运算。下面介绍一些常用的数学常量和函数。

1. 数学常量

- e：自然对数。
- pi：圆周率。

```
>>> import math
>>> math.e
2.718281828459045
>>> math.pi
3.141592653589793
```

2. 数值表示函数

- fabs(x)：返回 x 的绝对值（返回值为浮点数）。
- fmod(x,y)：返回 x 与 y 的模，即 x/y 的余数（返回值为浮点数）。
- floor(x)：对 x 向下取整，返回不大于 x 的最大整数。
- ceil(x)：对 x 向上取整，返回不小于 x 的最小整数。
- gcd(a,b)：返回 a 与 b 的最大公约数。

3. 幂对数函数

- pow(x,y)：返回 x 的 y 次幂。
- exp(x)：返回 e 的 x 次幂，e 是自然对数。

- sqrt(x)：返回 x 的平方根。
- log(x[,base])：返回 x 的对数值，即 $\log_{\text{base}} x$，当为默认的 base 时，返回 x 的自然对数 ln x。

4．三角运算函数

- degree(x)：将弧度转换为角度。
- radian(x)：将角度转换为弧度。
- sin(x)：返回 x 的正弦值，x 为弧度。
- cos(x)：返回 x 的余弦值，x 为弧度。
- tan(x)：返回 x 的正切值，x 为弧度。
- asin(x)：返回 x 的反正弦值，返回值为弧度。
- acos(x)：返回 x 的反余弦值，返回值为弧度。
- atan(x)：返回 x 的反正切值，返回值为弧度。

1.6.2　random 库

随机数在计算机应用中十分常见，random 库主要用于产生各种分布的伪随机数序列。为什么要用伪随机数呢？真正的随机数是不确定的产物，其结果是不可预测的，产生之前不可预见。random 库按照梅森旋转算法生成"随机数"，这些"随机数"都是确定的、可预见的。

1．随机数种子

可以使用 seed()函数设置随机数种子，默认值为当前系统时间。通常在调用其他随机函数之前通过 seed()函数指定随机种子，随机种子一般是一个整数。只要随机种子相同，那么每次生成的随机数序列也相同，这种情况便于测试和同步数据。若默认 seed()函数使用的是当前系统时间，则产生的随机数完全不可重现。

2．生成随机数函数

使用下面函数生成的随机数都符合均匀分布，这意味着生成的某个范围内的每个数字出现的概率相同。

- random()：随机生成一个[0.0,1.0）的小数。
- randint(a,b)：随机生成一个[a,b]的整数。
- randrange(a,b[,c])：随机生成一个[a,b）的、以 c（默认为 1）为步长的随机整数。
- uniform(a,b)：随机生成一个[a,b]的小数。
- getrandbits(k)：返回一个包含 k 个二进制位的随机整数（十进制数）。

3．随机挑选和排序函数

- choice(seq)：从序列 seq 中随机挑选一个元素。
- shuffle(seq)：将序列 seq 的元素随机排列，返回排序后的序列。
- sample(seq,k)：从序列 seq 中随机挑选 k 个元素，以列表形式返回。

示例如下：

```
>>> from random import *
>>> seed(125)  #设置随机种子为 125
```

```
>>> random()
0.9000582191556544
>>> getrandbits(5)
28
>>> seed(100)
>>> random()
0.1456692551041303
>>> seed(125)    #设置随机种子为 125
>>> random()
0.9000582191556544      #生成的随机数可以重现
>>> randint(1,100)
29
>>> randrange(1,100,2)
77
>>> uniform(1,100)
30.793134131675775
>>> r.getrandbits(5)
28
>>> choice([0,1,2,3,4,5,6,7,8,9])
2
>>> ls=[0,1,2,3,4,5,6,7,8,9]
>>> shuffle(ls)
>>> print(ls)
[1, 5, 6, 3, 4, 8, 0, 9, 7, 2]
>>> sample(ls,3)
[6, 5, 1]
```

1.6.3 time 库

time 库是 Python 处理时间的标准库。Python 包含若干个处理时间的库，time 库是最基本的一个。time 库能提供获取系统时间并进行格式化输出的方法，并能提供系统级精确计时功能。

time 库包括三类函数。

- 时间获取函数：time()、localtime([secs])、ctime(secs)、gmtime()、mktime()。
- 时间格式化函数：strftime(tpl,ts)、strptime(str,tpl)。
- 程序计时函数：perf_counter()、sleep(s)。

1. 时间获取函数

- time()：返回当前时间的时间戳（浮点数）。时间戳是从 Epoch（1970 年 1 月 1 日 00:00:00 UTC）起算的秒数。
- localtime([secs])：接收从 Epoch 起算的秒数，并返回一个时间元组。时间元组包含 9 个元素，相当于 struct_time 结构。当省略秒数 secs 时，返回当前时间戳对应的时间元组。
- ctime([secs])：当省略秒数 secs 时，获取当前系统时间（北京时间），返回一个以易读方式表示的时间字符串，否则返回从 Epoch 起算、经过 secs 秒后的时间字符串。
- gmtime()：获取当前时间（格林尼治时间），返回一个程序可处理的格式的时间。
- mktime()：是 localtime() 的反函数。它的参数是 struct_time 或完整的 9 个元组，返回一个浮点数，以便与 time() 兼容。如果输入值不能表示有效时间，则会引发 OverflowError 或 ValueError 异常。

示例如下：

```
>>> import time
>>> time.time()
1682780404.4502864
>>> time.ctime()
'Sat Apr 29 23:00:10 2023'
>>> t=time.localtime ()
>>> t
time.struct_time(tm_year=2023, tm_mon=4, tm_mday=29, tm_hour=23, tm_min=0, tm_sec=20, tm_wday=5,
tm_yday=119, tm_isdst=0)
>>> time.gmtime()
time.struct_time(tm_year=2023, tm_mon=4, tm_mday=29, tm_hour=15, tm_min=0, tm_sec=33, tm_wday=5,
tm_yday=119, tm_isdst=0)
>>> time.mktime(t)
1682780420.0
```

2. 时间格式化

时间格式化是将时间以合适的方式进行展示的方法，类似于字符串的格式化，展示模板由特定的格式化控制符组成，它能够告诉程序输出时间的格式。时间格式化控制符如表 1-7 所示。

表 1-7　时间格式化控制符

格式化字符串	日期/时间说明	取值范围
%Y	年份	0000～9999
%m	月份	01～12
%B	月份名称	January～December
%b	月份名称缩写	Jan～Dec
%d	日期	01～31
%A	星期	Monday～Sunday
%a	星期缩写	Mon～Sun
%H	小时（24 小时）	00～23
%I	小时（12 小时）	01～12
%p	上午/下午	AM/PM
%M	分钟	00～59
%S	秒	00～59

● strftime(tpl,ts)。

strftime(tpl,ts) 函数的功能是将日期/时间对象 ts 转换为由模板 tpl 规定的字符串。tpl 是格式化模板字符串，由格式化控制符和普通字符组成，用来定义输出时间的格式，ts 是时间类型的变量，ts 的值由函数 gmtime() 或 localtime() 获取。示例如下（具体时间以代码运行时刻的时间为准）：

```
>>> import time
>>> t=time.localtime()
>>> time.strftime("%Y-%m-%d %H:%M:%S",t)
'2023-04-29 23:05:04'
```

```
>>> time.strftime("%H:%M:%S %p",t)
'23:05:04 PM'
>>> time.strftime("%I:%M:%S %p",t)
'11:05:04 PM'
>>> time.strftime("%Y-%m-%d,%A",t)
'2023-04-29,Saturday'
```

● strptime(str,tpl)。

strptime(str,tpl)函数的功能是将字符串 str 解析为给定格式 tpl 的日期/时间对象。str 是字符串形式的时间值，tpl 是格式化模板字符串。示例如下：

```
>>> tstr="2022-11-11 18:24:24"        #tstr 是一个字符串形式的时间
>>> time.strptime(tstr,"%Y-%m-%d %H:%M:%S")   #把 tstr 转换为指定格式的时间
time.struct_time(tm_year=2022, tm_mon=11, tm_mday=11, tm_hour=18, tm_min=24, tm_sec=24, tm_wday=4,
tm_yday=315, tm_isdst=-1)
```

3. 程序计时函数

程序计时是指测量起止动作所经历时间的过程，主要包括测量时间和产生时间两部分。测量时间指的是记录时间的流逝，time 库的 perf_counter()函数是一个非常精准的测量时间函数，它可以获取 CPU 以其频率运行的时钟，以纳秒计算。sleep()函数可以让程序休眠或暂停一段时间。

● perf_counter()。

perf_counter()函数返回一个 CPU 级的精确时间计数值，单位为秒。由于这个计数值的起点不确定，因此连续调用差值才有意义。示例如下：

```
>>> start=time.perf_counter()
>>> print(start)
1061.053351556
>>> end=time.perf_counter()
>>> print(end)
1119.144912612
>>> end-start
58.091561056000046
```

● sleep(s)

sleep(s)函数的作用是让程序休眠 s 秒。s 的单位是秒，可以是浮点数。示例如下：

```
>>> def wait():                    #定义 wait()函数
        time.sleep(3.5)            #先让程序休眠 3.5 秒
        print("函数运行结束")       #再输出"函数运行结束"
>>> wait()                         #调用 wait()函数
```

1.6.4 calendar 库

Python 为处理日历专门提供了 calendar 库，帮助我们得到与日历相关的信息。在默认情况下，日历把星期一作为一周的第一天，把星期日作为一周的最后一天。要改变这种设置，可以使用 setfirstweekday(weekday)函数。

● setfirstweekday(weekday)：用于指定星期几作为一周的第一天。weekday 的值是 0～6，代表星期一～星期日。

- calendar(year)：返回指定年份 year 的日历。
- month(year,month)：返回指定年份 year 和月份 month 的日历。
- isleap(year)：返回指定年份 year 是否为闰年，若是则返回 True，否则返回 False。
- leapdays(y1,y2)：返回[y1，y2）的闰年数。
- weekday(year,month,day)：返回给定日期的星期代码，即 0～6。

1.7　常用系统函数应用举例

【例 1-2】模拟并打印下载进度条。

```
#1-2.py
import time
import random
random.seed()
start=time.perf_counter()
for i in range(11):
        a=random.random()
        time.sleep(a)
        print("已下载",i/10*100,"%")
end=time.perf_counter()
print("总计用时",end-start,"秒 ")
```

执行结果如下：

```
已下载 0.0 %
已下载 10.0 %
已下载 20.0 %
已下载 30.0 %
已下载 40.0 %
已下载 50.0 %
已下载 60.0 %
已下载 70.0 %
已下载 80.0 %
已下载 90.0 %
已下载 100.0 %
总计用时 5.842662771 秒
```

【例 1-3】求一元二次方程 $ax^2+bx+c=0$ 的根。

分析：当代码中的 b*b-4*a*c>=0 时，使用 math 库中的 sqrt()函数来计算方程的判别式，套用求根公式求解；当代码中的 b*b-4*a*c<0 时，由于 Python 能进行复数运算，因此使用 cmath 库中的 sqrt()函数来计算方程的判别式。cmath 库的函数跟 math 库的函数基本一致，区别是 cmath 库是使用复数进行运算的。

```
import cmath
import math
a=float(input('请输入 a 的值：'))
b=float(input('请输入 b 的值：'))
c=float(input('请输入 c 的值：'))
d=b*b-4*a*c
```

```
    if d<0:
        x1=(-b+cmath.sqrt(d))/(2*a)
        x2=(-b-cmath.sqrt(d))/(2*a)
    else:
        x1=(-b+math.sqrt(d))/(2*a)
        x2=(-b-math.sqrt(d))/(2*a)
    print("x1={0:.5f}, x2={1:.5f}".format(x1,x2))
```

第一个运行结果如下：

```
请输入 a 的值：5
请输入 b 的值：2
请输入 c 的值：1
x1=-0.20000+0.40000j, x2=-0.20000-0.40000j
```

第二个运行结果如下：

```
请输入 a 的值：1
请输入 b 的值：2
请输入 c 的值：1
x1=-1.00000, x2=-1.00000
```

【例 1-4】打印当前系统的当月日历和当前时间。

```
#1-4.py
import calendar
import time
t=time.localtime()
y=t.tm_year
m=t.tm_mon
print(time.strftime("%Y 年%m 月的日历为",t))
print(calendar.month(y,m))
print(time.strftime("现在时间是：%H:%M:%S %p",t))
```

运行结果如下（具体时间以代码运行时刻的时间为准）：

```
2023 年 08 月的日历为
   August 2023
Mo Tu We Th Fr Sa Su
    1  2  3  4  5  6
 7  8  9 10 11 12 13
14 15 16 17 18 19 20
21 22 23 24 25 26 27
28 29 30 31

现在时间是：16:45:49 PM
```

习　题

一、选择题

1. Python 程序文件的扩展名是（　　　）。

A．.python　　　　　　B．.pyt　　　　　　　　C．.pt　　　　　　　　D．.py

2. 以下选项中，不符合 Python 变量的命名规则的是（　　　）。

A. student　　　　　B. _bgm　　　　　C. 5sp　　　　　D. Teacher

3. 下列选项中，（　　）是整数。

A. "50"　　　　　B. 2.0　　　　　C. −29　　　　　D. '3'

4. 下列选项中，错误的赋值语句是（　　　）。

A. a=1　　　　　B. a=b=c=1　　　　　C. s="hello"　　　　　D. a==b

5. 表达式 eval('2+4/5')的值是（　　　）。

A. 2+4/5　　　　　B. 2.8　　　　　C. 2　　　　　D. '2+4/5'

6. 以下选项中，不是 Python 关键字的是（　　　）。

A. while　　　　　B. continue　　　　　C. goto　　　　　D. for

7. 执行下列语句，输出结果是（　　　）。

```
>>> x=7.0
>>> y=3
>>> print(x%y)
```

A. 1　　　　　B. 1.0　　　　　C. 2　　　　　D. 2.0

8. 表达式 4*6//3**2 的结果是（　　　）。

A. 64　　　　　B. 3　　　　　C. 2　　　　　D. 2.6666

9. 关于 Python 中的复数，下列说法错误的是（　　　）。

A. 实部和虚部都是浮点数

B. 虚部必须有后缀 j，且必须是小写字母

C. 表示复数的语法是 real+imagj

D. complex(x)返回以 x 为实部、以 0 为虚部的复数

10. 下列导入 math 库的语句中，错误的是（　　　）。

A. import math　　　　　　　　　　B. import math as M

C. from math import *　　　　　　　D. import math from *

二、填空题

1. 运行 Python 程序有两种方式：交互式和_____。

2. 在 Python 集成开发环境中，运行程序的快捷键是_____。

3. 使用 random 库中的函数时，必须使用_____语句导入该库。

4. 将整数 x 转换为浮点数的 Python 表达式是_____。

5. 截取正整数 m 的百位数字的 Python 表达式是_____。

6. 数学表达式 $\dfrac{-b+\sqrt{b^2-4ac}}{2a}$ 对应的 Python 表达式是_____。

7. 若 x 是浮点数，则获取 x 的小数部分的 Python 表达式是_____。

8. 随机产生一个 3 位十进制的正整数的 Python 表达式是_____。

9. 设 m、n 是整数，则与 m%n 等价的表达式是_____。

10. len("hello\n")的值是_____。

第 2 章　顺序结构

程序设计有三种基本结构，分别是顺序结构、分支结构和循环结构，这三种结构可以编写复杂的程序。本章主要介绍顺序结构程序设计。顺序结构程序是指在执行过程中，按照每条语句出现的先后顺序依次执行，并且只执行一次，中间没有中断、分支和重复的程序。顺序结构是程序设计的三种基本结构中的最简单的一种。下面介绍 Python 代码的编写规范和赋值语句、数据的输入、数据的输出、顺序结构程序应用举例。

2.1　Python 代码的编写规范

"没有规矩，不成方圆"，初学者要养成良好的习惯，按照规范编写代码，这样会提高代码的质量和可读性。Python 代码的编写规范可以参见 PEP 8（在 Python 官网查询），本节简单介绍缩进、注释和语句的书写规则。

2.1.1　缩进

与其他语言最大的不同就是，Python 使用缩进来区分不同的代码块，因此 Python 对缩进有严格的要求。Python 采用冒号和缩进区分代码块之间的层次。行尾的冒号和下一行的缩进，表示下一个代码块的开始。而缩进的结束则表示此代码块的结束。Python 要求属于同一代码块中的各行代码的缩进量一致，但具体的缩进量为多少，没有硬性规定。

缩进指的是每一行代码前面的空白部分，可以用空格键或者 Tab 键实现，通常情况都是用 4 个空格作为一个缩进量。需要注意的是，一定不能将空格键和 Tab 键混在一起使用。

通过下面这段代码，体会代码块的缩进规则。

```
a=1                        #定义变量，缩进量为 0
while(a<=5):
    if(a%2==1):            #第 1 种缩进，隶属于 while
        print(a)           #第 2 种缩进，隶属于 if
        print("*********")  #第 2 种缩进，隶属于 if
    a=a+1                  #第 1 种缩进，隶属于 while
```

因为两行 print 语句的缩进量相同，所以它们都属于同一个代码块，都隶属于 if，表示当 a 是奇数时，执行两行 print 语句。程序的运行结果如下：

```
1
********
3
********
5
********
```

对于相同的代码，如果采用不同的缩进量，那么程序的执行效果可能有差异。更改上述代码中的第 2 个 print 语句的缩进量，示例如下：

```
a = 1                       #定义变量，缩进量为 0
while(a<=5):
    if(a%2==1):             #第 1 种缩进，隶属于 while
        print(a)            #第 2 种缩进，隶属于 if
    print("********")       #改为第 1 种缩进，隶属于 while
    a=a+1                   #第 1 种缩进，隶属于 while
```

程序的运行结果完全不同，具体如下：

```
1
*******
*******
3
*******
*******
5
*******
```

2.1.2　注释

注释是对程序中的某些代码的功能进行解释和说明的标注性文字。注释不是代码的一部分，可以是任何国家的文字，可以出现在任何需要的位置。注释的作用是增强程序的可读性。软件开发通常由多位程序员合作完成，如果在代码的关键部分加上注释，可以方便其他程序员理解和阅读，从而提高工作效率。有时还可以将程序中暂时不需要的代码改写成注释，这是调试程序的一个小技巧。

注释是给程序阅读者看的，Python 解释器不执行注释，不会在程序的运行结果中体现注释。人们习惯性地将 Python 中的注释分为单行注释、多行注释。

1. 单行注释

"#"是单行注释符号。被注释的内容以"#"开始，以换行表示结束，可以放在需要注释的代码行的上一行，也可以放在该代码行的后面。示例如下：

```
# 第 1 个 Python 程序
>>> print("Hello world! ")
Hello world!
```

或者写成如下形式：

```
>>> x = 10
>>> y = -1+2j    #y 是复数
>>> print(x+y)
(9+2j)
```

2. 多行注释

当要注释的内容过多，需要写成多行时，既可以在每行注释的前面都加上"#"，也可以先选中多行注释，再按 Ctrl+/组合键，需要进行注释的所有行的前面会自动添加"#"。

有时也可以使用三个引号（英文的单引号或双引号）表示多行注释的开始和结束，这种情况可以看作字符串没有被赋给变量，不占内存，解释器不做操作。示例如下：

```
# Python 代码的编写规范
# 教师：张三
# 开发时间：2023/9/1    10:30
print("Hello world!")
'''
你好，
这是一个字符串，没被赋值，只看但不执行，可以当作注释。
'''
```

上述例子中的注释只是为了方便讲解。一般来说，容易理解的代码是不需要写注释的，恰如其分的注释才是锦上添花。

2.1.3 语句的书写规则

初学者要养成一丝不苟、细心、精益求精的编程习惯，否则一个空格都将导致整个程序出错。语句的书写规则如下。

（1）在 Python 中，语句从新的行的第一列开始，语句前面不可以随意加空格（注释语句不做这样的要求）。因为空格表示缩进，而解释器会根据缩进判断语句的逻辑关系。

（2）一行一句。为了使代码更易读，通常建议每行只写一条语句，示例如下：

```
>>> x = 7
>>> y = 8
>>> z = 9
>>> print(x,y,z)
7 8 9
```

（3）一行多句。如果一行书写了多条语句，则多行语句间应使用分号进行分隔，示例如下：

```
>>> x = 7;y = 8;z = 9;print(x,y,z)
7 8 9
```

（4）一句多行。如果一条语句过长，一行放不下，则需要换行书写。此时需要用续行符标识"\"表示成多行，示例如下：

```
>>> print("富强、民主、文明、和谐是国家层面的价值目标，\
自由、平等、公正、法治是社会层面的价值取向，\
爱国、敬业、诚信、友善是公民个人层面的价值准则，\
这 24 个字是社会主义核心价值观的基本内容。")
```

但是包含在三引号、[ ]、{}或( )中的语句不需要使用续行符标识，示例如下：

```
months = ['January','February','March','April',
        'May','June','July','August','September',
        'October','November','December']
```

2.2　赋值语句

赋值语句是 Python 中最基本的语句之一，对变量进行赋值的一行代码被称为赋值语句，使用 "=" 作为赋值运算符。

2.2.1　基本形式

赋值语句的基本形式如下：

变量=表达式

```
>>> x1 = 10
>>> x2 = x1
>>> x1 = 123%10
>>> x3 = pow(2,3)
```

首先解释器计算表达式，得到运算结果。然后系统为这个结果分配存储空间，并将这个存储空间的地址赋给变量，如图 2-1 所示。

图 2-1　变量赋值

变量改变的是地址，不变的是存储空间中的值。在给变量赋新值后，修改引用，指向新值的地址。由于旧值没有被任何变量指向，因此系统会自动将其删除，回收它占用的存储空间，如图 2-2 所示。

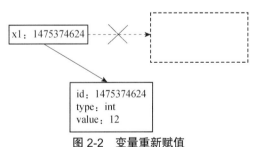

图 2-2　变量重新赋值

赋值运算符 "=" 的左侧必须是变量或对象的某个属性，不能是表达式，示例如下：

```
>>> x+y = 10      # 错误的赋值语句
SyntaxError: can't assign to operator
```

赋值运算符 "=" 右侧的表达式一定有返回值，可以是常量值、变量值、函数返回值、计算式的值等。注意，与 C 语言不同的是，Python 的赋值语句没有返回值，不能作为返回值赋给另一个变量，也不能将其作为 print() 函数的参数打印，否则会产生如下错误：

```
>>> y=(x=1)+2      # 错误的赋值语句
SyntaxError: invalid syntax
```

```
>>> print(x=10)     # 赋值语句不能作为参数输出
TypeError: 'x' is an invalid keyword argument for this function
```

2.2.2　复合赋值运算

复合赋值运算可以看作是算术运算和赋值运算相结合的一种赋值运算，它是一种缩写形式。Python 中的复合赋值运算符有以下几种形式：

+=、−=、*=、/=、//=、**=、%=、<<=、>>=、&=、|=、^=

复合赋值运算同样是先计算复合赋值运算符右边的表达式的值，然后将表达式的值和复合赋值运算符左边的变量进行相应的算术运算，最后将结果赋给变量。下面是一个简单的例子：

```
>>> x = 1
>>> x += 2      # 等价于 x = x + 2
>>> print(x)
>>> 7
```

当复合赋值运算符右边的表达式是一个复杂表达式时，尤其要注意，复合赋值运算一定是先计算复合赋值运算符右边的表达式的值，示例如下：

```
>>> x = 2
>>> x*=3+4      # 等价于 x = x*（3+4）
>>> print(x)
>>> 14
```

"x*=3+4"先计算得到"="右边的表达式"3+4"的值为"7"，然后计算得到"x*7"的值为 14，最后将 14 赋给变量 x。

2.2.3　序列赋值

序列赋值可以一次为多个变量赋值。在 Python 中，字符串、列表、元组等都是不同类型的序列，比如(1,2)既可以说是 1 个元组，也可以说是 1 个序列。需要注意的是，赋值运算符两边的元素的数量要相同，如果是"a,b=1"，那么程序会报错。

```
# 元组赋值运算
>>> a,b,c = 1,2,3      # (a,b,c)=(1,2,3)可以省略元组中的括号
>>> print(a,b,c)
1 2 3

# 为列表里的变量赋值
>>> [a,b,c] = [4,5,6]
>>> print(a,b,c)
4 5 6
```

从程序的以下运行结果可以看出，先执行"x=10"，再执行"x=20"，最终 x 的值为 20。

```
>>> x,x = 10,20
>>> print(x)
20
```

序列赋值的一个重要应用是交换 2 个变量的值，不需要借助第 3 个变量，不需要多条语

句，示例如下：

```
>>> x,y = 10,20
>>> x,y = y,x
>>> print(x,y)
20 10
```

首先开辟 2 个地址，分别用来存储 10 和 20，然后将 x、y 变量分别指向这 2 个地址。

赋值运算符左右两边分别构造 2 个元组(x,y)和(y,x)。赋值运算符右边的元组(y,x)存储的是 20 和 10 的地址。"x,y=y,x"相当于(x,y)=(y 对应的值,x 对应的值)，即(x,y)=(20,10)

2.2.4　链式赋值

链式赋值用于为多个变量赋相同的值，其形式如下：

$$变量 1=变量 2=...=变量 n=赋值表达式$$

示例一如下：

```
>>> x=y=z=10
>>> print(x)
>>> print(y)
>>> print(z)
10
10
10
```

需要注意的是，链式赋值是按从左到右的顺序依次赋值的，也就是说，先执行"x=10"，再依次执行"y=10"和"z=10"。

示例二如下：

```
>>> i,ls=0,[10,11,12,13]
>>> i=ls[i]=3
>>> ls
[10, 11, 12, 3]
```

从执行结果可以看出，ls[i]中 i 的值是 3，也就是说，"i=3"的执行顺序先于"ls[i]=3"。

2.3　数据的输入

一般来说，Python 程序都包括数据的输入、输出，以实现程序和外界的交互。Python 中的数据输入由 input( )函数实现，数据输出由 print( )函数实现，这两个函数是 Python 预定义的内置函数，可以直接调用。

2.3.1　input()函数

input 的意思是"输入"。在 Python 中，input()函数用来接收从键盘输入的一个字符串，通过"="对输入的数据进行存储。需要注意的是，无论输入的数据是何种类型的，都被存储为字符串形式，可以理解为将输入的数据加上了引号（字符串的标识）。一般形式如下：

变量=input("提示性的文字")

示例如下：

```
>>> name = input("请输入你的名字:")
```

其中 name 是变量。"="是赋值运算符，将从键盘输入的结果赋给变量 name。input()是输入函数。"请输入您的名字:"是提示性的文字，可以省略，主要用来提示用户。

程序运行时，先显示如下信息：

```
请输入你的名字:
```

此时程序暂停，等待输入数据。若从键盘输入"张三"并按 Enter 键，则程序显示如下信息：

```
请输入你的名字:张三
```

需要注意的是，无论输入的数据是何种类型的，都被加上了引号，实际接收的是字符串。input()函数每次只输入一行，如果输入多行，则需要用多个 input()函数。

```
>>> name = input("请输入你的名字:")
请输入你的名字:张三

>>> print(name,type(name))
张三  <class 'str'>        #输入的张三是 str 类型的

>>> age = input("请输入你的年龄:")
请输入你的年龄:20

>>> print(age,type(age))
20 <class 'str'>        #输入的 20 是 str 类型的
```

继续看下面这个例子：

```
a = input("请输入一个数：")
b = input("请输入一个数：")
print(a+b)
```

这个例子的运行结果如下：

```
请输入一个数：3
请输入一个数：4
34
```

上面的例子中，通过 input()函数输入的 a 和 b 都是字符串。对于字符串而言，"+"实现了字符串的连接，因此字符串"3"+字符串"4"的结果是字符串"34"。如果需要输入数字，则可以使用类型转换函数，将原类型强制转换成另一种类型，以满足计算要求。示例如下：

```
a = int(input("请输入一个数："))
b = int(input("请输入一个数："))
print(a+b)
```

这段代码的运行结果如下：

```
请输入一个数：3
请输入一个数：4
7
```

2.3.2　eval()函数

eval()是 Python 的一个内置函数，它的作用是将字符串当成表达式进行计算和求值，可以理解为去掉字符串的标识，并返回计算结果。在 eval()去掉引号（即字符串的标识）后，会检查它是不是可计算的，如果可计算则将计算的结果输出，如果不可计算则直接返回结果。

```
>>> eval('pow(2,3)')      #'pow(2,3)'是字符串，eval()先去掉引号，再计算
8

>>> eval('2+2')
4

>>> s = eval("'*'*5")
>>> print(s)
*****

>>> result = eval("[1, 2, 3, 4]")      #将字符串转换成列表
>>> print(result,type(result))
[1, 2, 3, 4] <class 'list'>
```

初学者需要注意，在编写 Python 程序时，经常将 input()和 eval()结合使用，实现为变量赋值。此时，用户输入的数字（包括小数和复数）先用 input()加引号，解析为字符串，再用 eval()去掉引号，最终将解析得到的数字保存到变量中。

```
>>> a,b = eval(input())    #注意，输入的两个数字必须用逗号分隔
7,8                        #输入"7,8"相当于"a,b = 7,8"

>>> print(a+b)
15
```

2.4　数据的输出

在 Python 中，数据的输出可以通过表达式或者 print( )函数来实现。

2.4.1　用表达式语句输出

如果只查看变量或表达式的值，则可以使用表达式语句直接输出，这样比较简洁。示例如下：

```
>>> a = 10
>>> a/4
2.5

>>> a//4
2

>>> a* = a+2
>>> a
120
```

2.4.2 print()函数

print 的意思是"打印"。在 Python 中，print()函数可以将结果输出到 IDLE、控制台或文件里。一般形式如下：

```
print（输出内容 1，输出内容 2，输出内容 3...）
```

输出内容可以是多项的。输出内容时，默认以空格分隔，最后换行。其中，要输出的内容可以是数字、字符串、表达式，也可以是变量，如数值型变量、字符串变量等。示例如下：

```
>>> print(100)      #输出整数 100
100

>>> print(3.14)      #输出实数 3.14
3.14

>>> print('Hello world')      #输出字符串"Hello world"
Hello world

>>> print("自强不息，格物致知")      #输出字符串"自强不息，格物致知"
自强不息，格物致知

>>> print(100**2)      #输出表达式的值
10000

>>> a = 5.67
>>> print(a)      #输出变量 a 的值
5.67

>>> s = "人生苦短，我用 Python"
>>> print(s)      #输出字符串 s 的值
人生苦短，我用 Python

fp = open('F:/test.txt','a+')      #打开文件
print('Hello world',file = fp)      #将"Hello world"输出到文件中
fp.close()      #关闭文件
```

1. 格式说明符

之前的例子中，在输出字符串时，字符串的内容都是固定的，不会发生变化。有些情况下，需要将字符串中的某些值用变量代替，可以用格式说明符解决这个问题。格式说明符只能出现在字符串中，以%开头，并加上规定的某个字母。格式说明符不会被输出，它的作用是占位，这个被占的位置被字符串后面的%后的变量代替。例如，"%d"表示用一个十进制整数代替%d，表 2-1 是常用的格式说明符及其说明。

表 2-1　常用的格式说明符及其说明

格式说明符	说明
%d	用一个十进制整数代替
%o	用一个八进制整数代替
%x	用一个十六进制整数代替

格式说明符	说明
%c	用一个字符代替
%f 或%F %.nf 或%.nF	用一个小数形式的实数代替，小数部分默认为 6 位 n 用于指定小数的位数
%e 或%E	用一个指数形式的实数代替
%s	用一个字符串代替
%%	用一个%代替

如果需要格式化输出多个数据，则在%后面加上()，按顺序用逗号隔开()中的各个数据。通过以下的例子来理解格式说明符的用法。示例如下：

```
name = '张三'
age = 20
height = 1.756
weight = 130.5
print('我的名字是：%s' % name)
print('My age is %d' % age)
print('Height is %5.2f,Weight is %.2f' % (height,weight))
```

第 1 个 print 语句首先按原样输出"我的名字是："，然后在遇见格式说明符%s 后，%s 的位置被字符串后面的%后的变量 name 代替，输出字符串"张三"。

在第 2 个 print 语句中，引号里的 age 是普通符号，按原样输出。格式说明符%d 的位置被字符串后面的%后面的变量 age 代替，输出一个十进制整数。

在第 3 个 print 语句中，%5.2f 的意思如下：这个位置被一个实数代替，并且这个实数一共有 5 位（注意，小数点占 1 位），小数部分占 2 位。如果不足 5 位，则在前面补空格。如果是%-5.2f，则表示不足 5 位，在后面补空格。如果超过 5 位，那么为了保证准确性，需按实际数据输出。%.2f 的意思是只要求小数部分保留 2 位，第 3 位需要四舍五入。

上述程序的输出结果如下：

```
我的名字是：张三
My age is 20
Height is 1.76,Weight is 130.50
```

%比较特殊，如果希望输出 1 个%，则格式说明符应该是%%。示例如下：

```
total = 50
boy = 30
print("男生人数占%.2f%%" % (boy/total*100))
```

上述程序的输出结果如下：

```
男生人数占 60.0%
```

除了格式说明符，更常用的 format()方法和 f-string 将在第 5 章介绍。

2. end 参数

end 既不是关键字，也不是内置函数，它是 print()函数的一个可选参数。它的作用是决定输出结束时以什么字符作为结尾，例如，end=" "中的引号内的字符为结束字符。如果不写 end

参数，则认为默认值是换行符"\n"，所以 print()函数默认自动换行。如果希望 print()函数在输出结束时不换行，则需要修改 end 参数来改变结尾形式。

```
print("Hello")
print("world")
```

print()函数默认自动换行，程序运行结果如下：

```
Hello
world
```

可以通过 end=" "设置结尾形式，使 2 个字符串连在一起。示例如下：

```
print("Hello",end = "***")
print("world",end = "***")
```

程序运行结果如下：

```
Hello***world***
```

从上面的代码可以看到，两个 print()函数输出的内容不换行，而是在同一行，并且它们的结尾都有***，这是因为 end 参数使用 "***" 代替了换行符。当然也可以设置为其他符号。

```
print("Hello",end = " ")      # end = " "中的引号内是 1 个空格
print("world",end = "")       # end = ""中的引号内没有字符，是空字符串
print("!")
```

程序运行结果如下：

```
Hello world!
```

3. sep 参数

sep 是 print()函数里的另一个参数。当输出内容是多项的时，可以用 sep=" "来设置多项输出内容之间的分隔符。如果不写 sep 参数，则默认为一个空格。可以通过修改 sep 参数来改变 print()函数输出的分隔符。

```
print(1,2,3)                  #省略 sep 参数，默认以空格分隔
print(1,2,3,sep=",")
print(1,2,3,sep="***")
print(1,2,3,sep="下一个数是")
```

程序运行结果如下：

```
1 2 3
1,2,3
1***2***3
1 下一个数是 2 下一个数是 3
```

2.5　顺序结构应用举例

在处理实际问题时，程序设计一般有以下三个步骤。

（1）输入数据（Input）：程序需要处理的数据来源。

（2）处理数据（Process）：程序对输入数据进行计算的过程。

（3）输出结果（Output）：展示运算结果的方式。

【例 2-1】我们都听说过"日积月累""量变引起质变"，现假设基数为 1，以 1%的日增长率计算 365 天后的值。

分析：对此问题，可先找出问题的数学模型。设 r 为日增长率，n 为天数，value 为 365 天后的值，则有 value$=1×(1+r)^n$。

代码如下：

```
n=365
r=0.01
value=1*pow(1+r,n)
print("365 天后的值为:%.2f\n" % value)
```

运行结果如下：

```
365 天后的值为:37.78
```

程序说明：pow(x,y)是计算 x^y 的内置函数。此例中，只能计算 365 天，且日增长率为 1%。如果日增长率为改为-0.1%或者 0.1%，或者要计算 720 天后的值，则必须修改代码，可用 input( )函数来修改上述代码。示例如下：

```
n,r=eval(input("请输入天数和日增长率："))
value=1*pow(1+r,n)
print("%d 天后的值为:%.2f\n"%(n,value))
```

第一个运行结果如下：

```
请输入天数和日增长率：365,-0.01↙
365 天后的值为：0.03
```

第二个运行结果如下：

```
请输入天数和日增长率：720,0.001↙
720 天后的值为：2.05
```

由运行结果可以看出，日增长率如果是 0.001，则基数在 720 天后增长为 2.05。日增长率如果是-0.01，则基数在 365 天后缩小为 0.03。因此，如果每天努力一点点，日积月累，量变就会引起质变。反之，如果每天退步一点点，日积月累就会每况愈下，甚至一落千丈。

【例 2-2】鸡兔同笼，已知鸡、兔总头数为 h（Heads），总腿数为 f（Feet），问鸡、兔各有多少只？

分析：设鸡为 x 只、兔为 y 只，由题意可得如下数学方程：

$$\begin{cases} x+y=h \\ 2x+4y=f \end{cases}$$

用消元法找出数学方程的解如下：

$$y=(f-2h)/2$$

$$x=(4h-f)/2$$

注意：计算机不会自己建立数学模型，因此要自己事先建立好数学模型。

代码如下：

```
h,f=eval(input("请输入总头数和总腿数："))
x=int((4*h-f)/2)
```

```
y=int((f-2*h)/2)
print(f"Heads={h},Feet={f}")
print(f"Chicken={x},rabbits={y}")
```

输入 4 和 14 的运行结果如下：

```
请输入总头数和总腿数：4,14
Heads=4,Feet=14
Chicken=1,rabbits=3
```

如果输入另外一组数据：6 个头、10 条腿，则有 7 只兔子、−1 只鸡。显然，实际中不可能出现这样的情况。这说明当输入的数据不正确时，输出的结果也不可能正确。

【例 2-3】输入一个三位整数，依次输出个位、十位、百位的数字。

分析：使用 input()函数接收从键盘输入的一个三位数，返回字符串类型的值。使用 int()函数将接收的值转为整数。分别使用"%10""//10%10""//100"获取个位数、十位数和百位数。

代码如下：

```
number=int(input('请输入一个三位数：'))
a=number%10          #取个位数
b=number//10%10      #取十位数
c=number//100        #取百位数
print('%d 的百位数是:%d'%(number,c))
print('%d 的十位数是:%d'%(number,b))
print('%d 的个位数是:%d'%(number,a))
```

输入"123"的运行结果如下：

```
请输入一个三位数：123
123 的百位数是:1
123 的十位数是:2
123 的个位数是:3
```

试着将上述代码的第一行改为如下形式，就可以随机生成一个三位整数。

```
import random
number=random.randint（100,1000）
```

【例 2-4】计算 BMI。身体质量指数（Body Mass Index，BMI），简称体质指数，是国际常用的衡量人体胖瘦程度，以及身体是否健康的一个标准。它利用身高和体重之间的比例进行计算，公式为 BMI=体重÷身高^2（体重单位：kg，身高单位：m）。

分析：首先使用 input()函数分别接收身高及体重数据，设体重为 weight、身高为 height。然后根据题意计算 BMI，表达式为 weight/pow(height,2)。

代码如下：

```
weight=eval(input('请输入以 kg 为单位的体重值：'))
height= eval(input('请输入以 m 为单位的身高值：'))
bmi=weight/pow(height,2)
print("你的 BMI 为：{:.2f}".format(bmi))
```

输入"65"和"1.75"的运行结果如下：

```
请输入以 kg 为单位的体重值：65
请输入以 m 为单位的身高值：1.75
你的 BMI 为：21.22
```

本例通过公式计算得到了 BMI。接下来需要根据 BMI 判断身体状态（偏瘦、正常、偏胖等），因此需要引进新的结构——分支结构或选择结构，下一章将进行讲解。

习　题

一、选择题

1. 关于赋值语句，以下选项中错误的是（　　）。

A. "a,b=b,a" 可以实现 a 和 b 的值互换

B. "a,b,c=b,c,a" 是不合法的

C. 在 Python 语言中，"＝"用于赋值，即将"＝"右侧的结果赋给左侧的变量，包含"＝"的语句被称为赋值语句

D. 赋值运算符可以与二元操作符组合，如&=

2. 关于 eval()函数，以下选项中错误的是（　　）。

A. eval()函数可以去掉字符串的标识，并返回计算结果

B. 执行 ">>>eval("Hello")" 和执行 ">>>eval(""Hello"")" 得到的结果相同

C. eval()函数的作用是将输入的字符串转为 Python 语句，并执行该语句

D. 如果用户希望输入一个数字，并用程序对这个数字进行计算，则可以采用 eval(input(<输入提示字符串>))组合

3. 关于 Python 语言的注释，以下选项中错误的是（　　）。

A. Python 语言有两种注释方式：单行注释和多行注释

B. Python 语言的单行注释以#开头

C. Python 语言的多行注释以三个引号开头和结尾

D. Python 语言的单行注释以单引号开头

4. 在同一行写多条 Python 语句使用的符号是（　　）。

A. 点号　　　　　　B. 冒号　　　　　　C. 分号　　　　　　D. 逗号

5. 关于 Python 程序的格式框架，以下选项中错误的是（　　）。

A. Python 语言不采用严格的缩进来表明程序的格式和框架

B. Python 单层缩进代码属于最邻近的一行非缩进代码，多层缩进代码根据缩进关系决定所属范围

C. Python 语言的缩进可以采用 Tab 键实现

D. 判断、循环、函数等语法形式都能够通过缩进包含代码，进而表达对应的语义

6. 利用 print()函数进行格式化输出时，以下选项中能够输出实数的小数点后两位的是（　　）。

A. {.2}　　　　　　B. {:.2f}　　　　　　C. {:.2}　　　　　　D. {.2f}

7. 关于 Python 赋值语句，以下选项中不合法的是（　　）。

A. x=(y=1)　　　　B. x,y=y,x　　　　　C. x=y=1　　　　　D. x=1;y=1

8. 在 Python 函数中，用于获取用户输入数据的是（　　）。

A. input()　　　　　B. print()　　　　　C. eval()　　　　　D. get()

9. 以下说法中正确的是（　　　）。

A. 同一层次的 Python 语句不要求必须对齐

B. int( )可以将整数字符串、浮点数转化为整数

C. int( )可以将浮点数字符串转换成整数

D. 语句行从解释器提示符后的第一列开始，前面可以有空格，不会产生语法错误

10. 在屏幕上输出"Hello World"，正确的 Python 语句是（　　　）。

A. printf('Hello World')　　　　　　　　B. print(Hello World)

C. print("Hello World")　　　　　　　　D. printf("Hello World")

二、填空题

1. 赋值运算符左边必须是（　　　）。

2. Python 中默认的缩进宽度是（　　　）个空格。

3. Python 中的赋值和一般高级语言的赋值有很大不同，它是数据对象的一个（　　　）。

4. 程序的三种基本结构分别是（　　　）、（　　　）和（　　　）。

5. 在 Python 中使用（　　　）能够提高代码的可读性，帮助他人更好地理解。

三、程序阅读题

1. 以下代码输出的结果是（　　　）。

```
x=3
y=5
x,y=y,x
print(x)
```

2. 以下代码输出的结果是（　　　）。

```
x=3
y=5
x,y=x+y,x
print(x)
```

3. 以下代码输出的结果是（　　　）。

```
print('aaa','bbb',sep='*',end='**')
```

4. 通过键盘输入"7.123456"，以下代码输出的结果是（　　　）。

```
f = eval(input("请输入一个浮点数:"))
print("浮点数是:%.2f" % f)
```

5. 通过键盘输入"1234"，以下代码输出的结果是（　　　）。

```
n = eval(input("请输入正整数:"))
print("n:%6d" % n)
```

第 3 章　分支结构

在解决实际问题的过程中，很多时候需要根据给定的条件来决定怎么做。比如生活中，如果外面正在下雨，那么出门的时候需要带雨伞。我们在上一章计算了 BMI，接下来要根据 BMI 判断身体状态（偏瘦、正常、偏胖等）。类似这样的问题还有很多，这些问题的特点是需要对给定的条件进行分析和判断，并根据分析和判断的结果采取不同的操作。

显然，顺序结构无法解决类似的问题。计算科学中用来描述这种选择现象的重要手段是分支结构，也称选择结构，这种结构可根据条件决定程序的不同走向。

Python 语言一般用逻辑判断（关系表达式或逻辑表达式）表示条件，分支结构可以分为单分支结构（if 语句）、双分支结构（if...else 语句）和多分支结构（if...elif...else 语句）。

3.1　逻辑判断

判断表达式通常是由关系表达式或逻辑表达式组成的，可用这些表达式检查判断表达式为真或为假。首先了解一下逻辑判断中的关系运算符、逻辑运算符和条件运算符、身份运算符。

3.1.1　关系运算符

经常需要在程序中比较大小关系，以决定下一步的工作。比较两个量的大小的运算符被称为关系运算符，即比较运算符。表 3-1 给出了 Python 语言中的关系运算符。

表 3-1　Python 语言中的关系运算符

关系运算符	含义
>	大于，如果>前面的值大于其后面的值，则返回 True，否则返回 False
<	小于，如果<前面的值小于其后面的值，则返回 True，否则返回 False
>=	大于或等于，如果>=前面的值大于或等于其后面的值，则返回 True，否则返回 False
<=	小于或等于，如果<=前面的值小于或等于其后面的值，则返回 True，否则返回 False
==	等于，如果==前面的值等于其后面的值，则返回 True，否则返回 False
!=	不等于，如果!=两边的值不相等，则返回 True，否则返回 False

用关系运算符将两个式子连接起来的式子被称为关系表达式。如果比较的结果为真，则返回布尔值"True"，如果为假，则返回布尔值"False"。示例如下：

```
print("100>50 吗？ ",100>50)
print("100<50 吗？ ",100<50)
print("100>=50 吗？ ",100>=50)
print("100<=50 吗？ ",100<=50)
print("100!=50 吗？ ",100!=50)
print("100==50 吗？ ",100==50)
print("A>a 吗？ ",'A'>'a')
print("'123'>'100'吗？ ",'123'>'100')
```

程序的运行结果如下：

```
100>50 吗？   True
100<50 吗？   False
100>=50 吗？  True
100<=50 吗？  False
100!=50 吗？  True
100==50 吗？  False
A>a 吗？  False
'123'>'100'吗？   True
```

关系运算符除了进行数值比较运算，也可以用于字符串的比较，比较的是字符的 ASCII 值。如，'A' > 'a' 值为 False，这是因为大写字母 A 的 ASCII 值为 65，小写字母 a 的 ASCII 值为 97，显然 65>97 为假。当关系运算符两边的操作数是字符串型的，那么在比较时，先比较第一位上的字符，再依次比较其他位上的字符。

关于关系运算符，需要注意以下几点。

（1）关系运算符两边的操作数属于可以比较的类型。以下代码报错，原因是第一行代码中的两个操作数的类型不统一，前者是字符串型的，后者是整型的，不能直接使用关系运算符">"进行比较。

```
>>> '123'>120
Traceback (most recent call last):
  File "<pyshell#0>", line 1, in <module>
    '123'>120
TypeError: '>' not supported between instances of 'str' and 'int'
```

（2）关系运算符是允许被连续使用的，这一点和数学中的使用方法是一样的。如-3<-1<0 是正确的关系表达式。

（3）不要将关系运算符"=="和赋值运算符"="混淆，这两个运算符差别很大。前者是检查左边和右边的内容是否相等，后者是把右边的值赋给左边的变量。示例如下：

```
a==5        //如果 a 和 5 相等，则该关系表达式的值为 Ture，否则为 Flase
a=5         //赋值表达式
```

（4）"≤" "≥" "≠" "<>"都不是合法的关系运算符。

有关关系运算符与其他组合数据类型（列表、集合等）的使用方法，会随着课程的深入继续讨论。

3.1.2　逻辑运算符

Python 语言提供了三种逻辑运算符。

（1）not：逻辑非，对表达式结果的否定，即将"真"变成"假"，将"假"变成"真"，相当于"否定"。

（2）and：逻辑与，只有该运算符两边的表达式均为"真"，结果才为"真"，相当于"并且"。

（3）or：逻辑或，只要该运算符两边的表达式中有一个为"真"，结果为真，相当于"或者"。

用逻辑运算符连接的表达式被称为逻辑表达式。逻辑运算符如表 3-2 所示。

表 3-2　逻辑运算符

逻辑运算符	含义	说明
and	逻辑与，"并且"	如果左边的表达式为假，则不管右边的表达式的值是什么，结果都是假，最终结果为左边表达式的值 如果左边的表达式为真，则继续计算右边的表达式的值，最终结果为右边表达式的值
or	逻辑或，"或者"	如果左边的表达式为真，则不管右边的表达式的值是什么，结果都是真，最终结果为左边表达式的值 如果左边的表达式为假，则继续计算右边的表达式的值，最终结果为右边表达式的值
not	逻辑非，"非"	真的否定：假 假的否定：真

示例如下：

```
print("100>50 and 100<200:",100>50 and 100<200)
print("100>50 and 300<200:",100>50 and 300<200)
print("100<50 and 300<200:",100<50 and 300<200)
print("100>50 or 100<200:",100>50 or 100<200)
print("100>50 or 300<200:",100>50 or 300<200)
print("100<50 or 300<200:",100<50 or 300<200)
print("not 100<200:",not 100<200)
print("not False:",not False)
print("not True:",not True)
print("6 and 9:",6 and 9)
print("0 and 9:",0 and 9)
print("6 or 9：",6 or 9)
print("0 or 9：",0 or 9)
```

程序的运行结果如下：

```
100>50 and 100<200: True
100>50 and 300<200: False
100<50 and 300<200: False
100>50 or 100<200: True
100>50 or 300<200: True
100<50 or 300<200: False
not 100<200: False
not False: True
not True: False
6 and 9: 9
0 and 9: 0
6 or 9:   6
0 or 9:   9
```

在三个逻辑运算符中，not 的优先级最高，and 次之，or 最低。

需要注意的是，Python 中表达式为假的值，还有以下这些。

（1）表示 0 的数字，包括 0 和 0.0。

（2）表示空值的 None。

（3）空字符串。

（3）空序列，如()、[]、{}。

3.1.3 条件运算符

对于比较简单的分支结构，Python 语言提供了简单的条件运算符，一般格式如下：

```
语句 1  if  条件表达式  else  语句 2
```

条件运算符的执行过程如图 3-1 所示。

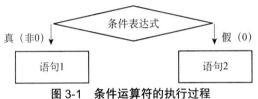

图 3-1 条件运算符的执行过程

先对条件表达式进行求值和判断，如果结果为真，则执行语句 1，否则执行语句 2。

【例 3-1】输入两个整数，输出其中的最大值。

代码如下：

```
a=int(input("请输入 a 的值："))
b=int(input("请输入 b 的值："))
max= a if a>b else b
print(f'最大值是{max}')
```

运行结果如下：

```
请输入 a 的值：50
请输入 b 的值：100
最大值是 100
```

对于条件表达式" max=a if a>b else b"，先判断 a>b，如果是真就返回 a 的值，如果是假就返回 b 的值。最后将返回的值赋给 max。

尽管条件运算符也可用于复杂的分支结构，但一般情况下，只有简单的分支结构才用条件运算符。更多的讨论可参见下一节。

3.1.4 身份运算符

Python 中的变量具有三个要素：id（身份标识和内存地址）、type（数据类型）和 value（值）。其中 id 是唯一能识别变量的标志，类似于身份证号，可以调用 id()函数来获取。身份运算符只有 is 和 is not，用来判断两个变量占用的内存地址是否一样，若一样则返回 True，否则返回 False。示例如下：

```
a=[1,2,3,4]
b=[1,2,3,4]
print("Id of a=",id(a))
print("Id of b=",id(b))
print("a is b:",a is b)
print("a==b:",a==b)
```

运行结果如下：

```
Id of a= 1768334769992
Id of b= 1768333183944
a is b: False
a==b: True
```

上述代码中，两个列表的值是相同的，但是身份标识是独立的。

对于数值和字符串型的对象，如果它们的值相同，为了提高效率，则通常不会重复创建，其身份标识通常也是相同的。示例如下：

```
a=1000
b=1000
print("Id of a=",id(a))
print("Id of b=",id(b))
print("a is b:",a is b)
print("a==b:",a==b)
```

运行结果如下：

```
Id of a= 2427767122736
Id of b= 2427767122736
a is b: True
a==b: True
```

另外，还需要注意应该是 is not，而不是 not is，这与成员运算符 not in 是不一样的。

3.2   单分支结构

3.2.1   单分支结构基本语法

if 语句中最简单的是单分支结构，只能选择一个动作，其一般形式如下：

```
if 条件:
    语句块
```

其中的条件可以是单独的布尔值、变量、关系表达式、逻辑表达式。一般认为当表达式的值为 False、None、0、""、()、[]、{}时，都为假，其他情况都为真。

条件后面必须加冒号。如果条件的值为真，则执行其后的语句块；如果条件的值为假，就跳过语句块，继续执行后面的语句，单分支结构的执行流程如图 3-2 所示。

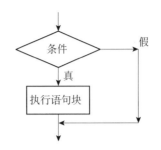

图 3-2　单分支结构的执行流程

语句块必须向右缩进。语句块可以是单条语句，也可以是多条语句。当包含多条语句时，每条语句的缩进量必须一致。示例如下：

```
score=int(input("score="))
if score>=90:
    print("Congratuations!");        # 语句块由一条语句组成
print("Your score is %d" % score)
```

当 score 的值大于或等于 90 时（假设为 95），程序显示如下的结果：

```
Congratuations!
Your score is 95
```

当 score 的值小于 90 时（假设为 65），程序显示如下的结果：

```
Your score is 65
```

显然，print("Congratuations!")语句的执行与否由 if 后面的条件来决定，而 print("Your score is %d" % score)语句没有缩进，因此不是 if 后面的语句块的一部分，它是一条独立的语句。

if 后面的语句块可以是单条语句，也可以是多条语句。当要控制多条语句时，这些语句的缩进量必须一致，示例如下：

```
score=int(input("score="))
if score>=90:
    print("Congratuations!");        # 语句块由两条语句组成
    print("Your score is %d" % score)
```

当满足条件 score>=90 时，执行两条语句，输出两个结果；当 score<90 时，没有任何结果。

3.2.2　单分支结构程序举例

【例 3-2】输入一个非 0 整数，如果其大于 0，则输出"正数"；如果小于 0，则输出"负数"。

分析：假设 x 代表一个非 0 整数，要判断该数是否为正数，只需拿它与 0 进行比较，即利用关系表达式 x>0 进行比较，如果该表达式为真，则说明 x 是一个大于 0 的正数。

同理，判断 x 是否是负数，只需判断其是否小于 0，即利用关系表达式 x<0。如果该表达式为真，说明 x 是小于 0 的负数。

因此，可用两个单分支结构分别表示上述两种情况。

代码如下：

```
x=int(input("请输入一个非 0 整数:"))
if x>0:
    print("正数")
if x<0:
    print("负数")
```

第一个运行结果如下：

```
请输入一个非 0 整数:99
正数
```

第二个运行结果如下：

```
请输入一个非 0 整数:-8
负数
```

上述代码有两条并行关系的 if 语句，是否执行 print("正数")语句，由表达式 x>=0 决定。如果 x>=0 成立，则执行该条语句，否则不执行。同样，print("负数")也是如此。

【例 3-3】某商店出售某品牌运动鞋，每双定价 160 元，1 双不打折，2 双（含）到 4 双（含）打九折，5 双（含）到 9 双（含）打八折，10 双（含）以上打七折，从键盘输入购买数量，从屏幕输出实际应付款。

分析：设购买数量为 n，折扣为 d，则 d 可表示为如下形式：

$$\begin{cases} d=1 & (n=1) \\ d=0.9 & (2 \leq n \leq 4) \\ d=0.8 & (5 \leq n \leq 9) \\ d=0.7 & (n \geq 10) \end{cases}$$

根据 n 的取值范围确定 d 的值，可用 if 语句实现。当 d 的值确定后，使用如下数学公式计算实际应付款 cost：cost=$n \times d$。

代码如下：

```
n = eval(input("请输入数量： "))
if n == 1:
    d = 1
if 2<=n<=4:
    d = 0.9
if 5<=n<=9:
    d = 0.8
if n>=10:
    d = 0.7
cost = 160*n*d
print("实际应付款为:",cost)
```

上述代码中的每条 if 语句都存在并行关系。计算机对每条 if 语句都要判断一次，但不一定都执行，只有当判断的表达式为真，才认为 if 语句被执行了，否则认为 if 语句没有被执行。例如，假设 n 的值为 1，则第一条 if 语句被执行，其后面的其他 if 语句都被计算机判断，但都没有被执行，因为表达式为假。

第一个运行结果如下：

```
请输入数量： 1
实际应付款为:160
```

第二个运行结果如下：

```
请输入数量：5
实际应付款为：640.0
```

通过【例 3-3】可以看出，利用多个并列的单分支结构可以进行多重判断。但在执行效率方面，后面介绍的双分支和多分支结构更优。

3.3 双分支结构

3.3.1 双分支结构基本语法

if...else 语句是一种双分支结构的语句，能够在两个条件之间进行选择。其一般形式如下：

```
if 条件:
    语句块 1
else:
    语句块 2
```

如果条件为真（非 0），则执行 if 后面的语句块 1（亦称 if 子句）；如果条件为假（0），则执行 else 后面的语句块 2（亦称 else 子句）。显然，不能同时执行语句块 1 和语句块 2。双分支结构的执行过程见图 3-3。

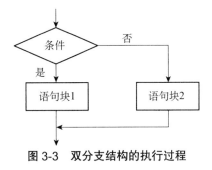

图 3-3 双分支结构的执行过程

可用 if...else 语句来修改【例 3-2】的代码，待修改的代码如下：

```
if x>0:
    print("正数")
if x<0:
    print("负数")
```

在执行过程中，两条 if 语句都要进行判断。而实际上，当 x>0 成立时，x<0 一定不成立，若采用 if...else 语句修改，则程序不必重新判断，代码如下：

```
if x>0:
    print("正数")
else:
    print("负数")
```

如果 x>0，则输出正数，否则一定是小于 0 的情况，输出负数，这样程序只做了一次判断。

如果 if 和 else 之间有多条语句，则必须保证多条语句的缩进量一样，下面的代码是错误的，解释器会报错。

```
if x>60:
    print("pass")
    n=n+1
else:
    print("no pass")
```

应该使用下面的代码：

```
if x>60:
    print("pass")
    n=n+1
else:
    print("no pass")
```

同样，如果 else 后面的语句块 2（即 else 子句）由多条语句组成，则也应保证多条语句的缩进量一致。

示例 1：

```
if score>=60:
    print("pass")
else:
    print("no pass")
print("end")
```

示例 2：

```
if score>=60:
    print("pass")
else:
    print("no pass")
    print("end")
```

从缩排格式看，容易错误地将示例 1 等同于示例 2，但从运行结果来看（见表 3-3），最后一条语句是否缩进对程序的执行结果是有本质影响的。实际上，示例 1 中只有 print（"no pass"）是 else 的子句，而 print（"end"）是区别于 if…else 语句的其他语句。

表 3-3　示例 1 和示例 2 的运行结果对比

表达式		程序的输出结果	
		示例 1	示例 2
score>=60	为真时	pass end	pass
	为假时	no pass end	no pass end

3.3.2　双分支结构程序举例

【例 3-4】编写程序，输入年份 x，判断是否是闰年，若是闰年则输出"x 年是闰年"，否则输出"x 年不是闰年"。

分析：年份只要满足下列两个条件之一，就是闰年。

（1）年份是 4 的倍数，且不是 100 的倍数。

（2）年份是 400 的倍数。

例如，1900 年、2022 年不是闰年，而 2000 年、2024 年是闰年。

根据题意：如果 x 满足闰年条件，则输出 "x 年是闰年"，否则输出 "x 年不是闰年"，可利用 if...else 语句实现。

代码如下：

```
x=int(input("请输入年份: "))
if (x%100!=0 and x%4==0) or (x%400==0):
    print("%d 年是闰年"%x)
else:
    print("%d 年不是闰年"%x)
```

第一个运行结果如下：

```
请输入年份: 2022
2022 年不是闰年
```

第二个运行结果如下：

```
请输入年份: 2024
2024 年是闰年
```

【例 3-5】输入一个整数，判断这个整数是奇数还是偶数。

分析：在整数中，能被 2 整除的数是偶数，不能被 2 整除的数是奇数。

代码如下：

```
x=int(input("请输入一个整数: "))
if x%2==0:
    print("%d 是偶数" % x)
else:
    print("%d 是奇数" % x)
```

第一个运行结果如下：

```
请输入一个整数: 4
4 是偶数
```

第二个运行结果如下：

```
请输入一个整数: 5
5 是奇数
```

3.4 多分支结构

3.4.1 多分支结构基本语法

if...elif...else 语句是多分支结构的语句，从中选择第一个满足条件的分支进行操作，即多选一，其一般形式如下：

```
if  条件 1:
   语句块 1
elif  条件 2:
   语句块 2
elif  条件 3:
   语句块 3
   ...
else:
   语句块 N
```

elif 是 elseif 的缩写。根据问题的具体情况，可以有多个 elif。程序依次寻找第 1 个值为 True 的条件，执行该条件对应的语句块，结束后跳出 if...elif...else 语句，继续执行多分支结构后的其他语句。如果没有任何条件成立，则执行 else 下的语句块 N，多分支结构的执行过程如图 3-4 所示。

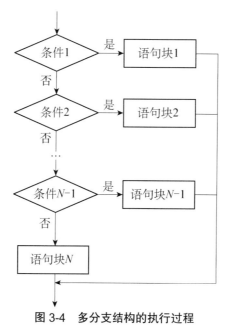

图 3-4　多分支结构的执行过程

在解决有多个条件的问题时，既可以用多分支结构，也可以用单分支结构。但需要注意具体的执行情况，请看下面的例子。

```
a=50
if a>50:
   print("%d" % (a+1))
elif a>40:
   print("%d" % (a+2))
elif a>30:
   print("%d" % (a+3))
```

解释器按照顺序依次判断条件中的表达式的值，当程序判断第 1 个表达式 a>50 为真时，则选择其后的 print("%d" % (a+1)) 语句执行，紧接的 elif 的作用是先排除上面情况（即 a<=50）再判断 a 的值，因此，程序不需要判断和执行后面的所有语句，输出结果是 52。

下面把上述的程序段改成如下形式：

```
a=50
if a>50:
    print("%d" % (a+1))
if a>40:
    print("%d" % (a+2))
if a>30:
  print("%d" % (a+3))
```

即将上述程序段改由 3 条并行的 if 语句组成，每条 if 语句都要判断其中的表达式。判断过程中，如果表达式为真，则执行其后的 print 语句，否则接着判断下一条 if 语句。因此该程序段的输出结果是"52　53"。

通过上面示例可以看出，多分支结构（if...elif...else 语句）和多个单分支结构（多条并行的 if 语句）的执行过程是不同的。尤其是在分支结构的条件有重合的情况下，更加需要注意。另外，在写条件时，首先需要充分考虑各条件之间的逻辑关系，其次需要尽量将逻辑简单的或执行频率高的条件写在前面，以增强代码的可读性和执行效率。

3.4.2　多分支结构程序举例

【例 3-6】从键盘输入一个整数，判断是正数、负数还是 0，分别输出"正数""负数""0"。

分析：一个整数不可能既是 0，又是正数且又是负数，这是矛盾的，即只能三选一，可利用 if...elif...else 语句实现。

判断的本质是将整数与 0 进行比较运算，可利用关系表达式表示。

代码如下：

```
x=int(input("请输入一个整数:"))
if x>0:
    print("x 是正数")
elif x<0:
    print("x 是负数")
else:
    print("x 是 0")
```

第一个运行结果如下：

```
请输入一个整数:-3
x 是负数
```

第二个运行结果如下：

```
请输入一个整数:0
x 是 0
```

当 x>0 为假时，继续判断 x<0 是否为真，如果 x<0 也为假，那说明 x 只能为 0，无其他选择。因此在 if...elif...else 语句中，不需要另外加 elif(x==0)语句进行判断。

【例 3-7】根据 BMI 判断身体状态（偏瘦、正常、偏胖）。按照中国人的体质特征可知，BMI 小于 18.5 为偏瘦，在 18.5～23.9 为正常，超过 23.9 为偏胖。

代码如下：

```
weight= eval(input('请输入以 kg 为单位的体重值：'))
```

```
height= eval(input('请输入以 m 为单位的身高值：'))
bmi=weight/pow(height,2)
print("你的 BMI 为：{:.2f}".format(bmi),end=",")
if bmi < 18.5:
    print("属于偏瘦")
elif 18.5<=bmi<=23.9:
    print("属于正常")
else:
    print("属于偏胖")
```

第一个运行结果如下：

```
请输入以 kg 为单位的体重值：70
请输入以 m 为单位的身高值：1.80
你的 BMI 为：21.60,属于正常
```

第二个运行结果如下：

```
请输入以 kg 为单位的体重值：50
请输入以 m 为单位的身高值：1.7
你的 BMI 为：17.30,属于偏瘦
```

第三个运行结果如下：

```
请输入以 kg 为单位的体重值：78
请输入以 m 为单位的身高值：1.75
你的 BMI 为：25.47,属于偏胖
```

3.5　分支结构的嵌套

3.5.1　分支结构嵌套基本语法

在满足一个 if 条件之后，在它的语句块里对新的 if 语句再进行一次判断，这被称为 if 结构嵌套。嵌套在筛选数据或者条件过滤的时候常被用到，使用时一定要注意不同级别的代码块的缩进量，因为缩进量决定了代码块的从属关系。其一般形式如下（但并不仅限于此形式）：

```
if 条件 1：
    if 条件 2：
        语句块 2        #当条件 1、条件 2 同时为真时，执行语句块 2
    else：
        语句块 3        #当条件 1 为真，但条件 2 为假时，执行语句块 3
else：
    语句块 4            #当条件 1 为假时，执行语句块 4
```

示例如下：

```
mark = eval(input("请输入成绩："))
if  0 <= mark <=100:
    if mark < 60:
        print("不及格")
    else:
        print("及格")
```

```
else:
    print("输入的成绩格式错误!")
```

其执行流程如下：当 0 <= mark <=100 时，执行缩进的 if…else 语句，否则执行语句 "print ("输入的成绩格式错误!")"，这是在 if 语句中嵌套 if 语句的情况，当然在 elif 和 else 里面也可以嵌套 if 语句，这里不再举例。

一般情况下，嵌套的层不能太深，以三层为极限，否则程序的复杂性增加，难于阅读和理解，容易出错。

3.5.2　分支结构嵌套程序举例

【例 3-8】输入 3 个整数，输出其中的最大值。

分析：3 个整数 a、b、c，如果 a>b 为真，则需要继续判断 a>c（这里使用了嵌套），进而确定最大值是 a 还是 c。如果 a>b 为假，则继续判断 b>c，若为真则最大值为 b，否则最大值为 c。

代码如下：

```
a=int(input("请输入 a 的值: "))
b=int(input("请输入 b 的值: "))
c=int(input("请输入 c 的值: "))
if a>b:
    if a>c:
        max=a
    else:
        max=c
elif b>c:
    max=b
else:
    max=c
print("最大值为: %d" % max)
```

运行结果如下：

```
请输入 a 的值: 6
请输入 b 的值: 3
请输入 c 的值: 9
最大值为: 9
```

本题的算法有多种，读者可以尝试编写不同的算法。若使用 max() 函数，则会使类似问题更简单。

【例 3-9】人格发展阶段论认为，人格的发展可以分为八个阶段。

（1）婴儿期（0～1.5 岁），发展信任感，并且克服不信任感，养成希望的品质。

（2）儿童期（1.5～3 岁），锻炼控制能力，发展自主感（自我控制），获得意志的品质。

（3）学龄初期（3～6 岁），获得主动感，克服内疚感，体验目标的实现。

（4）学龄期（6～12 岁），获得勤奋感，克服自卑感，体验能力的实现。

（5）青春期（12～18 岁），发展自我认同感，克服混乱感。

（6）成年早期（18～25 岁），获得亲密感，避免孤独感。

（7）成年期（25～65 岁），从个人到家庭、社会向外扩展能量。

（8）成熟期（65 岁以上），获得完善感，避免失望和厌恶感，体验智慧的实现。

其中的每个阶段都是自我与社会生活相互作用的过程，都存在危机，都需要积极解决问题，以使自我力量、适应环境的能力增强，形成良好的品质。若消极解决则反之。

输入年龄，输出所处的人格阶段。

代码如下：

```
age = eval(input("请输入年龄: "))
if(age>0):
    if 0 < age <= 1.5:
        print("婴儿期, 发展信任感, 并且克服不信任感, 养成希望的品质")
    elif 1.5 < age <= 3:
        print("儿童期, 锻炼控制能力, 发展自主感（自我控制）, 获得意志的品质。")
    elif 3 < age <= 6:
        print("学龄初期, 获得主动感, 克服内疚感, 体验目标的实现。")
    elif 6 < age <= 12:
        print("学龄期, 获得勤奋感, 克服自卑感, 体验能力的实现。")
    elif 12 < age <= 18:
        print("青春期, 发展自我认同感, 克服混乱感。")
    elif 18 < age <= 25:
        print("成年早期, 获得亲密感, 避免孤独感。")
    elif 25 < age <= 65:
        print("成年期, 从个人到家庭、社会向外扩展能量。")
    else:
        print("成熟期, 获得完善感, 避免失望和厌恶感, 体验智慧的实现。")
else:
    print("对不起, 输入的数据不合理! ")
```

第一个运行结果如下：

```
请输入年龄: 10
学龄期, 获得勤奋感, 克服自卑感, 体验能力的实现。
```

第二个运行结果如下：

```
请输入年龄: 26
成年期, 从个人到家庭、社会向外扩展能量。
```

3.6　分支结构应用举例

【例 3-10】用 if…elif…else 语句改写【例 3-3】的购物程序。

代码如下：

```
n = eval(input("请输入数量: "))
if n == 1:
    d = 1
elif n <= 4:
    d = 0.9
elif n <= 9:
    d = 0.8
else:
    d = 0.7
```

```
cost = 160 * n * d
print("实际应付款为:",cost)
```

第一个运行结果如下:

```
请输入数量: 1
实际应付款为:160
```

第二个运行结果如下:

```
请输入数量: 5
实际应付款为:640.0
```

需要多重判断的时候,通常考虑使用多分支结构。因为多分支结构只有一个分支被执行,而多个并行的单分支结构需要对每个分支都进行判断,在执行效率上,多分支结构更优。

【例 3-11】为了引导人们合理消费,实现经济结构的调整,建设节约型社会,某市供电公司执行居民生活用电阶梯电价政策,阶梯电价分为三挡。

(1)第一挡为年用电量<=2160 度,执行基本电价 0.60 元/度。

(2)第二挡为年用电量 2161~4200 度,加价后的电价为 0.66 元/度。

(3)第三挡为年用电量>4200 度,加价后的电价为 0.90 元/度。

输入某用户的年用电量,求年度电费。

代码如下:

```
n = eval(input("请输入年用电量: "))
if n <=2160:
    cost = 0.60*n
elif n <=4200:
    cost = 0.60*2160+0.66*(n-2160)
else:
    cost = 0.60*2160+0.66*(4200-2160)+0.90*(n-4200)
print("年度电费为:",cost)
```

第一个运行结果如下:

```
请输入年用电量: 1800
年度电费为:1080.0
```

第二个运行结果如下:

```
请输入年用电量: 4000
年度电费为:2510.4
```

第三个运行结果如下:

```
请输入年用电量: 5000
年度电费为:3362.4
```

【例 3-12】根据输入的三角形的三条边判断能否构成三角形。如果能构成,则判断三角形的种类(一般三角形、等腰三角形、等边三角形、直角三角形、等腰直角三角形)。

分析:总的来说,输入的三条边有两种可能,即能构成三角形和不能构成三角形,故可用一个 if...else 语句来处理"能否构成三角形"这个问题。

对于能构成三角形的三条边,又有三种可能:边长相等的三角形、直角三角形和一般三角形。此时可以用 3 个 if 语句来判断,非常方便。所以,在 if 语句中嵌套了另外 3 个 if 语句。

对于边长相等的三角形，又有两种可能：等边三角形和等腰三角形（等腰直角三角形被分类至直角三角形中）。可以用 if...else 语句继续判断，所以在嵌套的一个 if 语句中又嵌套了一个 if...else 语句。

代码如下：

```
import math
a,b,c = eval(input("请输入三角形的三条边，以逗号隔开："))
if a+b>c and a+c>b and c+b>a:
    flag = 0
    if a == b or b == c or a == c:
        flag = 1
        if a==b==c:
            print("等边", end="")
        else:
            print("等腰", end="")
    if math.fabs(a*a+b*b-c*c)<0.001 or \
        math.fabs(a*a+c*c-b*b)<0.001 or math.fabs(c*c+b*b-a*a)<0.001:
        flag = 1
        print("直角", end="")
    if flag == 0:
        print("一般", end="")
else:
    print("不是", end="")
print("三角形")
```

程序利用 flag 的值标识一般三角形和特殊三角形。在判断直角三角形时，如果输入的边长为小数，那么不能使用勾股定理进行计算。处理方式是将第 12 行的代码改为 math.fabs（a*a+b*b-c*c）<0.001。

第一个运行结果如下：

请输入三角形的三条边，以逗号隔开：1,1,1.414
等腰直角三角形

第二个运行结果如下：

请输入三角形的三条边，以逗号隔开：1,2,3
不是三角形

第三个运行结果如下：

请输入三角形的三条边，以逗号隔开：2,2,3
等腰三角形

第四个运行结果如下：

请输入三角形的三条边，以逗号隔开：6,6,6
等边三角形

第五个运行结果如下：

请输入三角形的三条边，以逗号隔开：3,4,5
直角三角形

第六个运行结果如下：

请输入三角形的三条边，以逗号隔开：3,5,6
一般三角形

习　题

一、选择题

1. 关于 Python 的分支结构，以下选项中错误的是（　　）。

A. Python 中的 if…elif…else 语句可描述多分支结构

B. 分支结构使用 if 保留字

C. Python 中的 if…else 语句用来形成双分支结构

D. 分支结构可以向已经执行过的语句部分跳转

2. 实现多分支的最佳控制结构是（　　）。

A. if　　　　　　　　B. try　　　　　　　　C. if…elif…else　　　D. if…else

3. 用来判断当前 Python 语句在分支结构中从属关系的是（　　）。

A. 引号　　　　　　　B. 冒号　　　　　　　C. 花括号　　　　　　D. 缩进

4. 以下选项中正确的是（　　）。

A. 条件 24<=28<25 是合法的，且输出 False

B. 条件 35<=45<75 是合法的，且输出 False

C. 条件 24<=28<25 是不合法的

D. 条件 24<=28<25 是合法的，且输出 True

5. 从键盘输入数字 5，以下代码的输出结果是（　　）。

```
n =eval(input("请输入一个整数:"))
s =0
if n>=5:
    n -= 1
    s =4
if n<5:
    n -= 1
    s =3
print(s)
```

A. 4　　　　　　　　B. 3　　　　　　　　C. 0　　　　　　　　D. 2

6. 关于 Python 双分支结构的精简表示，正确的选项是（　　）。

A. 条件 if 表达式 1 else 表达式 2　　　　　B. 表达式 1 if 表达式 2 else 条件

C. 表达式 1 if 条件 else 表达式 2　　　　　D. 表达式 1 if 条件:表达式 2 else

7. 以下代码的执行结果是（　　）。

```
a= 75
if a > 60:
    print("Should Work Hard!")
elif a > 70:
    print("Good")
else:
    print("Excellent")
```

A. 执行出错　　　　　　　　　　　　　B. Excellent

C. Good   D. Should Work Hard!

8. 以下代码的执行结果是（　　　）。

```
a ="123"
if a > "Python":
    print("再学 Python")
else:
    print("初学 Python")
```

A. 初学 Python   B. 再学 Python

C. 没有输出   D. 执行出错

9. 执行以下程序，输入"60"，输出的结果是（　　　）。

```
s = eval(input())
k ='合格' if s >= 60 else '不合格'
print(s, k)
```

A. 合格   B. 不合格   C. 60   D. 60 合格

10. 设 x=10、y=20，下列语句能正确运行的是（　　　）。

A. if x>y

       max=x

B. if x<y:

       min=x

   else:

       min=y

C. max = x >y ?x: y

D. if(x>y)

       print(x)

二、填空题

1. 假设某比赛按年龄进行分组，说明如下。

少年组（7～17 岁）、青年组（18～40 岁）、中年组（41～65 岁）、老年组（66 岁以上）。
请完善如下代码：

```
age = ①_____ (input("请输入选手年龄（周岁）: "))
if 7 <= age <= 17: print("少年组")
if 18 <= age <= ②_____ : print("青年组")
if 41 <= age <= 65: print("中年组")
if age >= 66: print("老年组")
```

2. 用户输入被除数和除数，如果除数为 0，则提示"除数不能为 0！"，否则正常计算
余数。

请完善如下代码：

```
x=eval(input("请输出被除数: "))
y=eval(input("请输出除数: "))
if ①_____ :
   print("除数不能为 0! ")
else:
```

```
print("余数为：",②_____)
```

3. 申请驾照有年龄要求。申请大型客车准驾车型驾照的年龄要求在 22 岁以上、60 岁以下。根据用户输入的年龄来判断，如果符合要求则提示"可以申请！"，否则提示"不可以申请！"。

请完善如下代码：

```
age = eval(input("请输入年龄："))
if 22<= ①_____ <=60:
    print("可以申请！")
②_____:
    print("不可以申请！")
```

4. 某水果店出售水果礼盒，每盒 299 元，1 盒不打折，2～4 盒打八折，5～8 盒打六折，9 盒以上打五折。用户输入购买数量，计算并输出价格总额。

请完善如下代码：

```
n=eval(input("请输入水果礼盒数量："))
if n==1:
    cost = ①_____
elif n <= 4:
    cost = n * 299 * 0.8
elif n <= 8:
    cost = n * 299 * 0.6
else:
    cost = n * 299 * 0.5
print("价格总额为：{}元".format(cost))
```

5. 回文字符串是一个正读和反读都一样的字符串，比如"noon"或"蜜蜂蜂蜜"等。现对用户输入的 4 个字符进行判断，如果它们组成了回文字符串，则显示"是"，否则显示"不是"。

请完善如下代码：

```
s=①_____("请输入 4 个字符:")
if s==s[3]+s[2]+s[1]+ s[0]:
    print("是")
else:
    ②_____("不是")
```

三、程序阅读题

1. 以下程序的输出结果是（   ）。

```
a = 30
b = 1
if a >=10:
    a = 20
elif a>=20:
    a = 30
elif a>=30:
    b=a
else:
    b = 0
print('a={}, b={}".format(a,b))
```

2. 以下程序的输出结果是（　　　）。

```
x=10
y=0
if(x > 5) or (x/y > 5):
    print('Right')
else:
    print('Wrong')
```

3. 以下程序的输出结果是（　　　）。

```
t = "Python"
if t>="python":
    t = "python"
else:
    t = "None"
print(t)
```

4. 输入 "25"，以下程序的输出结果是（　　　）。

```
number = int(input('请输入一个整数'))
if（number % 2 ==0 or number % 5 ==0）  and number % 10 != 0:
    print('条件成立')
else:
    print('条件不成立')
```

5. 以下程序的输出结果是（　　　）。

```
x=1
y=0
if not x:
    y=y+1
elif x==0:
    if x:
        y+=2
    else:
        y+=3
print(y)
```

第4章 循环结构

第 2 章和第 3 章分别介绍了程序中常用的顺序结构和分支结构，但是只有这两种结构是不够的。因为在日常生活中或是在程序所处理的问题中，常常会遇到需要重复处理的问题。例如，求 100 个整数之和。

分析：将 100 个整数输入计算机，每输入一个整数，就加到变量 s 中。可以先编写一个程序段，示例如下：

```
s=0
i=int(input())
s=s+i
```

然后重复写 99 个同样的程序段。如此，对 100 个整数求和，就需要 100 个这样的程序段。如果有更多的数，则需要更多的程序段。这种方法虽然可以满足需求，但显然是不可取的，因为工作量大、程序冗长且重复。

因此，只有顺序结构和分支结构，还不能编写所有的程序。处理上面的问题，要求有一种结构，能根据给定的条件，反复执行一个程序段并达到所需的执行次数，这种结构就是本章将要介绍的循环结构——使一个程序段反复执行若干次的结构。

在 Python 语言中有 2 种循环结构：for 循环和 while 循环。

4.1 for 循环

接下来介绍循环结构里的第一种——for 循环。for 循环常用于遍历字符串、列表、元组、字典、集合等序列，能够逐个遍历序列中的各个元素。

4.1.1 for 循环的结构

一般形式如下：

```
for 变量 in 序列:
    循环体
```

有以下几点说明需要注意。

（1）和 if 语句一样，末尾必须加 "："，循环体的代码块必须缩进。

（2）关键字 for 后面的变量的值依次取自序列里的值，每次取一个值，执行一次循环体的代码块，直到序列里的值被取完。

（3）关键字 in 后面的序列指的是一组值，可以是字符串、列表、元组、字典、集合。可以这样理解，其本质是对数据集合体进行遍历，有多少个数据就循环多少次，语法相对简洁。

（4）关键字 in 后面经常跟 range( )函数。range()函数是一个内置函数，功能是创建一个整数列表。使用格式如下：range(stop)或者 range(start,stop,step)。

① start：计数从 start 开始，默认是 0。

② stop：计数到 stop 结束，注意遵守"左闭右开"的原则，不包括 stop，到 stop−1。

③ step：步长，默认为 1。

下面是 for 循环的一些例子。

只指定一个参数 stop 时，生成的整数范围是 0～stop−1。示例如下：

```
for i in range(2):
    print(i)
```

输出结果如下：

```
0
1
```

指定 2 个参数 start 和 stop 时，生成的整数范围是 start～stop−1。示例如下：

```
for i in range(2,5):
    print(i)
```

输出结果如下：

```
2
3
4
```

生成的整数之间的差值是 step，一般默认为 1，也可以自行设定。示例如下：

```
for i in range(2,5,2):
    print(i)
```

输出结果如下：

```
2
4
```

使用 for 循环遍历字符串，示例如下：

```
for i in "你好，Python":
    print(i)
```

输出结果如下：

```
你
好
，
P
y
t
h
o
n
```

使用 for 循环遍历列表，示例如下：

```
for i in [1,2,3]:
    print(i)
```

输出结果如下：

```
1
2
3
```

使用 for 循环遍历元组，示例如下：

```
for i in (1,3,5):
    print(i)
```

输出结果如下：

```
1
3
5
```

使用 for 循环遍历字典，示例如下：

```
for i in {"姓名":"Xiaoming","年龄":19}:
    print(i)
```

输出结果如下：

```
姓名
年龄
```

使用 for 循环遍历集合，示例如下：

```
for i in {"apple", "banana", "cherry"}:
    print(i)
```

输出结果如下：

```
apple
banana
cherry
```

列表、元组、字典、集合是 Python 特有的复合数据类型，这些复合数据类型将在以后的章节详细介绍。

4.1.2 for 循环程序举例

现在用 for 循环来解决本章开篇提出的问题。

【例 4-1】求 1+2+3+…+100 的和。

代码如下：

```
sum=0
for i in range(1,101):
    sum=sum+i
print("1+2+3+...+100=%d" % sum)
```

用变量 sum 存放累加和，sum 的初始值应设置为 0，不要忘记给 sum 赋值，否则它的值是不可预测的，结果会变得不正确。读者可上机尝试一下。

循环体中，语句 sum=sum+i 实现了累加，每被执行一次，就将 i 的值往 sum 中累加一次。每经过一次循环，变量 i 的值就在原有值的基础上递增 1，所以 i 的递增规律是 1、2、3、…、100。

由此例可知，类似的数列循环求和，可以用"sum=sum+通项"语句实现，关键是确定"通项"的表达式。

运行结果如下：

```
1+2+3+...+100=5050
```

【例 4-2】求数列 1×2×3×4×…×n 之积，即求 n!。

分析：求整数 n 的阶乘值，通过分析其数学表达式，可以理解为其值是一个累乘的结果，具体过程就是分别对 1、2、3、…、n 进行累乘。结合循环求和的算法，可以这样描述循环累乘的算法。

（1）s 和 i 的初始值都为 1。

（2）将 i 累乘到 s 中。

（3）i 的值递增 1。

（4）重复（2）（3），直到累乘到 n 为止（即 i 和 n 相等）

（5）结束，最后的累乘结果为阶乘值。

代码如下：

```
s=1
n=int(input("请输入一个整数:"))
for i in range(1,n+1):
    s=s*i
print("%d!=%d"%(n,s))
```

变量 s 用来存放累乘结果，s 的初值为 1。如果 s 的初值像求若干数之和一样设置为 0 的话，那么程序的结果总是为 0，因为 0 乘以任何数都为 0，要注意这点。

在 for 循环中，range()函数使得 i 的值逐次递增 1，每次执行 s=s*i 就将 i 的值进行累乘并保存到 s 中。

第一个运行结果如下：

```
请输入一个整数:5
5! =120
```

第二个运行结果如下：

```
请输入一个整数:8
8! =40320
```

【例 4-3】输出所有的水仙花数，所谓的"水仙花数"是指一个三位数，其各位数的立方和等于该数本身，如 153 是水仙花数，因为 $153=1^3+5^3+3^3$。

分析：用 for 循环遍历 100～999 的所有三位数。每循环一次，首先求出该三位数中的个位、十位和百位上的数字，然后用 if 语句判断是否是水仙花数。

代码如下：

```
for i in range(100,1000):
    a=i%10
    b=i//10%10          #在 Python 中，//表示整数除法
    c=i//100
```

```
    if a**3+b**3+c**3==i:    #在 Python 中，**表示幂运算
        print("%d 是水仙花数"%i)
```

运行结果如下：

```
153 是水仙花数
370 是水仙花数
371 是水仙花数
407 是水仙花数
```

4.2　while 循环

Python 中，while 循环和 if 语句类似，都是在条件为真的情况下执行相应的语句块。不同之处在于，只要条件为真，while 循环就会重复执行语句块。

4.2.1　while 循环的结构

一般形式如下：

```
while 表达式：
    语句块
```

语句块指的是具有相同缩进量的多行代码，又称循环体，读者可根据如下代码进行理解。

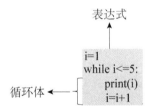

while 循环的执行流程如图 4-1 所示。

执行循环体之前，先计算表达式的值并判断值的真假，如果为真，则执行循环体一次。循环体执行完后，计算机会重新对表达式进行计算和判断，如果仍然为真，则继续执行循环体。依次重复此过程直到表达式为假，循环结束。

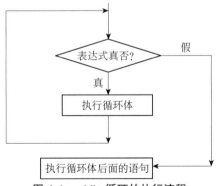

图 4-1　while 循环的执行流程

因此上述代码中，只要表达式 i<=5 为真，就执行语句 print(i)和 i=i+1。输出结果如下：

```
1
2
3
4
5
```

显然，while 后面的表达式决定终止循环还是继续执行循环，它可以是任意形式的合法表达式，如关系表达式、逻辑表达式、算术表达式等。因此真与假的概念可扩展为当表达式的值非 0 时，视为真；当表达式的值为 0 时，视为假。

循环体是指计算机需重复执行若干次的程序代码，可由一条语句组成，也可由多条语句组成。如果是由多条语句组成的，则每行语句的缩进量必须一致。思考下面的代码是如何被计算机执行的。

```
i=1
while i<=5:
    print(i)
i=i+1
```

从缩进格式看，循环体中只有 print(i)，由于 i=i+1 没有缩进，这就使得它和 while 循环是平行关系，是在 while 循环结束后才会被执行的语句。这个循环是无限循环（也叫死循环），会一直不停地输出 1，因为 i<=5 恒为真，i=i+1 永远都不会被执行。

因此，一定要注意如下几点。

（1）先确定循环体，即哪些语句是需要被重复执行的，把重复做的事情用相同的代码写出来。

（2）循环体内的语句必须缩进，并且缩进方式要一致。

（3）在循环体的内部，应该有改变循环条件的语句，用来控制循环的次数，以免出现无限循环。

在大多数情况下，for 循环和 while 循环可以相互代替。如果每次循环时，循环变量的改变都是有规律的，那么可以选择 for 循环。反之，如果循环变量的改变是无规律的，那么可以选择 while 循环。

4.2.2　while 循环程序举例

【例 4-4】使用 while 循环实现猜数字游戏。猜数字游戏的规则如下：随机生成一个 1～100 的数，玩家输入自己猜的数字，计算机给出对应的提示信息（"再大一点""再小一点""恭喜你猜对了"），如果玩家猜中了，则计算机提示用户一共猜了多少次，游戏结束，否则游戏继续。

分析：

（1）使用 random.randint()获取一个随机数 answer。

（2）从键盘输入猜的数字 number。

（3）使用 while 循环，将猜的数字 number 与随机数 answer 进行比较，具体如下。

number <answer：提示"再大一点"，从键盘继续输入猜的数字 number。

number >answer：提示"再小一点"，从键盘继续输入猜的数字 number。

number == answer：提示"猜对了"，循环结束，并输出猜的次数。

代码如下：

```
import   random      #random 生成随机数的模块
answer=random.randint(1, 100)      #生成一个指定范围内的整数
number=int(input('请输入 1～100 的一个数: '))
n=1
while number!=answer:
    n+= 1
    if number < answer:
        print('再大一点')
    else:
        print('再小一点')
    number = int(input('请输入 1～100 的一个数: '))
print(f'恭喜你猜对了!共猜了 {n}次')
```

运行结果如下：

```
请输入 1～100 的一个数: 80
再大一点
请输入 1～100 的一个数: 90
再小一点
请输入 1～100 的一个数: 88
再小一点
请输入 1～100 的一个数: 84
再大一点
请输入 1～100 的一个数: 86
恭喜你猜对了!共猜了 5 次
```

【例 4-5】斐波那契数列如下：0、1、1、2、3、5、8、13、21、34…，根据斐波那契数列的定义可得：$F(0)=0$、$F(1)=1$、$F(n)=F(n-1)+F(n-2)(n>=2)$，输出不大于 50 的序列元素。

分析：斐波那契数列又被称为黄金分隔数列，这个数列从第三项开始，每一项都等于前两项之和。在 Python 中可以使用序列赋值方法给多个变量赋值，变量之间使用逗号隔开。由题目可知，不大于 50 是控制循环的条件。

代码如下：

```
a, b = 0, 1
while a <= 50:
    print(a, end=',')
    a, b = b, a+b
```

运行结果如下：

```
0,1,1,2,3,5,8,13,21,34,
```

现在比较 for 循环与 while 循环，while 循环是"条件循环"，循环次数取决于条件何时为假；for 循环的特点是遍历一个可迭代对象，可以理解为"取值循环"，循环次数取决于关键字 in 后包含的值的个数。

4.3　循环中的 break、continue、pass 和 else 语句的使用

以上介绍的都是根据事先指定的循环条件正常执行或终止的循环。但当出现某种情况时，可能需要提早结束正在执行的循环。Python 提供了 break、continue、pass 和 else 语句来改变循环的执行路径。其中 break 语句用来提前结束循环；continue 语句用来结束本次循环而进入下一次循环；pass 语句是空语句，主要用于占位；在循环正常结束（没有执行 break）后，执行 else 语句。

4.3.1　break 语句

在 for 循环或 while 循环中都可以使用 break 语句，通常和 if 语句连用，当满足某一条件时，结束循环。若循环中使用了 break 语句，那么在程序执行到 break 语句时，循环会提前结束，示例如下：

```
for i in range(1,10):
    print("*")
    if(i==5):
        print("循环结束")
        break
```

运行结果如下：

```
*
*
*
*
*
循环结束
```

从 range(1,10)来看，尽管循环的正常结束应该在循环体被重复执行 9 次后，但由于循环体中存在一个 break 语句，所以在循环过程中，当 i 的值等于 5 时，满足了执行 break 语句的条件，使得 for 循环提前结束。该语句只输出 5 个星号，循环结束时 i 的值为 5。

【例 4-6】输入一个整数，判断是否是素数。

分析：素数即质数，是指在大于 1 的自然数中，除了 1 和它自身外，不能被其他自然数整除的数。根据素数的定义，可以使用穷举法遍历求模进行判断。将 flag 作为素数标识，初值为 True（认为 n 是素数）。穷举 n 的所有可能，从 2 到 n-1 遍历，进行求模运算。一旦被整除，则将 flag 赋值为 False，同时执行 break 语句，跳出循环。最后通过判断 flag 的值，输出结果。

代码如下：

```
n = int(input("请输入一个整数:"))
flag = True
```

```
for i in range(2,n):
    if n % i == 0:
        flag = False
        break
if flag ==True:
    print("{}是素数".format(n))
else:
    print("{}不是素数".format(n))
```

第一个运行结果如下：

```
请输入一个整数：8
8 不是素数
```

第二个运行结果如下：

```
请输入一个整数：11
11 是素数
```

4.3.2 continue 语句

在 for 循环或 while 循环中都可以使用 continue 语句，通常和 if 语句连用。continue 语句用于结束本次循环，继续下一次循环。需要注意的是，本次循环剩下的代码不再被执行，但会进行下一次循环。示例如下：

```
for i in range(1,10):
    if(i<=5):
        continue
    print("*")
```

运行结果如下：

```
    *
    *
    *
    *
```

在循环过程中，continue 语句像是一块挡路石，只要 i 的值小于或等于 5，即 i<=5 为真，则执行 continue 语句，结束本次循环，提前开始下一次循环，且会阻止其后面 print("*")的执行。当 i 的值大于 5 时，即 i<=5 为假，不执行 continue 语句，挡路石不起作用，此时后面的 print("*")才得以被执行，该语句只输出 4 个星号。

注意，break 语句是提前结束整个循环，而 continue 语句是提前结束循环过程中的某次循环，并判断是否进行下次循环。当遇到多层循环嵌套时，continue 与 break 语句都只用于本层循环。

4.3.3 pass 语句

在循环中，pass 语句只起到占位的作用，通常用于保证程序的完整性，否则会报错。示例如下：

```
for i in range(20):
    if i%2 == 0:                #判断是否为偶数
        print(i,end = ",")      #输出的数值在同一行，且用“,”隔开
```

```
else:              #不是偶数
    pass           #占位符不做任何事
```

4.3.4　else 语句

无论是 while 循环还是 for 循环，其后都可以紧跟一个 else 语句。示例如下：

```
for...
else...
```

或者写成如下形式：

```
while...
else...
```

如果循环正常结束，则执行 else 语句中的代码；如果循环异常结束（如执行了 break 语句），则不执行 else 语句中的代码。注意，break 语句可以造成循环异常结束，continue 语句不会造成循环异常结束。

【例 4-7】输入一个整数，判断是否是素数。

代码如下：

```
n=int(input("请输入一个整数："))
for i in range(2,n):
    if n%i==0:
        print("{}不是素数".format(n))
        break
else:
    print("{}是素数".format(n))
```

第一个运行结果如下：

```
请输入一个整数：8
8 不是素数
```

第二个运行结果如下：

```
请输入一个整数：11
11 是素数
```

4.4　循环结构的嵌套

与分支结构的嵌套类似，循环结构也可嵌套，就是在一个循环体内又包含另一个完整的循环结构。循环结构的嵌套也称多重循环。两种循环结构（for 循环和 while 循环）可以互相嵌套。示例如下：

```
for i in range(5):          #外部 for 循环
    for j in range(10):     #内部 for 循环，也是外部 for 循环的循环体
        print("*",end="")   #内部 for 循环的循环体
    print()                 #外部 for 循环的循环体
```

这是一个典型的双重嵌套。外部 for 循环的循环体含有一个 for 循环和 print()语句。

按照循环的执行流程，有如下代码：

```
当 i=0 时：执行内部 for 循环
        执行 print()
当 i=1 时：执行内部 for 循环
        执行 print()
…
```

因此，内部 for 循环和 print() 分别被执行 5 次。

而在执行内部 for 循环时，也要遵循其执行流程，即：

```
当 j=0 时，执行一次 print("*",end="")
当 j=1 时，再执行一次 print("*",end="")
…
```

因此，每次执行内部 for 循环时，print("*",end="") 都要被执行 10 次。

显然，整个 for 循环是实现一个如下的 5 行 10 列的星号图。

```
**********
**********
**********
**********
**********
```

外部 for 循环用来控制输出行数为 5 行，内部 for 循环用来实现每行输出 10 个星号。print() 用来实现每行输出 10 个星号后换行。

在嵌套循环中，外部循环相当于"时针"，内部循环相当于"分针"。外部循环每被循环 1 次，内部循环就循环 n 次，循环总次数=外部循环次数*内部循环次数。

【例 4-8】输入整数 n，输出一个 n-1 行的数字三角形阵列。该阵列每行包含的整数序列为从该行序号开始到 n-1 结束，如第 1 行包含 1~n-1 的整数，第 2 行包含 2~n-1 的整数。

输入如下内容：

```
8
```

输出结果如下：

```
1 2 3 4 5 6 7
2 3 4 5 6 7
3 4 5 6 7
4 5 6 7
5 6 7
6 7
7
```

分析：和前面的例子相似，它们都是输出多行内容，只是输出的内容不一样，仍然使用循环结构的嵌套。首先考虑一共输出 n-1 行数字，由此可知外部循环的循环次数是 n-1 次。其次，每一行开始的数字与行号相同，如第 1 行（外部循环做第 1 次循环）开始的数字为 1，第 2 行（外部循环做第 2 次循环）开始的数字为 2……由此可知，内部循环的循环变量的初值和行号（外部循环的循环变量）相同，并且每一行的结束数字都是固定的，都是 n-1。最后需要注意，内部循环输出每一行的数字。当内部循环结束时，需要输出结果并换行。

代码如下：

```
n = eval(input("请输入一个整数："))
```

```
for i in range(1,n):
    for j in range(i,n):
        print(j,end=' ')
    print()
```

或者写成如下形式：

```
n = eval(input("请输入一个整数："))
for i in range(1,n):
    for j in range(1,n):
        if j>=i:
            print(j,end=' ')
    print()
```

第一个运行结果如下：

```
请输入一个整数：5
1 2 3 4
2 3 4
3 4
4
```

第二个运行结果如下：

```
请输入一个整数：6
1 2 3 4 5
2 3 4 5
3 4 5
4 5
5
```

【例 4-9】编写程序，输出 3～100 的全部素数。

分析：要求输出 3～100 的全部素数，显然要用双重循环来解决。外部循环从 3 开始逐次递增 1，并递增到 100，以扫描 3～100 的全部整数。内部循环对 3～100 的每一位整数 n，用 2～$n-1$ 的所有整数进行整除，如果发现该整数能被区间内的某个整数整除，则该整数为非素数，使用 break 语句结束内部循环。

代码如下：

```
for n in range(3,101):
    flag = True
    for i in range(2,n):
        if n % i == 0:
            flag = False
            break
    if flag ==True:
        print(n,end="\t")
```

运行结果如下：

```
3    5    7    11   13   17   19   23   29   31   37   41   43   47   53   59   61   67   71
73   79   83   89   97
```

根据初等数论可知，如果一个数 n 不能被 2～$\sqrt{n}$ 的任意一个整数整除，则它是素数。这样，可将【例 4-9】中的内部循环改写，使程序更快捷。

4.5 循环结构应用举例

前面分析了循环结构的特点和实现方法，在有了初步编写循环结构的能力后，下面通过一些例子进一步掌握循环结构的编写和应用，特别是学习与循环结构有关的算法。

【例 4-10】我国古代的《张丘建算经》中有这样一道著名的百鸡问题："鸡翁一，值钱五；鸡母一，值钱三；鸡雏三，值钱一。百钱买百鸡，问鸡翁、母、雏各几何？"其意为：公鸡每只 5 文钱，母鸡每只 3 文钱，小鸡 3 只 1 文钱。用 100 文钱买 100 只鸡，公鸡、母鸡和小鸡各能买多少只？

分析：设公鸡、母鸡、小鸡分别为 x、y、z 只，依据题意列出方程组 x+y+z=100、5x+3y+z/3=100，采用穷举法求解。因 100 文钱买公鸡最多可买 20 只，买母鸡最多可买 33 只，所以 x 从 0 变到 20，y 从 0 变到 33，则 z=100-x-y。

代码如下：

```
for x in range(21):                      # 公鸡的只数为 0～20 只
    for y in range(34):                  # 母鸡的只数为 0～33 只
        z = 100 - x - y                  # 小鸡的只数等于 100-x-y
        if z % 3 == 0 and 5 * x + 3 * y + z // 3 == 100:
            print("公鸡:",x,"母鸡:",y, "小鸡:",z)
```

运行结果如下：

```
公鸡: 0  母鸡: 25  小鸡: 75
公鸡: 4  母鸡: 18  小鸡: 78
公鸡: 8  母鸡: 11  小鸡: 81
公鸡: 12 母鸡: 4  小鸡: 84
```

读者可以举一反三，用穷举法将 1 元人民币兑换为 5 分、2 分和 1 分的硬币（每一种都要有），共 100 枚，共有几种兑换方案？每种方案各兑换多少枚？

【例 4-11】"韩信点兵"又被称为"中国余数定理"。韩信有一队兵，他想知道有多少士兵，便让士兵排队报数。按从 1 至 5 报数，最后一个士兵报的数为 1；按从 1 至 6 报数，最后一个士兵报的数为 5；按从 1 至 7 报数，最后一个士兵报的数为 4；按从 1 至 11 报数，最后一个士兵报的数为 10。你知道韩信至少有多少名士兵吗？

分析：设士兵数为 x，x 应满足下述关系表达式：

```
x%5==1 and x%6==5 and x%7==4 and x%11==10
```

采用穷举法从 1 开始试验 x 的值，可得到韩信至少拥有的士兵数。

代码如下：

```
x=1
find=0          #设置找到的标志为假
while not find:
    if x%5==1 and x%6==5 and x%7==4 and x%11==10:
        find=1
    x=x+1
print("韩信至少有{}名士兵。".format(x))
```

运行结果如下：

韩信至少有 2112 名士兵。

【例 4-12】输出九九乘法表。

分析：定义两个循环变量 i 和 j，分别表示两个乘数。外部 for 循环用于遍历乘数 i 的取值范围，即 1～9。内部 for 循环用于遍历乘数 j 的取值范围，即 1～i。内部 for 循环每被执行一次，就使用 print()函数输出 i*j 的乘积，并以 "\t" 结束，以保证输出合理的格式。当内部 for 循环全部被执行后，立即输出一行结果，继续使用 print()函数，但仅输出一个换行符，使下一行输出的内容从新的一行开始。

代码如下：

```
for i in range(1,10):
    for j in range(1,i+1):
        print("{}*{}={:>2}".format(j,i,i*j),end="\t")
    print()
```

运行结果如下：

```
1*1= 1
1*2= 2    2*2= 4
1*3= 3    2*3= 6    3*3= 9
1*4= 4    2*4= 8    3*4=12    4*4=16
1*5= 5    2*5=10    3*5=15    4*5=20    5*5=25
1*6= 6    2*6=12    3*6=18    4*6=24    5*6=30    6*6=36
1*7= 7    2*7=14    3*7=21    4*7=28    5*7=35    6*7=42    7*7=49
1*8= 8    2*8=16    3*8=24    4*8=32    5*8=40    6*8=48    7*8=56    8*8=64
1*9= 9    2*9=18    3*9=27    4*9=36    5*9=45    6*9=54    7*9=63    8*9=72    9*9=81
```

【例 4-13】"认清校园贷，不负青春债"，为认清校园贷的危害，我们来学习校园贷的"利率"和"利滚利"。例如，某借贷平台称："借 100 元，每天只要 2 毛钱利息，月利率仅 6%！"输入最初借款金额（即本金）、月数、月利率，输出实际的每月的本金、利息和应还总额。

分析：月利率以月（注意不是年）为周期计算利息。利滚利是把利息加入本金后再计算利息的高利贷。计算方法如下，第一个月的本金加上利息为第二个月的本金，第二个月的本金加上第二个月的利息为第三个月的本金，依次叠加，有多少个月就叠加多少次。

代码如下：

```
money,date=eval(input("输入最初借款金额（本金）和月数："))
rate=eval(input("输入借款的月利率："))
for i in range(1,date+1):
    interest=money*rate
    print("第%2d 月：本金：%.2f，利息：%.2f，应还总额：%.2f" % (i,money,interest,money+interest))
    money+=interest
```

运行结果如下：

```
输入最初借款金额（本金）和月数：10000,12
输入借款的月利率：0.06
第 1 月：本金：10000.00，利息：600.00，应还总额：10600.00
第 2 月：本金：10600.00，利息：636.00，应还总额：11236.00
第 3 月：本金：11236.00，利息：674.16，应还总额：11910.16
第 4 月：本金：11910.16，利息：714.61，应还总额：12624.77
第 5 月：本金：12624.77，利息：757.49，应还总额：13382.26
```

```
第 6 月：本金：13382.26，利息：802.94，应还总额：14185.19
第 7 月：本金：14185.19，利息：851.11，应还总额：15036.30
第 8 月：本金：15036.30，利息：902.18，应还总额：15938.48
第 9 月：本金：15938.48，利息：956.31，应还总额：16894.79
第 10 月：本金：16894.79，利息：1013.69，应还总额：17908.48
第 11 月：本金：17908.48，利息：1074.51，应还总额：18982.99
第 12 月：本金：18982.99，利息：1138.98，应还总额：20121.96
```

校园贷通常都采用了这种复利计息方式。通过程序可以看出，在月利率为 6% 的情况下，第 12 月的应还总额就会翻倍。实际中，加上手续费、中介费、逾期罚息等名目繁多的高额收费项，有时仅需一个月甚至更短的时间，应还总额就会翻倍。我们要认清校园贷的"利率"和"利滚利"，拒绝校园贷。

习　题

一、选择题

1. 以下保留字不用于循环逻辑的是（　　）。

A. try　　　　　　B. else　　　　　　C. for　　　　　　D. continue

2. 在 Python 语言中，使用 for...in 方式形成的循环不能遍历的类型是（　　）。

A. 复数　　　　　　B. 列表　　　　　　C. 字典　　　　　　D. 字符串

3. 以下关于 Python 循环结构的描述中，错误的是（　　）。

A. break 语句用来结束当前语句，但不跳出当前的循环体

B. 遍历循环中的遍历结构可以是字符串、文件、组合数据类型和 range( ) 函数等

C. Python 通过 for、while 等关键字构建循环结构

D. continue 语句只结束本次循环

4. 以下构成 Python 循环结构的方法中，正确的是（　　）。

A. while　　　　　　B. loop　　　　　　C. if　　　　　　D. do...for

5. 以下关于 Python 循环结构的描述中，错误的是（　　）。

A. while 循环使用关键字 continue 结束本次循环

B. while 循环可以使用保留字 break 和 continue

C. while 循环也叫遍历循环，用来遍历序列中的元素，默认提取每个元素并执行一次循环体

D. while 循环中使用的 pass 语句，只是空的占位语句，无其他特殊作用

6. 给出如下代码：

```
import random
num = random.randint(1,10)
while True:
    guess = input()
    i = int(guess)
    if i == num:
        print(" 你猜对了")
        break
```

```
    elif i < num:
        print("小了")
    elif i > num:
        print("大了")
```

以下选项中描述错误的是（　　）。

A. random.randint(1,10)生成了[1,10]的整数

B. "import random"这行代码是可以省略的

C. 这段代码实现了简单的猜数字游戏

D. "while True:"创建了一个永远被执行的 while 循环

7. 给出如下代码：

```
sum  = 0
for i  in  range(1,11):
    sum += i
    print(sum)
```

以下选项中描述正确的是（　　）。

A. for 循环内的语句块被执行了 11 次

B. "sum+=i"可以写为" sum=+i"

C. 如果"print(sum)"语句完全左对齐，则输出结果不变

D. 输出的最后一个数字是 55

8. 给出如下代码：

```
age=23
start=2
if  age%2!=0:
    start=1
    for x in range(start,age+2,2):
        print(x)
```

输出值的个数是（　　）。

A. 10　　　　　　　　B. 12　　　　　　　C. 16　　　　　　　D. 14

9. 下面代码的输出结果是（　　）。

```
for i  in range(1,10,2):
    print(i,end=",")
```

A. 1,4,　　　　　　　B. 1,4,7,　　　　　　C. 1,3,5,7,9,　　　　D. 1,3,

10. 下面代码的输出结果是（　　）。

```
for num in  range(2,10):
    if num > 1:
        for i in range(2,num):
            if(num % i)== 0:
                break
        else:
            print(num,end=",")
```

A. 4,6,8,9,　　　　　　　　　　　B. 2,4,6,8,10,

C. 2,4,6,8,　　　　　　　　　　　D. 2,3,5,7,

二、填空题

1. 执行循环语句"for i in range(1,5):pass"后，变量 i 的值是_____。

2. 下列 Python 语句的输出结果是_____，while 循环被执行了_____次。

```
i=-1
while(i<0):
    i*=i
    print(i)
```

3. 无穷循环"while True:"的循环体中可用_____语句退出循环。

4. 执行"for i in range(1,5,2):print(i)"时，循环体执行的次数是_____。

5. 执行"for i in range(6,-4,-2):print(i)"时，循环体被执行的次数是_____。

三、程序阅读题

1. 以下代码的输出结果是（   ）。

```
s =0
for i in range(1,101):
    if i%2 == 0:
        s += i
    else:
        s -= i
print(s)
```

2. 以下代码的输出结果是（   ）。

```
for s in "grandfather":
    if s=="d" or s=='h':
        continue
    print(s, end=",")
```

3. 以下代码的输出结果是（   ）。

```
k=1
n=263
while(n):
    k*=n%10
    n//=10
print（k）
```

4. 以下代码的输出结果是（   ）。

```
for s in "PythonNice!":
    if s =="i":
        break
    print(s,end ="")
```

5. 以下代码的输出结果是（   ）。

```
for i in   range(1,6):
    if i%3 ==0:
        break
    else:
        print(i,end =",")
```

第5章　字符串与正则表达式

字符串是一种表示文本的数据类型。字符串的表示、解析和处理是学习 Python 语言的重要内容，也是 Python 编程的基础之一。在实际应用中，字符串应用非常广泛。在第 1 章中，我们已经了解了字符串的定义和表示。本章将首先介绍字符串的编码，然后介绍字符串的索引和切片、字符串的操作，最后介绍正则表达式（Regular Expression）和字符串应用举例。正则表达式是用于字符串处理的强大工具，它使用预定义的特定模式去匹配某一类具有共同特征的字符串，可以快速完成复杂字符串的查找、替换等处理。

5.1　字符串的编码

计算机中的所有数据都是以二进制形式存储的，计算机是不能直接保存字符的，字符都是以某种编码方式进行存储和处理的。换言之，需要建立一个字符与数字之间的对应关系，即一个数字代表一个字符。从 1946 年诞生第一台电子计算机算起，在计算机短暂的发展历程中，有很多编码存在。最早的计算机只能处理英文字符，国际上广泛使用的字符编码就是美国标准信息交换代码，即 ASCII 码。如何让计算机处理中文汉字呢？那么就需要对中文汉字进行编码，中文汉字有字符多、结构复杂等特点，需要进行多字节编码。我国自行研发了两种适用于中文汉字的字符编码，分别是 GB2312 码和 GBK 码，它们与 ASCII 码的关系是 GB2312 码包含 ASCII 码，而 GBK 码包含 GB2312 码。全世界有上百种语言，各国有各国的标准，在多语言混合的文本中，不可避免地有乱码。

在计算机科学家和企业工程师的共同努力下，研制了一种统一的字符编码，即 Unicode 码，它的基本思想是用一套编码把世界上出现的所有字符都进行编码。它为每种语言的每个字符都设定了统一且唯一的二进制编码，以满足跨语言、跨平台进行文本转换、处理的要求。Unicode 码是几乎覆盖所有字符的字符编码，它使用 4 字节的数字进行编码，从 0 到 1114111（0x10FFFF）空间，每个编码对应一个字符。从 Windows NT 开始，Windows 操作系统的底层就不再使用 ASCII 码，而是使用 Unicode 码。

新的问题又出现了：如果统一成 Unicode 码，乱码问题从此就消失了。但是，如果文本基本上全部是英文的话，用 Unicode 码比 ASCII 码需要更多的存储空间，在存储和传输上十分不划算。因此出现了把 Unicode 码转化为"可变长编码"的 UTF（Unicode Transformation Format）码。

UTF 全称是 Unicode 传送格式，即把 Unicode 文件转换成字节传送流。根据 Unicode 码不同的编码规则，UTF 码又可以分为 UTF-8、UTF-16 和 UTF-32 等，本质是将 Unicode 码转换为字节序列的规则。

UTF-8 是一种为 Unicode 码设计的可变长编码系统。对于 ASCII 码，UTF-8 仅使用 1 字节来编码，事实上 UTF-8 中的前 128 个字符使用的就是与 ASCII 码一样的编码方式，一个拉丁字符占用 2 字节，一个中文字符占用 3 字节，更复杂的字符则占用 4 字节。

UTF-8 支持中、英文编码。Python 3.x 解释器默认的编码是 UTF-8，中文字符、希腊字母均可作为标识符使用。示例如下：

```
>>> 单价=13
>>> 数量=100
>>> print(单价*数量)
1300
```

Python 提供了 ord()和 chr()两个内置函数，用于字符与其机器内部编码（Unicode 码）之间的转换。ord()函数将一个字符转换为 Unicode 码，chr()函数将一个整数转换为 Unicode 码。示例如下：

```
>>> chr(10005),chr(10004)
('✗', '✔')
>>> ord("中")
20013
>>> print("♈是白羊座的符号，其 Unicode 码是",ord("♈"))
♈是白羊座的符号，其 Unicode 码是 9800
>>> print("金牛座的 Unicode 码是 9801，其符号为",chr(9801))
金牛座的 Unicode 码是 9801，其符号为 ♉
```

5.2 字符串的索引和切片

在 Python 中，字符串是一种以元素为字符的序列。序列是元素被顺序放置的一种数据结构，可以通过索引来获取某一个字符，或指定索引范围来获取一组字符（字符串）。本节介绍字符串的索引和切片。

5.2.1 字符串的索引

字符串是由 0 个或多个字符组成的有序字符序列。字符串中的每个字符都有一个索引编号。字符串的索引有两种：正向索引和反向索引。其中，正向索引从左往右编号，最左边的索引编号为 0，之后的每个字符的索引编号依次加 1；反向索引则从右往左编号，最右边的索引编号为-1，从右往左依次减 1，为-2、-3、-4…。以"字符串[索引编号]"的形式就可以获取字符串中的指定索引编号的字符。示例如下：

```
>>> s="python"
>>> print(s[0])
p
>>> print(s[-5])
y
```

字符串 s 中各字符的索引编号如图 5-1 所示。

正向索引>>>

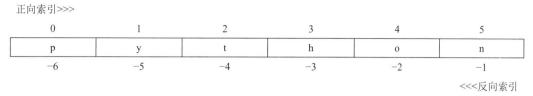

图 5-1　字符串 s 中各字符的索引编号

注意：

（1）要求索引编号为整数，若索引编号不是整数，则出现错误"TypeError:string indices must be integers"，意思是索引编号必须是整数。且索引编号不能越界，否则会出现错误。若索引编号越界，则出现错误"IndexError:string index out of range"，意思是索引编号超出范围。示例如下：

```
>>> s="python"
>>> print(s[-7])            #在字符串 s 中没有索引编号为-7 的字符
Traceback (most recent call last):
    File "<pyshell#16>", line 1, in <module>
    print(s[-7])
IndexError: string index out of range
>>> s["p"]                  #索引编号是字符 "p",而不是整数
Traceback (most recent call last):
    File "<pyshell#18>", line 1, in <module>
    s["p"]
TypeError: string indices must be integers
```

（2）在 Python 中，字符串是不可变对象，不能用下标赋值的方式改变字符串，否则会出现错误"Type Error:'str' object does not support item assignment"，意思是字符串对象不支持元素赋值。示例如下：

```
>>> s="python"
>>> s[0]="P"                #想通过赋值把 s[0]的值改成大写字母 P
Traceback (most recent call last):
    File "<pyshell#17>", line 1, in <module>
    s[0]="P"
TypeError: 'str' object does not support item assignment
```

在 Python 中，要修改字符串只能重新赋值，每修改一次字符串就生成一个新字符串。

【例 5-1】获取星期字符串。代码如下：

```
#5-1.py
weekStr="一二三四五六日"
weekId =eval(input("请输入星期对应的数字(1~7)："))
print("星期" + weekStr[weekId-1])
```

运行结果如下：

```
请输入星期对应的数字(1~7)：4
星期四
```

【例 5-2】编写一个程序，判断一个字符串是否为回文字符串（顺读和倒读都一样的字符串被称为回文字符串）。如果输入的字符串是回文字符串，则输出"yes"；如果输入的字符串

不是回文字符串，则输出"no"。例如，"ABCBA"或者"AACCAA"都是回文字符串；"ABCCA"或者"AABBCC"都不是回文字符串。

分析：所谓回文字符串，就是关于中心对称的字符串。

代码如下：

```
#5-2.py
a=input("请输入一个字符串：")
n=len(a)
i,j,f=0,-1,1
while i<n/2:
    if a[i]!=a[j]:
        f=0
        break
    i=i+1
    j=j-1
if f==1:
    print("yes")
else:
    print("no")
```

运行结果如下：

```
请输入一个字符串：abccba
yes
```

5.2.2 字符串的切片

字符串的切片就是从字符串中取出指定范围、步长的部分字符。字符串切片的索引编号的格式如下：

字符串 [M: N: K]

其中，M 为起始索引编号，N 为结束索引编号（但不包括编号为 N 的字符），索引编号增加的步长为 K，默认步长为 1。示例如下：

```
>>> s="0123456789987654321"   #字符串 s 的索引编号如图 5-2 所示
>>> s[0:8:2]          #通过切片取索引编号：0~8，不含 8，步长为 2 的字符
'0246'
>>> s[-1:-4:-1]       #通过切片取索引编号：-4~-1，不含-4，步长为-1 的字符
'123'
>>> s[-9:15:1]        #通过切片取索引编号：-9~15，不含 15，步长为 1 的字符
'98765'
```

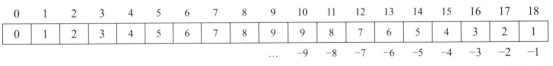

正向索引>>>

0	1	2	3	4	5	6	7	8	9	10	11	12	13	14	15	16	17	18
0	1	2	3	4	5	6	7	8	9	9	8	7	6	5	4	3	2	1

... −9 −8 −7 −6 −5 −4 −3 −2 −1

<<<反向索引

图 5-2　字符串 s 的索引编号

字符串切片的索引编号中，起始索引编号 M、结束索引编号 N 和步长 K 均可默认不写，

默认步长为 1。也可部分默认，但冒号不能省略。假设字符串的长度为 n，当步长为正数时，M 默认为 0，N 默认为 n。当步长为负数时，M 默认为 -1，N 默认为 $-n-1$。示例如下：

```
>>> s="ABCDEFGHIJK"
>>> s[::]    #M、N、K 均默认，K 默认为 1，取了从头到尾的所有字符
'ABCDEFGHIJK'
>>>s[::-1]    #步长为-1，取了索引编号为从尾到头的所有逆序字符
'KJIHGFEDCBA'
>>> s[1::]    #步长默认为 1，取了索引编号从 1 开始的所有字符
'BCDEFGHIJK'
>>> s[:-1:]    #步长默认为 1 时，M 默认为 0，取了索引编号为 0~-1，但不含-1 的所有字符
'ABCDEFGHIJ'
>>> s[::-2]    #步长为-2 时，取了索引编号为从尾到头、步长为-2 的逆序字符
'KIGECA'
```

如果使用了错误的索引编号，那么系统将返回一个空字符串，而不会提示错误或异常。步长为 0 时会提示错误 "ValueError:slice step cannot be zero"。

切片的操作特别灵活，起始和结束的索引编号均可超过字符串的长度，示例如下：

```
>>> s="ABCDEFGHIJK"
>>> s[-100:100]
'ABCDEFGHIJK'
```

【例 5-3】用字符串切片的方法解决【例 5-2】的回文字符串问题。

分析：可以用字符串切片取出从尾到头的所有逆序字符，若逆序字符和原来的字符相同，则为回文字符串，否则不是。

代码如下：

```
#5-3.py
s=input("请输入一个字符串")
d=s[::-1]
if d==s:
    print("yes")
else:
    print("no")
```

运行结果如下：

```
请输入一个字符串：abcba
yes
```

或

```
请输入一个字符串：abc
no
```

5.3　字符串的操作

在 Python 中，字符串有多种操作符：+、*、in、关系运算符，还有很多字符串处理函数。

5.3.1 字符串操作符

1. 加号连接操作符（+）

在 Python 中，以"字符串+字符串"的形式进行字符串的连接运算，一般格式如下：

```
s1+s2+...+sn
```

其中，s1、s2、...、sn 均是字符串，整个表达式的值也是字符串。

示例如下：

```
>>> "Python"+"语言"+"程序设计"
'Python 语言程序设计'
```

若要把字符串和数字连接起来，则需要先把数字转换为字符串。示例如下：

```
>>> "Python"+str(3.8)
'Python3.8'
```

这种方法简单明了，但效率不高。原因是 Python 中的字符串属于不可变类型，当用"+"连接两个字符串时会产生一个新的字符串，而新的字符串需要申请新的内存。例如，当执行 s1+s2+...+sn 时，先把 s1 和 s2 拼接成一个新的字符串，再将新的字符串与 s3 拼接成另一个新的字符串，依此类推。也就是将 n 个字符串连接，产生 $n-2$ 个临时字符串，这将会消耗很多内存。

在 5.2.1 节中，我们知道了 Python 中的字符串不能用下标赋值的方式去改变字符串，若要修改，可利用字符串的连接和字符串的切片来实现。例如，s="Hi, python"，若想把 s[3]的值改为大写字母 P，则代码如下：

```
>>> s="Hi,python"
>>> s[:3]+"P"+s[4::]
'Hi,Python'
```

2. 重复连接操作符（*）

在 Python 中，字符串可以与正整数相乘，进行字符串的重复连接运算，一般格式如下：

```
s*n 或 n*s
```

其中，s 为字符串，n 为正整数，n 代表重复连接的次数。

示例如下：

```
>>> a="go "*3
>>> b="Ale "*3
>>> a+b
'go go go Ale Ale Ale '
```

字符串的加号连接（+）和重复连接（*）也支持复合赋值运算。示例如下：

```
>>> a="go "
>>> a*=3
>>> b="Ale "
>>> b*=3
>>> a+=b
>>> a
'go go go Ale Ale Ale '
```

3. 成员关系操作符（in、not in）

字符串的成员关系操作符包括 in 和 not in，一般格式如下：

s1 in s2　或　s1 not in s2

其中"s1 in s2"的作用如下：如果 s1 是 s2 的子串，则返回 True，否则返回 False。子串的作用是判断 s1 是否在 s2 中出现。

"s1 not in s2"的作用如下：如果 s1 不是 s2 的子串，则返回 True，否则返回 False。示例如下：

```
>>> "Hi" in "Hi,Python"
True
>>> "python" in "Hi,Python"
False
>>> "。" not in "Hi,Python"
True
```

4. 原始字符串操作符（r、R）

在字符串的第一个引号前加上字母 r（或 R），表示所有字符串都直接按照字面的意思来使用，没有转义或不能打印的字符。示例如下：

```
>>> print(r"hello\n world")
hello\n world
>>> print("hello\n world")
hello
world
```

5. 关系运算符（<、<=、>、>=、==、! =）

Python 中的关系运算符也可以用于字符串的处理，运算结果只有 True 和 False 两种。字符串的比较是按照字符的 Unicode 码的大小进行比较，其中英文字符的编码值小于中文汉字的编码值，英文字符按 ASCII 码值的大小进行比较，小写字母的 ASCII 码值为 97～122，大写字母的 ASCII 码值为 65～90，字符 0～9 的 ASCII 码值为 48～57，空格的 ASCII 码值为 32。比较两个字符串时，先在短的字符串后面补足空格，然后从前往后逐一比较，直到出现不相同的字符或字符结束标志，最后的比较结果就是两个字符串的比较结果。示例如下：

```
>>> "abc"<"ABC"
False
>>> "abc"<"中文"
True
>>> "abc"=="abc"
True
>>> "123">="12 "
True
```

5.3.2　字符串函数

Python 提供了一些内置函数，其中，有 4 个函数与字符串的处理相关，如表 5-1 所示。

表 5-1　字符串处理函数

函数	描述
len(x)	可返回字符串 x 中的字符的个数，也可返回其他组合类型的元素的个数
str(x)	返回任意类型的 x 所对应的字符串形式
chr(x)	返回 Unicode 码 x 对应的单字符
ord(x)	返回字符 x 对应的 Unicode 码

说明：

（1）len(x)函数在前面已经提到，它的作用是返回字符串 x 的长度，字符串中的英文字符和中文字符都是 1 个长度单位的。示例如下：

```
>>> len("一二三 456")
6
```

（2）str(x)函数返回 x 的字符串形式，其中 x 可以是数字类型的，也可以是其他类型的。示例如下：

```
>>> str(3.5)
'3.5'
```

（3）chr(x)和 ord(x)函数在 5.1 节中已做详细讲解。

5.3.3　字符串方法

在 Python 中，所有数据类型都采用面向对象方式实现，并封装为类。类的成员函数被称为方法，方法本质上还是函数，但是是写在类里面的函数。方法依附于对象，没有独立于对象的方法。字符串也是一个类，在创建一个字符串后，就创建了字符串类的一个对象。调用方法的格式如下：

```
对象名.方法名(参数)
```

需要注意，字符串对象是不可变的。用字符串方法改变了字符串后，都会返回一个新的字符串，原字符串并没有改变。例如，调用 upper()方法，将字符串中的字母全部变成大写字母。

```
>>> str="Abcdefg"
>>> str.upper()
'ABCDEFG'
>>> str
'Abcdefg'          # str.upper()的结果是大写字母形式的，但 str 并没有变
>>> s=str.upper()  #可以将 str.upper()的返回值赋给 s
>>> s
'ABCDEFG'
```

1. 大小写字母转换

● str.lower()：全部字符转为小写字母形式的。

● str.upper()：全部字符转为大写字母形式的。

● str.title()：字符串中所有单词首字母都是大写字母形式的。

● str.capitalize()：字符串中的第一个字母是大写字母形式的。

- str.swapcase()：大、小写字母互换。

示例如下：

```
>> str="Hello"
>>> str.upper()
'HELLO'
>>> str.lower()
'hello'
>>> "hello,kitty".title()
'Hello,Kitty'
>>> "hello,kitty".capitalize()
'Hello,kitty'
>>> "Hello,Kitty".swapcase ()
'hELLO,kITTY'
```

2. 字符串填充与对齐

- str.ljust(width[,fillchar])：输出总宽度 width，若不足 width，则在右边的不足部分填充 fillchar 字符，左对齐，默认用空格填充；若 width 小于字符串长度，则原样输出。
- str.rjust(width[,fillchar])：输出总宽度 width，若不足 width，则在左边的不足部分填充 fillchar 字符，右对齐，默认用空格填充。
- str.center(width[,fillchar])：输出总宽度 width，若不足 width，则在两侧填充 fillchar 字符，居中对齐，默认用空格填充。
- str.zfill(width)：输出总宽度 width，若不足 width，则在左边的不足部分填充 0。如果 str 的最左侧是字符+或−，则在第二个字符的左侧填充 0。

示例如下：

```
>>> s="Python 语言程序设计"
>>> s.ljust (20,'-')
'Python 语言程序设计--------'
>>> s.rjust(20,'-')
'--------Python 语言程序设计'
>>> s.center(20,'-')
'----Python 语言程序设计----'
>>> "3.14".zfill(20)
'00000000000000003.14'
>>> "-3.14".zfill(20)
'-0000000000000003.14'
```

3. 字符串查找

- str.find(substr[,start[,end]])：返回 str[start:end]中的 substr 第一次出现的位置，若没有出现则返回−1。
- str.rfind((substr[,start[,end]])：返回 str[start:end]中的 substr 最后出现的位置，若没有出现则返回−1。
- str.index(substr[,start[,end]])：同 find()方法。当 substr 不在 str 中，则报告异常。
- str.rindex(substr[,start[,end]])：同 rfind()方法。当 substr 不在 str 中，则报告异常。
- str.count(substr[,start[,end]])：返回 str[start:end]中的 substr 出现的次数。
- str.startswith(prefix[,start[,end]])：判断 str[start:end]是否以 prefix 开头，若是则返回 True，否则返回 False。

● str.endswith(suffix[,start[,end]])：判断 str[start:end]是否以 suffix 结尾，若是则返回 True，否则返回 False。

若上面方法使用默认范围，则从整个 str 中查找。

示例如下：

```
>>> s="Hi,Python!Hi,C!"
>>> s.find("Hi")
0
>>> s.rfind("Hi")
10
>>> s.count("Hi")
2
>>> s.startswith("Hi")
True
>>> s.startswith("Hi",3)
False
>>> s.endswith("C!")
True
```

4. 字符串替换

● str.replace(oldstr,newstr[,count])：把 str 中的 oldstr 替换为 newstr，count 为替换次数，默认全部替换。

● str.strip([chars])：把 str 左右两边的 chars 全部去掉，默认去掉前、后空格。

● str.lstrip([chars])：把 str 左边的 chars 全部去掉，默认去掉左边的空格。

● str.rstrip([chars])：把 str 右边的 chars 全部去掉，默认去掉右边的空格。

示例如下：

```
>>> "Python".replace("n","n 3.8")
'Python 3.8'
>>> "    Python 3.8    ".strip()
'Python 3.8'
```

5. 字符串拆分与合并

● str.split([sep[,maxsplit]])：将用 sep 分隔的 str 拆分成一个列表。sep 默认为空格。若 maxsplit 有指定值，则仅拆分 maxsplit 次。

● str.join(seq)：把 seq 代表的序列合成一个字符串，序列的元素间用 str 分隔。

示例如下：

```
>>> "Hello world Hello python".split()
['Hello', 'world', 'Hello', 'python']
>>> seq= "Hello world Hello python".split(maxsplit=2)
>>> seq
['Hello', 'world', 'Hello python']
>>> ",".join(seq)     #将序列用逗号分隔，合并为一个字符串
'Hello,world,Hello python'
```

6. 字符串测试

● str.isalnum()：若 str 中的所有字符都是字母和数字，则返回 True，否则返回 False。

● str.isalpha()：若 str 中的所有字符都是字母，则返回 True，否则返回 False。

- str.isdigit()：若 str 中的所有字符都是数字，则返回 True，否则返回 False。
- str.isspace()：若 str 中的所有字符都是空格，则返回 True，否则返回 False。
- str.islower()：若 str 中的所有字符都是小写字母，则返回 True，否则返回 False。
- str.isupper()：若 str 中的所有字符都是大写字母，则返回 True，否则返回 False。
- str.istitle()：若 str 中的所有单词的首字母都是大写字母，则返回 True，否则返回 False。

示例如下：

```
>>> "Hello World Hello Python".isalpha()     #除了字母还有空格
False
>>> "python3".isalnum()
True
>>> "Hello world Hello python".istitle()
False
>>> "Hello World Hello Python".istitle()
True
```

5.3.4　字符串格式化

字符串是程序输出结果的主要形式，为了让输出结果有更好的可读性和灵活性，需要控制字符串的输出格式，即字符串的格式化。Python 支持三种字符串的格式化方法：第一种类似于 C 语言中的 printf()函数中的格式化操作符"%"；第二种是采用专门的格式化方法 str.format()；第三种是 f-string。Python 语言中的一些复杂数据类型（如列表、字典等）无法很好地通过格式化操作符"%"来处理。从 Python 2.6 开始，就增加了 format()方法，这种方法方便了用户对字符串进行格式化处理。f-string 是从 Python 3.6 开始支持的一种以字母"F"或"f"开头的字符串，比 format()方法更方便。Python 的后续版本不再改进或使用格式化操作符"%"。本节主要介绍 format()方法和 f-string。

1. format()方法

格式如下：

```
模板字符串.format（参数 0，参数 1，参数 2...）
```

模板字符串由普通字符和多个占位符"{}"组成，将模板字符串中的占位符用参数替换后得到的字符串是该方法的返回值。

若占位符"{}"中为空，则按照参数出现的先后顺序进行替换；若占位符"{}"中指定了参数的序号，则按照序号替换对应的参数。第一个参数的序号为 0。示例如下：

```
>>> "我的名字是{}，我今年{}岁了,我是{}人。".format("张三",18,"中国")
'我的名字是张三，我今年 18 岁了,我是中国人。'
>>> "我的名字是{1}，我今年{2}岁了,我是{0}人。".format("中国","张三",18)
'我的名字是张三，我今年 18 岁了,我是中国人。'
```

下面详细介绍模板字符串中占位符"{}"的格式控制，其语法格式如下：

```
{<参数序号>:<填充字符><对齐方式><输出宽度><,><.精度><类型>}
```

上面的每一项参数都可省略。模板字符串中的各参数的含义如下（其中的"参数序号"在上文已做讲解）。

（1）填充字符：配合"输出宽度"使用，当参数的宽度小于"输出宽度"时，要用填充的字符补满。默认填充空格。

（2）对齐方式：控制对齐方式，配合"输出宽度"使用。

● <：左对齐。

● >：右对齐（默认）。

● ^：居中对齐。

（3）输出宽度：指定格式化后的字符串所占的宽度。

（4）逗号：为数字添加千分位分隔符。

（5）精度：指定小数位的精度。

（6）类型。

● 字符串类型：参数以字符串形式显示。这是默认类型，可省略。若参数是数值，则由它来指定格式化的类型。

● 整数类型：b（二进制）、c（Unicode 字符）、d（十进制）、o（八进制）、x 或 X（十六进制）。

● 浮点数类型：e 或 E（科学计数法）、f（浮点数，默认保留小数点后 6 位）、%（浮点数的百分比形式）。

示例如下：

```
>>> "{0:*>10.2f}".format(3.1415926)
'******3.14'
#参数 0 为浮点数，宽度格式化为 10 位，其中保留 2 位小数，填充字符为*，右对齐
>>> "{:=^20}".format("PYTHON")
'=======PYTHON======='
#"PYTHON "字符串宽度格式化为 20 位，居中对齐，填充字符为=
>>> "{:10x}".format(45)
'        2d'
#参数 0 为整数，宽度格式化为 10 位的十六进制数，填充空格，默认右对齐
>>> "{:10X}".format(45)
'        2D'
>> "六年级 1 班的数学平均成绩为{:.2f},优秀率为{:.2%}".format(91.1267,0.1534)
'六年级 1 班的数学平均成绩为 91.13,优秀率为 15.34%'
>>> "{0:e},{0:.2E}".format(3.1415926)
'3.141593e+00,3.14E+00'
```

2．f-string

f-string 是从 Python 3.6 开始支持的一种以字母"F"或"f"开头的字符串，f-string 可以实现对字符串的格式化，比 format()方法更方便、直观。f-string 和 format()方法一样，都要使用占位符"{}"，它可以把变量、表达式写到占位符"{}"中，变量、表达式的值会替换占位符。示例如下：

```
>>> name,age="Lily",18
>>>print( f"我的名字是{name},我今年{age}岁了")
我的名字是 Lily,我今年 18 岁了
>>> price,num=8,3
>>> print(F"这个商品的单价是{price}元，数量是{num},总计{price*num}元")
这个商品的单价是 8 元，数量是 3,总计 24 元
>>> a,b=2,10
>>> print(f"{a}的{b}次幂等于{pow(a,b)}")
2 的 10 次幂等于 1024
```

在上面的代码中，第 2 行和第 5 行的 print()函数都输出了一个字符串，这两个字符串都以字母"F"或"f"开头，因此称其为 f-string。占位符"{}"中的 name、age、price、num 是变量名，price*num 是表达式，变量、表达式的值会替换占位符，将变量或表达式的值写到字符串中。

f-string 占位符的格式控制规则和 format()方法的类似，其格式如下：

{变量或表达式:<填充字符><对齐方式><输出宽度><,><.精度><类型>}

示例如下：

```
>>> a,b=91.1267,0.1534
>>> f"六年级 1 班的数学平均成绩为{a:.2f},优秀率为{b:.2%}"
'六年级 1 班的数学平均成绩为 91.13,优秀率为 15.34%'
>>> pi=3.1415926
>>> print(f"{pi:*^10.2f}")
***3.14***
```

5.4　正则表达式

正则表达式（Regular Expression）又称规则表达式，是一种字符串的匹配方法。正则表达式通常被用来检索、替换那些符合某个模式（规则）的文本，即常用于模式搜索和模式替换，因此它在各种文本编辑器中都有应用，小到 EditPlus，大到 Microsoft Word、Visual Studio 等大型编辑器，都可以使用正则表达式来处理文本。灵活、正确地使用正则表达式可以极大地简化代码，提高程序的智能化程度。下面是正则表达式的一些应用场景。

（1）验证用户的输入内容是否符合某些规则。比如判断用户输入的邮箱、手机号、身份证号是否合法，可以用正则表达式判断用户的输入内容是否符合邮箱、手机号、身份证号的格式。

（2）从文本中提取符合一定格式的字符串，或获取想要的特定部分的字符串。

（3）批量替换文本。

本节首先介绍正则表达式的元字符，然后介绍正则表达式的模块。

5.4.1　正则表达式的元字符

正则表达式由普通字符和元字符组成。普通字符包括大小写字母和数字，而元字符则具有特殊的含义，它能使正则表达式具有通用的匹配能力，如表 5-2 所示。

表 5-2　正则表达式的元字符

元字符	功能描述	正则表达式	匹配的字符串
.	匹配除换行符\n 外的任意一个字符	'a.b'	'aab'、'aAb'、'a2b' …
*	量词。表示*左边的字符出现 0 次或任意多次	'go*gle'	'ggle'、'gogle'、'google' 'gooogle'…
?	量词。表示?左边的字符出现 0 次或 1 次	'go?gle'	'ggle'、'gogle'
+	量词。表示+左边的字符出现 1 次或多次	'go+gle'	'gogle'、'google'、'gooogle'…
{m}	量词。m 为整数，表示其左边的字符必须且只能出现 m 次	'go{2}gle'	'google'

元字符	功能描述	正则表达式	匹配的字符串
{m,n}或 {m,}	量词。m、n 为整数，表示其左边的字符至少出现 m 次，最多出现 n 次。n 默认表示无限次	'go{1,3}gle'	'gogle'、'google'、'gooogle'
\d	一个数字字符，等价于[0-9]	'a\db'	'a1b'、'a8b'…
\D	一个非数字字符，等价于[^\d],[^0-9]	'a\Db'	'acb'、'a,b'…
\s	一个空白字符，包括空格、制表符\t、换页符\r、换行符\n 等	'a\sb'	'a b'、'a\nb'…
\S	一个非空白字符	'a\Sb'	'acb'…
\w	一个单字字符：包括汉字、大小写字母、数字、下画线	'a\wb'	'a_b'、'a3b'、'acb'…
\W	一个除汉字、大小写字母、数字、下画线外的字符	a\Wb	a?b…
^	匹配"^"开头的字符串	^[1-9]\d*$	以 1～9 开头，后面跟 0 个或任意多个的数字，以数字结尾。匹配正整数
$	匹配"$"之前的以字符结尾的字符串	^-[1-9]\d*$	以负号"-"开头，先紧跟 1 个 1～9 的数字，再跟 0 个或任意多个数字，以数字结尾。匹配负整数
-	匹配指定范围内的任意字符	^[A-Za-z]+$	匹配由 26 个字母组成的字符串
[]	匹配包含在"[]"中的任意一个字符	[0-9] [aeiou]	表示一个数字字符
[^]	匹配不包含在"[]"中的任意一个字符	[^\d],[^0-9]	表示一个非数字字符
()	将位于"()"内的内容作为整体		
|	将两个匹配条件进行逻辑或（or）运算	\d{15}|\d{18}	表示 15 位或 18 位的数字

正则表达式中常见的字符有*、$、.、+、[]、()、{}、?、^、\，如果要在正则表达式中表示这些字符，就应该在其前面加"\"。下面是正则表达式举例。

（1）匹配身份证：(^\d{17}([0-9]|X|x)$)，18 位的身份证号码，最后一位是校验位，可能为数字或字符 X。

（2）匹配国内的固定电话号码：\d{3,4}-\d{7,8}，例如：010-88127312、0791-88126661、0357-4022819。

（3）日期格式：^\d{4}-\d{1,2}-\d{1,2}。

（4）匹配特定数字。

- ^[1-9]\d*$：匹配正整数。
- ^-[1-9]\d*$：匹配负整数。
- ^-?[1-9]\d*$：匹配整数。
- ^[1-9]\d*|0$：匹配非负整数（正整数+0）。
- ^-[1-9]\d*|0$：匹配非正整数（负整数+0）。
- ^[1-9]\d*.\d*|0.\d*[1-9]\d*$：匹配正浮点数。
- ^-([1-9]\d*.\d*|0.\d*[1-9]\d*)$：匹配负浮点数。
- ^-?([1-9]\d*.\d*|0.\d*[1-9]\d*|0?.0+|0)$：匹配浮点数。

（5）匹配特定字符串。

- ^[A-Za-z]+$：匹配由 26 个字母组成的字符串。
- ^[A-Z]+$：匹配由 26 个大写字母组成的字符串。
- ^[a-z]+$：匹配由 26 个小写字母组成的字符串。
- ^[A-Za-z0-9]+$：匹配由数字和 26 个字母组成的字符串。
- ^\w+$：匹配由数字、26 个字母或者下画线组成的字符串。

5.4.2　正则表达式的模块

在 Python 中，正则表达式的功能要通过正则表达式的模块（即 re 模块）来实现。re 模块提供各种正则表达式的匹配操作，在进行文本解析、复杂字符串分析和信息提取时是一个非常有用的工具。

使用正则表达式需要引入 re 模块：import re，使用 dir(re)命令返回 re 模块的所有属性和函数，用 help()函数查看函数或模块用途的详细说明。

示例如下：

```
>>> import re
>>> dir(re)
['A', 'ASCII', 'DEBUG', 'DOTALL', 'I', 'IGNORECASE', 'L', 'LOCALE', 'M', 'MULTILINE', 'Match', 'Pattern',
'RegexFlag', 'S', 'Scanner', 'T', 'TEMPLATE', 'U', 'UNICODE', 'VERBOSE', 'X', '_MAXCACHE', '__all__', '__builtins__',
'__cached__', '__doc__', '__file__', '__loader__', '__name__', '__package__', '__spec__', '__version__', '_cache', '_compile',
'_compile_repl', '_expand', '_locale', '_pickle', '_special_chars_map', '_subx', 'compile', 'copyreg', 'enum', 'error', 'escape',
'findall', 'finditer', 'fullmatch', 'functools', 'match', 'purge', 'search', 'split', 'sre_compile', 'sre_parse', 'sub', 'subn', 'template']
>>> help(re.findall)
Help on function findall in module re:

findall(pattern, string, flags=0)
    Return a list of all non-overlapping matches in the string.

    If one or more capturing groups are present in the pattern, return
    a list of groups; this will be a list of tuples if the pattern
    has more than one group.

    Empty matches are included in the result.
```

1．正则表达式的两种书写方式

- 第一种方式：用"re.函数名(参数)"调用函数，直接在参数里书写正则表达式。

【例 5-4】判断用户输入的数据是否为整数。

```
#5-4.py
import re
a=input("请输入一个整数:")
if re.match("^-?[1-9]\d*$",a) !=None:
    print("输入合法")
else:
    print("输入非法")
```

第一个运行结果如下：

```
请输入一个整数:345
输入合法
```

第二个运行结果如下：

```
请输入一个整数:12.5
输入非法
```

在这个例子中，把正则表达式直接写在了 match()函数中，其格式为：re.match(pattern, string,flag=0)，它的功能是从字符串的起始位置开始匹配正则表达式，匹配成功则返回 match 对象，未匹配成功则返回 None。其第一个参数就是 5.4.1 节中讲到的匹配负整数的正则表达式 "^-?[1-9]\d*$"，要从头验证用户输入的数据 a 是否是负整数。

● 第二种方式：先用 re.compile()函数将一个字符串形式的正则表达式编译为正则表达式对象，然后使用正则表达式对象提供的方法进行字符串处理，这样可以提高字符串的处理效率。其语法格式如下：对象名=re.compile(pattern,flags=0)。

其中，参数 pattern 代表匹配模式的正则表达式。参数 flags 可选，默认为 0，该参数表示匹配选项，可取的值如下。

① re.I、re.IGNORECASE：在进行字符串匹配时忽略字母大小写。

② re.M、re.MULTILINE：多行匹配模式，改变 "^" 和 "$" 的行为，使 "^" 和 "$" 除了匹配字符串的开始字符和结尾字符外，也匹配每行的开始字符和结尾字符。

③ re.S、re.DOTALL：匹配包括换行符在内的所有字符。改变元字符 "." 的行为，使元字符 "." 能匹配任何字符，包括换行符。如果不使用 re.S 参数，则元字符 "." 只在每一行内进行匹配，如果这一行没有，就换下一行重新开始，不跨行。而在使用 re.S 参数以后，正则表达式会将这个字符串作为一个整体，将 "\n" 当作一个普通的字符加入这个字符串中，在整体字符串中进行匹配。

④ re.L、re.LOCALE：做本地化识别（Locale-Aware）匹配，预定义字符集\w、\W、\b、\B、\s、\S，由当前区域的设置来决定。例如，如果系统配置为法语，那么预定义字符集匹配法文。

⑤ re.U、re.UNICODE：根据 Unicode 字符集解析字符，这个标志影响\w、\W、\b、\B、\d、\D。

⑥ re.X、re.VERBOSE：详细模式。这个模式下的正则表达式可以是多行的，忽略空白字符，并可以加入注释。

匹配选项的取值可用 "|" 表示同时生效，如 re.I|re.S。

re.compile()方法生成的是正则对象，单独使用没有任何意义，需要和 findall()、search()、match()等方法搭配使用。

【例 5-5】用 re.compile()方法改写【例 5-4】。

```
#5-5.py
import re
a=input("请输入一个整数:")
regex=re.compile("^-?[1-9]\d*$")
if regex.match(a)!=None:
    print("输入合法")
else:
    print("输入非法")
```

第一个运行结果如下：

```
请输入一个整数:34
输入合法
```

第二个运行结果如下：

```
请输入一个整数:12.5
输入非法
```

通过【例 5-5】，我们看到 "regex=re.compile("^-?[1-9]\d*$")" 用来优化正则表达式，它将正则表达式编译为正则表达式对象 regex（regex 就是对象名，当然也可以是别的名字），第一种书写方式 "re.match("^-?[1-9]\d*$",a)" 就转换为 "regex.match(a)"，多次调用一个正则表达式就是重复利用这个正则表达式对象，可以实现更高效率的匹配。

re 模块提供了许多用于字符串处理的函数，这些函数有两种格式：一种是直接使用 re 模块的格式，另一种是使用正则表达式对象的格式。两种函数的参数不一样，且后者功能更强大。下面将介绍 re 模块的字符串处理函数。

2. 字符匹配和搜索

（1）match()函数。

格式 1：re.match(pattern, string, flags=0)。

说明：参数 pattern 代表匹配模式的正则表达式，string 是要匹配的字符串，flags 是匹配选项标志，可取的值与 compile()方法的匹配选项标志相同。它的功能是从字符串的起始位置尝试匹配正则表达式，匹配成功则返回 match 对象，未匹配成功则返回 None。match 对象包含匹配成功的子串的各种信息，并提供方法来获取这些信息。如使用 match 对象的 group()或 group(n)方法获得所匹配的子串（n 代表数字顺序）；使用 match 对象的 span()方法获得子串的起止位置。在对匹配结果进行操作之前，要先判断匹配是否成功。

格式 2：正则表达式对象.match(string[,pos[,endpos]])。

说明：将从 string 的 pos 下标处尝试匹配正则表达式。如果在正则表达式结束时仍可匹配，则返回一个 match 对象；如果匹配过程中无法匹配正则表达式，或者匹配未结束就已到 endpos 下标处，则返回 None。pos 和 endpos 的默认值分别为 0 和 len(string)。re.match()函数无法指定这两个参数。

【例 5-6】re.match()函数举例。

```python
#5-6.py
import re
a="abc123def"
m=re.match("([a-z]*)([0-9]*)([a-z]*)",a)
if m!=None:
    print(m.group() )
    print(m.group(0))
    print(m.group(1))
    print(m.group(2))
    print(m.group(3))
else:
    print("没有匹配成功")
```

运行结果如下：

```
abc123def
abc123def
abc
123
def
```

在使用正则表达式时，需要知道原字符串中是否有符合某一规则的子串，更重要的是从原字符串中提取想要的信息。在正则表达式中用圆括号 "()" 括起来的表达式被称为组，每组匹配到的结果可用 group() 函数提取。在本例中，在第 3 行正则表达式"([a-z]*)([0-9]*)([a-z]*)"中，有 3 个组，每组都用()括起来。m.group()与 m.group(0)等价，可获取匹配的所有结果。m.group(1)获取第一组([a-z]*)的结果：0 个或多个小写字母；m.group(2)获取第二组([0-9]*)的结果：0 个或多个数字字符；m.group(3)获取第一组([a-z]*)的结果：0 个或多个小写字母。

【例 5-7】提取验证码。

```
#5-7.py
import re
r=re.compile(r".*验证码.*(?P<code>\d{4,6}).*")
s="[某某]验证码 4696，用于手机验证码登录，5 分钟内有效，请勿泄露"
m=r.match(s)
print(m.group())
print(m.group(1))
print(m.group("code"))      #与 group(1)等价
```

运行结果如下：

```
[某某]验证码 4696，用于手机验证码登录，5 分钟内有效，请勿泄露
4696
4696
```

关于本例的说明：

● 先用 compile() 函数编译生成正则表达式对象 r，用正则表达式对象 r 调用了 match() 函数。

● 在 compile() 函数的正则表达式 "r".*验证码.*(?P<code>\d{4,6}).*"" 中，r 是原始字符串的意思。因为在字符串中的转义字符是以 "\" 开头的，\n 代表回车。如果要表示 "\"，则需要写成 "\\"；如果需要表示 "\d"，则需要写成 "\\d"，若使用 r 方式则为 "r"\d""，这样更清晰、方便。

● 在 compile() 函数的正则表达式 "r".*验证码.*(?P<code>\d{4,6}).*"" 中，"(?P<组名>)" 是给组命名的语法格式，其含义是将该组命名为指定的名称，可用 group(code) 来获取匹配到的字符串，即 4～6 位的数字，原来的 group(1)仍然有效。

（2）search() 函数。

match() 函数只在字符串的开始位置匹配正则表达式，若想要搜索整个字符串来进行匹配，则应当用 search() 函数。search() 函数也有两种格式。

格式 1：re.search(pattern, string, flags=0)。

格式 2：正则表达式对象.search(string[,pos[,endpos]])。

说明：参数的含义与 match() 函数的相同。其功能是搜索整个字符串，匹配第一个符合规则的字符串，匹配成功则返回 match 对象，未匹配成功则返回 None。match() 函数与 search() 函数基本实现了一样的功能，不一样的是 match() 函数必须从开始位置匹配到结尾位置，开始位置要一模一样，而 search() 函数是在字符串全局匹配第一个符合规则的字符串，只要在这个区间里匹配就行，不用严格限制开头要一一对应。

【例 5-8】match() 函数和 search() 函数的比较。

```
#5-8.py
import re
s="how DO you do?"
```

```
m1=re.match("DO",s,re.M|re.I)      #匹配不到大写或小写字母形式的 do，因为 s 的开头没有 do
m2=re.search("DO",s,re.M|re.I)     #在全局范围内匹配第一个大写或小写字母形式的 do
if m1:
    print(m1.group(),m1.span())      #输出子串及起止位置
else:
    print("match=None")
if m2:
    print(m2.group(),m2.span())
else:
    print("search=None")
```

运行结果如下：

```
match=None
DO (4, 6)
```

（3）findall()函数。

该函数有两种调用格式。

格式 1：re.findall(pattern, string,flags=0)。

格式 2：正则表达式对象.findall(string[,pos[,endpos]])。

说明：参数的含义与 match()函数的相同。它的功能是搜索 string，以列表形式返回全部与正则表达式匹配的子串，如果不匹配则返回空列表。注意，一旦匹配成功，再次匹配是从前一次匹配成功的后面一位开始的，也可以理解为匹配成功的字符串不再参与下一次匹配，即子串不重叠。

【例 5-9】findall()函数举例。

```
#5-9.py
import re
r = re.findall("\w+", "Happy New Year, 2023")
print(r)
```

运行结果如下：

```
['Happy', 'New', 'Year', '2023']
```

在本例中，要在字符串“Happy New Year,2023”中匹配所有符合要求的字母、数字及下画线。

（4）finditer()函数。

在字符串中找到与正则表达式匹配的所有子串，匹配成功则返回 match 对象集，可以调用迭代器返回。每个 match 对象对应一个匹配的子串，可以用 for 循环进行遍历。

该函数与 match()、search()函数的区别如下：match()函数是从字符串的起始位置开始匹配正则表达式的，匹配成功则返回一个 match 对象；search()函数通过搜索整个字符串来匹配第一个符合规则的子串，匹配成功则返回一个 match 对象；finditer()函数返回全部与正则表达式匹配的子串，即返回多个 match 对象。

该函数也有两种格式。

格式 1：re.finditer(pattern, string,flags=0)。

格式 2：正则表达式对象.finditer(string[,pos[,endpos]])。

参数的含义与 match()函数的相同。

【例 5-10】finditer()函数举例。

```
#5-10.py
import re
r= re.finditer("\w+", "Happy New Year")
for x in r:
    print(x.group(),x.span())
```

运行结果如下：

```
Happy (0, 5)
New (6, 9)
Year (10, 14)
```

3. 替换匹配的子串

re 模块的 sub()函数、subn()函数或与正则表达式对象同名的方法，都能完成替换那些匹配成功的子串的功能。

（1）sub()函数。

sub()函数有两种格式。

格式 1：re.sub(pattern,repl,string,count=0,flags=0)。

格式 2：正则表达式对象.sub(repl,string,count=0)。

该函数用于在字符串 string 中找到与正则表达式 pattern 匹配的所有子串，用 repl 字符串进行替换，并返回替换后的字符串。如果没有找到匹配的子串，则返回未被修改的 string。repl 既可以是字符串，也可以是一个函数。count 表示替换那些匹配成功的子串的个数，默认值 0 表示全部替换。flags 是匹配选项标志，可取的值与 compile()函数的匹配选项标志相同。

【例 5-11】把电话号码"0086-791-8127312"中的"-"删掉。

```
#5-11.py
import re
phone="0086-791-8127312"
phonenum=re.sub("\D","",phone)    #在 phone 中匹配非数字字符 "-"
print("电话号码是:",phonenum)
```

运行结果如下：

```
电话号码是: 00867918127312
```

（2）subn()函数。

subn()函数的执行效果跟 sub()函数一样，不过它会返回替换后的新字符串和由所有替换的数量组成的元组。subn()函数有两种格式。

格式 1：re.subn(pattern,repl,string,count=0,flags=0)。

格式 2：正则表达式对象.subn(repl,string,count=0)。

【例 5-12】用 subn()函数把电话号码"0086-791-8127312"中的"-"删掉。

在本例中，用正则表达式对象调用 subn()函数，并且替换次数为 1。

```
#5-12.py
import re
phone="0086-791-8127312"
pattern=re.compile("\D")
phonenum=pattern.subn("",phone,1)
print("电话号码是:",phonenum)
```

运行结果如下：

电话号码是: ('0086791-8127312', 1)

4. 字符分割

使用 re 模块下的 split()函数或正则表达式对象的同名方法对字符串进行分割，并返回列表中。split()函数有两种格式。

格式 1：re.split(pattern,string , maxsplit=0, flags=0))。

格式 2：正则表达式对象.split(string , maxsplit=0)。

【例 5-13】将 IP 地址中的四个数字拆分出来。

```
import re
ip="192.168.0.181"
pattern=re.compile("\D")
ipnum=pattern.split(ip)        #按照匹配到的非数字字符进行分割
print(ipnum)
```

运行结果如下：

['192', '168', '0', '181']

5.5 字符串应用举例

【例 5-14】从键盘输入一个 18 位的身份证号码，把其中的出生日期截取出来。

分析：首先用正则表达式验证输入的身份证号码是否符合规则，直到输入合法的身份证号码。然后用字符串的切片截取出生日期即可。

```
#5-14.py
import re
ID=input("请输入 18 位的身份证号码:")
m=re.match("^\d{17}([0-9]|X|x)$",ID)
while m==None:
    print("身份证号码不对，请重新输入!")
    ID=input("请输入 18 位的身份证号码:")
    m=re.match("^\d{17}([0-9]|X|x)$",ID)
year=ID[6:10:]
month=ID[10:12:]
day=ID[12:14:]
print("出生日期为："+year+"年"+month+"月"+day+"日")
```

运行结果如下：

请输入 18 位的身份证号码:123456199501306654x
身份证号码不对，请重新输入!
请输入 18 位的身份证号码:123456199501306654
出生日期为：1995 年 01 月 30 日

【例 5-15】字符串加密。输入一个字符串，对字符串中的每一个字符进行加密，生成密文。

加密规则如下：若字符为字母，则用该字母之后的第 2 个字母进行替换，如将 A 替换为

C，将 Y 替换为 A，小写字母与大写字母的替换规则一样；若字符为数字，则用该数字之前的第 3 个数字进行替换，如将 3 替换为 0，将 0 替换为 7。最后输出加密后的字符串，如输入"Python 3.8.10"，加密后为"Udymts 0.5.87"。

分析：依次取字符串中的每个字符，对其中的字母和数字字符进行处理，不对其他字符进行处理。用 ord()函数求出字母 A 的 ASCII 码，对应的 ASCII 码值加上 2 后，再用 chr()函数把新的 ASCII 码转换为字符，即 chr(ord('A')+2)。但是字母 Z 的 ASCII 码值加 2 后就不是字母的 ASCII 码值了，不能这样简单处理。可以利用取余运算的特性，即任何一个数除以 26 的余数只能是 0～25 的数。当一个数的值不断地增长时，它除以 26 的余数仍在 0～25 中。

例如，对于字母 c，想求它之后的第 2 个字母，首先要知道它是第几个字母（A 是第 0 个），即求 ord(c)−ord('A')，而 (ord(c)−ord('A')+2)%26 得到的是字母 c 之后的第 2 个字母在 26 个字母中的位置。最后将这个位置转换成字母：chr((ord(c)−ord('A')+2)%26+ord('A'))，这样就完成了加密。处理小写字母和数字字符的方法类似，代码如下：

```
#5-15.py
s1=input("请输入原字符串:")
s2=""
for c in s1:
    if c.isalnum():
        if c.isupper():
            s2+=chr((ord(c)-ord('A')+2)%26+ord('A'))
        if c.islower():
            s2+=chr((ord(c)-ord('a')+2)%26+ord('a'))
        if c.isdigit():
            s2+=chr((ord(c)-ord('0')-3+10)%10+ord('0'))
    else:
        s2+=c
print("加密后的字符串为:",s2)
```

运行结果如下：

```
请输入原字符串:Hello,2023
加密后的字符串为:Jgnnq,9790
```

【例 5-16】Python 语言允许采用大写字母、小写字母、数字、下画线和汉字等字符及其组合作为标识符，但首字符不能是数字。下面编写程序，从键盘输入一个字符串，判断它是否为 Python 的合法标识符。

分析：构造一个正则表达式来匹配所有合法的 Python 标识符。正则表达式[\u4e00-\u9fa5]可以用来判断字符串中是否包含中文汉字，"\u4e00"和"\u9fa5"是 Unicode 码，并且正好是中文编码的开始位置和结束位置的两个值。代码如下：

```
import re
s=input("请输入一个标识符，测试它是否符合 Python 规则:")
m=re.match(r"^[a-zA-Z_\u4e00-\u9fa5]\w*$",s)
if m!=None:
    print(s+"是一个合法的标识符")
else:
    print(s+"是非法的标识符")
```

第一个运行结果如下：

```
请输入一个标识符，测试它是否符合 Python 规则:price
price 是一个合法的标识符
```

第二个运行结果如下：

```
请输入一个标识符，测试它是否符合 Python 规则:3abc
3abc 是非法的标识符
```

【例 5-17】从键盘输入一些数，用逗号隔开，求这些数的和。

分析：用 input()函数输入的内容都是字符串，先用字符串方法 str.split([sep[,maxsplit]])，把这些用逗号分隔的数字字符串拆成一个列表，但列表中仍然是数字字符串，再用 for 循环遍历列表，然后用 float(x)把数字字符串转成数值型数据后求和。代码如下：

```
s=input("输入几个数，用逗号隔开:")
seq=s.split(",")
print(seq)
sum=0
for x in seq:
    sum=sum+float(x)
print("sum=",sum)
```

运行结果如下：

```
输入几个数，用逗号隔开:34,5.5,0
['34', '5.5', '0']
sum= 39.5
```

习　题

一、选择题

1. 下列字符串中，不合法的是（　　　）。

A. "sum"　　　　　　B. 'sum'　　　　　　C. sum　　　　　　D. 's"u"m'

2. 访问字符串中的部分字符的操作被称为（　　　）。

A. 切片　　　　　　B. 索引　　　　　　C. 合并　　　　　　D. 赋值

3. 设 s="abcdefg"，则 s[3:5]的值为（　　　）。

A. 'cde'　　　　　　B. 'def'　　　　　　C. 'de'　　　　　　D. 'ef'

4. 设 s="Python programing"，则 print(s[-4::])的结果是（　　　）。

A. ming　　　　　　B. mming　　　　　　C. Python　　　　　　D. ing

5. 下面代码的运行结果是（　　　）。

```
print('python'.rjust(10, '#'))
```

A. python　　　　　　B. ####python　　　　　　C. ##python##　　　　　　D. python##

6. 与其他三个表达式的值不同的是（　　　）。

A. "Python"+"语言"　　　　　　　　　　B. "Python"-"语言"

C. "Python 语言"*1   D. "".join(("Python","语言"))

7. 将大小写字母互换，大写字母变小写字母、小写字母变大写字母的字符串方法是（　　　）。

A. upper()   B. swapcase()   C. title()   D. capitalize()

8. 下面程序的运行结果是（　　　）。

```
import re
regex=re.compile(r"\bm\w*\b",re.I)        #\b 为单词边界
s="my name is Mary."
print(regex.sub("***",s))
```

A. my name is ***.   B. *** name is ***.

C. *** name is Mary   D. *y name is *ary.

9. 下面代码的运行结果是（　　　）。

```
print("数量{1}，单价{0}".format(12，34))
```

A. 数量 34，单价 12   B. 数量 12，单价 34

C. 数量，单价 12，34   D. 数量，单价 34，12

10. 以下关于 Python 字符串的描述中不正确的是（　　　）。

A. ""或''是合法的字符串，表示空字符串

B. Python 的字符串中可以混合正整数和负整数进行索引和切片

C. Python 字符串采用[M:N]格式进行切片，获取字符串从索引 M 到 N 的子串

D. 字符串"D:\\abc.py"中的第一个\表示转义符

二、填空题

1. 设 a="abcdefgh"，a[3]=＿＿＿＿＿＿，a[−2]=＿＿＿＿＿＿，a[3:5]=＿＿＿＿＿＿，a[:5]=＿＿＿＿＿＿，a[3:]=＿＿＿＿＿＿，a[::−2]=＿＿＿＿＿＿，a[−2:−5]=＿＿＿＿＿＿。

2. len("新年快乐 2023")=＿＿＿＿＿＿。

3. "123"+"45"*3 的值是＿＿＿＿＿＿。

4. s="EveryOne"，s.upper()的结果是＿＿＿＿＿＿，s.swapcase()的结果是＿＿＿＿＿＿，

5. "EveryOne".count("e")的值是＿＿＿＿＿＿。

6. "Red flowers".replace("Red","Pink")的结果是＿＿＿＿＿＿。

7. import re

    re.sub("hard","easy","Python is hard to learn")的结果是＿＿＿＿＿＿。

8. 设 str="　hello world　"，若要删掉字符串两边的空格，应调用方法 str.＿＿＿＿＿＿()。

9. print("\x41\x43")的执行结果是＿＿＿＿＿＿。

10. print("{0:#^10.2f}".format(3.1415926))的执行结果是＿＿＿＿＿＿。

三、编程题

1. 输入一个任意长度的正整数，将其逆序输出。

2. 输入一个字符串，统计该字符串中数字字符出现的次数。

3. 按照 1 美元等于 6 元人民币的汇率编写程序，实现美元和人民币的双向兑换。输入形式如下：100$或 100￥。以￥结尾的数表示人民币数值，将其转换为美元数值；以$结尾的数表示美元数值，将其转换为人民币数值，保留 2 位小数。

第6章 复合数据类型

第 1 章介绍的数值类型仅能表示一个数据，这种能表示单一数据的数值类型被称为基本数据类型。然而在实际计算中却存在大量需要同时处理多个数据的情况，这需要将多个数据有效组织起来并统一表示，这种能够表示多个数据的类型称为复合数据类型。

复合数据类型能够将多个不同类型的数据组织起来，通过单一的表示形式使数据操作更有序、更容易。复合数据类型可分为 3 类：序列类型、集合类型和映射类型。

序列是元素向量，元素之间存在先后关系，通过序列中的索引（位置编号）来访问元素，元素之间不排他，可重复。字符串、列表和元组都是序列类型，它们都是有顺序的元素的集合体。序列类型是 Python 中最基本的数据类型。集合类型是元素集合，元素无序、不重复。映射类型是"键—值"数据项的组合，每个元素都是一个键值对，表示为（key,value）。字典属于映射类型。

复合数据的类型如图 6-1 所示。字符串已在第 5 章介绍，本章重点介绍列表、元组、集合和字典。

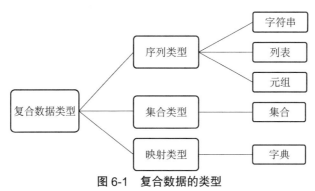

图 6-1　复合数据的类型

6.1　序列的通用操作

Python 中典型的序列类型包括字符串（String）、列表（List）和元组（Tuple）。字符串是由字符组成的序列，列表和元组是由任意数据类型组成的序列。序列可以进行索引、切片、序列相加、序列相乘以及成员资格检查等操作。此外，Python 还有计算序列长度、找出最大元素和最小元素等的内置函数。表 6-1 中列出了序列的通用操作符和函数，其中 s 和 t 是序列，x 是引用序列元素的变量，i、j 和 k 是序列的索引。

表 6-1　序列的通用操作符和函数

通用操作符或函数	功能描述
s[i]	i 为索引，返回序列 s 中索引为 i 的元素
s[i:j]	切片，返回包含序列 s 的第 i 项到第 j-1 项元素的子序列
s[i:j:k]	切片，返回包含序列 s 的第 i 项到第 j-1 项元素（步长为 k）的子序列
s+t	连接 s 和 t（s 和 t 是同类型的序列）
s*n 或 n*s	将序列 s 复制 n 次
x in s	如果 x 是 s 的元素，则返回 True，否则返回 False
x not in s	如果 x 不是 s 的元素，则返回 True，否则返回 False
len(s)	返回序列 s 的元素个数
min(s)	返回序列 s 的最小元素
max(s)	返回序列 s 的最大元素
s.index(x[,i[,j]])	返回序列 s 中（索引为 i 到 j-1）第一次出现元素 x 的位置
s.count(x)	返回序列 s 中出现 x 的次数

在第 5 章介绍过序列的一些通用操作，这些通用操作同样适用于列表和元组。考虑到学习的系统性，本节将通过一些例子介绍列表和元组的通用操作，这些通用操作也同样适用于字符串。

6.1.1　序列的索引

序列是有顺序的元素的集合体。这些元素之间存在先后关系，每个元素被分配一个位置编号，称为索引（Index）。序列的元素可以通过索引进行访问，一般格式如下：

```
序列名[索引]
```

和字符串的索引一样，序列也有两种索引方式：正向索引和反向索引。其中，正向索引的第一个元素的索引为 0，第二个元素的索引为 1，依次类推。反向索引也叫负数索引，从最后一个元素开始编号，最后一个元素的索引是-1，倒数第二个元素的索引是-2，依次类推。使用反向索引，可以在无须计算序列长度的前提下很方便地定位序列中的元素。示例如下：

```
>>> str1="this is a string"
>>> Lst1=["2022100123","张三","男",18]
>>> tup1=("物理","化学","地理","生物","历史")
>>> print(str1[0],Lst1[-1],tup1[3])
t 18 生物
```

6.1.2　序列的切片

切片就是取出序列中的某个范围内的元素，得到一个新的序列，原序列不变。一般格式如下：

```
序列名[M:N:K]
```

其中，M 表示起始索引编号（包含）；N 表示终止索引编号（不包含）；K 表示步长，步长为非 0 的整数。切片截取序列中从索引 M 到索引 N（不包含）之间步长为 K 的元素。

K 默认为 1，当步长默认时，步长前的冒号可省略。M 和 N 也可默认，但它们之间的冒号不能省略。当步长为正数，M 和 N 均默认时，表示截取从第一个到最后一个的所有元素（步长为 step）的子序列；当步长为负数，M 和 N 均默认时，表示截取从最后一个到第一个步长为 step 的子序列。示例如下：

```
>>> Lst2=[1,2,3,4,5,6,7,8,9]
>>> Lst2[1:4]      #步长默认为 1，取出索引为 1 到 3 的元素
[2, 3, 4]
>>>Lst2[:]         #等价于 lst2[::]，步长默认为 1，取出从前往后的所有元素
[1, 2, 3, 4, 5, 6, 7, 8, 9]
>>>Lst2[::-1]      #步长为-1，取出从后往前的所有元素
[9, 8, 7, 6, 5, 4, 3, 2, 1]
>>> Lst2[:-2:2]    #步长为 2，M 默认为 0，取出索引为 0 到-2（不含）、步长为 2 的元素
[1, 3, 5, 7]
>>> Lst2[3::2]     #步长为 2，取出索引为 3 到末尾、步长为 2 的元素
[4, 6, 8]
>>> Lst2[-1::-2]   #步长为-2，N 为第一个元素，取出索引为-1 到 0、步长为-2 的元素
[9, 7, 5, 3, 1]
```

6.1.3 序列的计算

1. 序列相加

可以使用加号进行同类型序列的连接操作。示例如下：

```
>>> [1,2,3]+['a','b','c']   #列表相加
[1, 2, 3, 'a', 'b', 'c']
>>> (4,5,6)+(7,8,9)         #元组相加
(4, 5, 6, 7, 8, 9)
>>> "abc"+"123"            #字符串相加
'abc123'
```

2. 序列相乘

用整数 n 乘以序列，产生一个新序列，在新序列中，原序列将重复 n 次。当 n<1 时，返回空序列。示例如下：

```
>>> a=(1,2,3)
>>> 2*a
(1, 2, 3, 1, 2, 3)
>>> -1*a
()
```

3. 成员资格检查

成员资格检查用于检查一个值是否在某个序列中，有 in 和 not in 两个运算符，返回值是 True 或 False。示例如下：

```
>>> tup1=("物理","化学","地理","生物","历史")
>>> "音乐" in tup1
False
>>> "音乐" not in tup1
True
```

6.1.4 序列处理函数和方法

除了上面的通用操作之外，序列还有一些通用的内置函数和方法。

1. len(s)、max(s)、min(s)函数

- len(s)：返回序列 s 中的元素个数。
- max(s)：返回序列 s 中的最大元素。
- min(s)：返回序列 s 中的最小元素。

示例如下：

```
>>> s=[2,5,9,6,23,1,7,44]
>>> len(s)
8
>>> max(s)
44
>>> min(s)
1
```

2. index()方法和 count()方法

- s.index(x[,i[,j]])：返回序列 s 中索引为 i 到 j−1 的元素中第一次出现元素 x 的位置。
- s.count(x)：返回序列 s 中出现元素 x 的次数。

示例如下：

```
>>> s=[2,5,9,1,6,23,1,7,44]
>>> s.index(1)
3
>>> s.index(1,4,8)
6
>>> s.count(1)
2
```

6.2 列　表

列表（List）是 Python 中最常用的复合数据类型，可以完成大多数复合数据结构的操作。列表的元素是可变的，也就是列表中的元素的值可以修改，也可以增加元素或删除元素。而字符串和元组的元素是不可变的，所以除了序列的通用操作外，列表还有许多专有操作，这些专有操作是其他序列无法进行的。

6.2.1 列表的创建

1. 用[]创建列表

列表是用"[]"括起来、用逗号分隔元素的序列，元素（或称数据项）的类型可以不一样，可以是数字、字符、字符串，也可以是列表。同其他类型的 Python 变量一样，在创建列表时，

可以直接使用赋值运算符"="将一个列表赋给变量。示例如下：

```
>>> elist=[]          #创建空列表
>>> names=['Alice','Ben','Candy','Mary','Lucy']
>>> stud=["2022100212","张三",18,[88,77,89]]
>>> print("{}的三门课的成绩是{},{},{}".format(stud[1],stud[3][0],stud[3][1],stud[3][2]))
张三的三门课的成绩是 88,77,89
>>> names[::2]                  #通过切片访问列表中的元素
['Alice', 'Candy', 'Lucy']
```

可以看出，上面的代码定义了三个列表变量，第一行用"[]"创建了一个空列表 elist，第三行 stud 列表里的元素仍然可以是列表，要访问列表中的列表元素要用两个索引。

2. 用 list()函数创建列表

列表可以用 list()函数将 range 对象、元组、字符串或其他可迭代类型的数据转换为列表。示例如下：

```
>>> numlist=list(range(1,6))    #用 list()函数创建一个包含 1 到 5 的整数列表
>>> numlist
[1, 2, 3, 4, 5]
>>> strlist=list("hello")       #用 list()函数将字符串转为列表
>>> strlst
['h', 'e', 'l', 'l', 'o']
>>> tlist=list((1,2,3,4))       #用 list()函数将元组(1,2,3,4)转为列表
>>> tlist
[1, 2, 3, 4]
>>> elist2=list()               #用 list()函数创建空列表
>>> elist2
[]
```

需要注意的是，列表必须通过显示的数据赋值才能生成，简单将一个列表变量赋值给另一个列表变量不会生成新的列表，示例如下：

```
>>> lst1=[70,80,90]
>>> lst2=lst1
>>> id(lst1),id(lst2)
(50784384, 50784384)
>>> lst2[0]=72
>>> lst1
[72, 80, 90]
```

通过切片操作可以生成新的列表，不改变原来的列表。示例如下：

```
>>> x=[1,2,3,4,5,6]
>>> y=x[:]
>>> y
[1, 2, 3, 4, 5, 6]
>>> id(x),id(y)
(51019904, 51370112)
```

x[:]将产生一个新的列表，x 和 y 代表不同的列表对象。而上述代码中的"lst2=lst1"则是给 lst1 的取一个新名字 lst2，也就是 lst1 和 lst2 指向相同的存储空间，当通过 lst2 修改了索引为 0 的元素后，lst1 的值也自动更新。

6.2.2　列表的专有操作

列表除了可以使用序列通用的操作符和函数，还有专有操作，如表 6-2 所示，它们的主要功能是完成列表元素的增、删、改、查，其中 ls、lst 是列表，x 是列表元素，i、j 和 k 是列表的索引。

表 6-2　列表的专有操作

函数或方法	功能描述
ls[i]=x	将列表 ls 的第 i 项元素的值赋为 x
ls[i:j:k]=lst	用列表 lst 替换列表 ls 中的第 i 项到第 j−1 项（以 k 为步长）元素
del ls	删除列表 ls
del ls[i]	删除列表 ls 的第 i 项元素
del ls[i:j:k]	删除列表 ls 的第 i 项到第 j−1 项（以 k 为步长）元素
ls+=lst 或 ls.extend(lst)	将列表 lst 的元素追加到列表 ls 尾部
ls*=n	更新列表 ls，将其元素重复 n 次
ls.append(x)	把 x 追加到列表的末尾
ls.clear()	删除列表 ls 中的所有元素，ls 为空列表
ls.copy()	复制 ls 中的所有元素，生成一个新列表
ls.insert(i,x)	在列表 ls 第 i 项元素的位置增加新元素 x
ls.pop(i)	返回列表 ls 的第 i 项元素并删除该元素
ls.remove(x)	将列表中的第一个出现的元素 x 删除
ls.reverse()	反转列表 ls 中的元素
ls.sort(key=None,reverse=False)	默认将列表 ls 中的元素按升序排列；若 reverse=True，则表示按降序排列，无返回值
内置函数 sorted(ls[,reverse=False])	将列表 ls 按升序排列后生成的新列表返回，原列表 ls 的值不变；若 reverse=True，表示按降序排列

1. 列表元素的添加

Python 提供了五种添加列表元素的方法。

（1）ls.append(x)方法：在列表末尾追加元素。示例如下：

```
>>> names=['Alice','Ben','Candy','Mary','Lucy']
>>> id(names)
51371264
>>> names.append("Yoyo")
>>> names
['Alice', 'Ben', 'Candy', 'Mary', 'Lucy', 'Yoyo']
>>> id(names)
51371264
```

（2）ls.insert(i,x)方法：在列表的第 i 个位置增加新元素 x。示例如下：

```
>>> names.insert(4,"Lily")    #接着上面的语句继续执行
>>> names
['Alice', 'Ben', 'Candy', 'Mary', 'Lily', 'Lucy', 'Yoyo']
```

```
>>> id(names)
51371264
```

在上面的代码中，names.insert(4,"Lily")表示向列表的索引为 4 的位置插入新元素"Lily"，这样会让原位置及之后的元素进行移动，如果列表元素较多，会影响处理速度。

（3）ls.extend(lst)方法：将列表 lst 的元素追加到列表 ls 尾部。示例如下：

```
>>> n=["张三","李四"]       #接着上面的语句继续执行
>>> names.extend(n)
>>> names
['Alice', 'Ben', 'Candy', 'Mary', 'Lily', 'Lucy', 'Yoyo', '张三', '李四']
>>> id(names)
51371264
```

（4）"+="运算符：ls+=lst 表示将列表 lst 的元素追加到列表 ls 尾部。示例如下：

```
>>> n1=["王五"]          #接着上面的语句继续执行
>>> names+=n1
>>> names
['Alice', 'Ben', 'Candy', 'Mary', 'Lily', 'Lucy', 'Yoyo', '张三', '李四', '王五']
>>> id(names)
51371264
```

（5）"*="运算符：ls*=n 表示更新列表 ls，将其元素重复 n 次。示例如下：

```
>>> names*=2
>>> names
['Alice', 'Ben', 'Candy', 'Mary', 'Lily', 'Lucy', 'Yoyo', '张三', '李四', '王五', 'Alice', 'Ben', 'Candy', 'Mary', 'Lily',
'Lucy', 'Yoyo', '张三', '李四', '王五']
>>> id(names)
51371264
```

可以看出，用 append、insert、extend、+=、*=添加了新元素后，内存地址没有发生变化，属于原地操作，不会创建新的列表对象。但是 ls+=lst 和 ls=ls+lst 是不一样的，后者会创建一个新的列表，当列表中元素较多时，速度会比较慢。

2. 列表元素的删除

列表元素的删除主要有四种方法。

（1）del 语句。

● del ls：删除列表 ls 对象。

● del ls[i]：删除列表 ls 第 i 项的元素。

● del ls[i:j:k]：删除列表 ls 第 i 项到第 j–1 项（以 k 为步长）的元素。

示例如下：

```
>>> names=['Alice','Ben','Candy','Mary','Lucy']
>>> del names[0]
>>> names
['Ben', 'Candy', 'Mary', 'Lucy']
>>> del names[2:]
>>> names
['Ben', 'Candy']
>>> del names
>>> names
```

```
Traceback (most recent call last):
   File "<pyshell#96>", line 1, in <module>
      names
NameError: name 'names' is not defined
```

（2）ls.pop(i)方法：返回列表 ls 第 i 项元素并删除该元素。示例如下：

```
>>> names=['Alice','Ben','Candy','Mary','Lucy']
>>> names.pop()
'Lucy'
>>> names.pop(0)
'Alice'
>>> names
['Ben', 'Candy', 'Mary']
```

（3）ls.remove(x)方法：将列表中第一个出现的元素 x 删除。示例如下：

```
>>> names=['Alice','Ben','Candy','Ben','Lucy']
>>> names.remove('Ben')
>>> names
['Alice', 'Candy', 'Ben', 'Lucy']
```

（4）ls.clear()方法：删除列表 ls 中的所有元素，把列表 ls 变为空列表。示例如下：

```
>>> names=['Alice','Ben','Candy','Mary','Lucy']
>>> names.clear()
>>> names
[]
```

3. 列表元素的修改

可以通过索引或切片直接修改列表元素的值。

- ls[i]=x。
- ls[i:j:k]=lst。

当使用切片将一个列表赋给另一个列表时，Python 不要求两个列表长度一样，但遵循"多增少减"的原则。可以通过赋给更多或更少元素实现列表元素的插入或删除。示例如下：

```
>>> a=[1,2,3,4,5]
>>> a[2::]=[7,8,9,10]    #把下标为 2 的元素及其之后的所有元素改为[7,8,9,10]
>>> a
[1, 2, 7, 8, 9, 10]
>>> a[0:2]=[6]          #把下标为 0 和 1 的元素改为[6]
>>> a
[6, 7, 8, 9, 10]
```

4. 对列表元素进行排序和逆置

- ls.sort(key=None,reverse=False)：reverse=True 表示按降序排列，reverse=False 表示按升序排列。key 参数用于指定一个函数，此函数将在每个元素比较前被调用，如 key=str.lower，表示把每个元素先转为小写字母形式的再排序。
- ls.reverse()：反转逆置列表 ls 中的元素。
- 内置函数 sorted(ls[,reverse=False])：将列表 ls 默认按升序排列后生成的新列表返回，原列表 ls 的值不变。若 reverse=True，表示按降序排列。

示例如下：

```
>>> s=[23,21,45,67,12,9]
>>> s.reverse()
>>> s
[9, 12, 67, 45, 21, 23]
>>> s.sort()
>>> s
[9, 12, 21, 23, 45, 67]
>>> s.sort(reverse=True)
>>> s
[67, 45, 23, 21, 12, 9]
```

内置函数 sorted(ls[,reverse=False])的示例如下：

```
>>> s=[23,21,45,67,12,9]
>>> t=sorted(s)
>>> s
[23, 21, 45, 67, 12, 9]
>>> t
[9, 12, 21, 23, 45, 67]
```

6.2.3　遍历列表

可以通过遍历列表逐个处理列表中的元素，通常使用 for 循环和 while 循环来实现。

1. 用 for 循环遍历列表

格式如下：

```
for 变量名　in 列表名：
    语句块
```

说明：用 for 语句实现了遍历循环，从列表中逐一提取元素的值赋给变量。它不仅可以遍历列表，还可以遍历字符串、元组、集合、字典、文件。

【例 6-1】用 for 循环遍历列表，将列表中的每个元素改为缩写形式，输出元素时用空格隔开。

```
#6-1.py
week_list=["Monday","Tuesday","Wednesday","Thursday","Friday","Saturday","Sunday"]
i=0
for item in week_list:
    week_list[i]=item[0:3]
    i=i+1
for item in week_list:
    print(item,end=" ")
```

输出结果如下：

```
Mon Tue Wed Thu Fri Sat Sun
```

2. 用 while 循环遍历列表

用 while 循环遍历列表时，需要先计算列表的长度，将获得的长度作为循环的条件。

【例 6-2】用列表的方法输出斐波那契数列的前 10 项，并计算它们的和。

```
#6-2.py
lst=[1,1]
i=2
while i<=10:
    lst.append(lst[i-1]+lst[i-2])
    i=i+1
print(lst)
i=0
s=0
while i<len(lst):
    s+=lst[i]
    i=i+1
print(s)
```

运行结果如下：

```
[1, 1, 2, 3, 5, 8, 13, 21, 34, 55, 89]
232
```

在本例中求和也可直接用内置函数 sum(序列名)，代码如下：

```
#6-2'.py
lst=[1,1]
i=2
while i<=10:
    lst.append(lst[i-1]+lst[i-2])
    i=i+1
print(lst)
print(sum(lst))
```

列表是一种十分灵活的数据结构，它具有处理任意长度、混合类型数据的能力，提供了丰富的基础操作符和方法。当需要使用复合数据类型管理批量数据时，请尽量选择列表。

6.2.4 列表推导式

列表推导式可以方便地创建列表，是 Python 程序开发的常用技术之一。列表推导式可以利用 range 对象、元组、列表、集合和字典等数据类型，快速生成一个满足条件的列表。语法格式如下：

```
[表达式 for 迭代变量 in 迭代对象 [if 条件]]
```

其中[if 条件]可省略。用每个符合 if 条件的迭代变量分别计算出一个表达式的值，这些值就是新生成的列表中的每个元素。

1. 不加 if 条件的列表推导式

创建一个由 1~10 的整数构成的列表，代码如下：

```
>>> a=[x+1 for x in range(10)]
>>> a
[1, 2, 3, 4, 5, 6, 7, 8, 9, 10]
```

从上面的代码可以看出，列表推导式通过轻量级的循环可简单快捷地创建列表。列表推导式把需要生成的元素的值放在前面，其后紧跟 for 循环，并将列表推导式放到[]中。等价于下面的代码：

```
a=[]
for x in range(10):
    a.append(x+1)
```

2. 加 if 条件的列表推导式

创建一个由 1～20 的奇数的平方构成的列表，代码如下：

```
>>> b=[x*x for x in range(1,21) if x%2==1]
>>> b
[1, 9, 25, 49, 81, 121, 169, 225, 289, 361]
```

3. 多重循环的列表推导式

上面的列表推导式都只包含一个循环，实际上可以使用多重循环，示例如下：

```
>>> c=[[x,y] for x in range(3) for y in range(3)]
>>> c
[[0, 0], [0, 1], [0, 2], [1, 0], [1, 1], [1, 2], [2, 0], [2, 1], [2, 2]]
```

【例 6-3】用随机函数生成 n 个 0～100 的随机整数，按降序排列并输出。

分析：先用列表推导式生成由 n 个随机数组成的列表，然后用列表的方法 sort() 对数据进行排序。代码如下：

```
#6-3.py
import random
random.seed()
n=eval(input("输入要生成多少个随机数："))
alist=[random.randint(0,100) for i in range(n)]
print("排序前：",alist)
alist.sort(reverse=True)
print("排序后：",alist)
```

运行结果如下：

```
输入要生成多少个随机数：10
排序前：  [88, 66, 70, 74, 63, 93, 43, 0, 26, 14]
排序后：  [93, 88, 74, 70, 66, 63, 43, 26, 14, 0]
```

6.2.5　二维列表

所谓二维列表，是指列表中的每个元素仍然是列表，可以采用多级索引获取列表信息。

1. 通过直接赋值的方式创建二维列表

【例 6-4】用直接赋值的方式创建二维列表并输出。

```
#6-4.py
A=[[3,2,5,8],[7,9,2,4],[1,3,6,7]]
for i in range(3):              #把二维列表按照 3 行 4 列的格式输出
    for j in range(4):
        print(A[i][j]," ",end='')
    print()
```

运行结果如下：

```
3  2  5  8
7  9  2  4
1  3  6  7
```

在本例中 A=[[3,2,5,8],[7,9,2,4],[1,3,6,7]]，列表 A 中有 3 个元素 A[0]、A[1]、A[2]，A[0]、A[1]、A[2] 又是列表，各有 4 个元素，A[0]=[3,2,5,8]、A[1]=[7,9,2,4]、A[2]=[1,3,6,7]。A[0] 中的元素 8 可以用 A[0][3] 来表示。

2. 通过 for 循环创建二维列表

【例 6-5】通过 for 循环创建二维列表。

```
#6-5.py
m,n=eval(input("输入二维列表的行长度和列长度，用逗号分隔"))
B=[]            #创建一个空列表
for i in range(m):
    B.append([])        #向 B 列表中添加一个元素：[]
    for j in range(n):
        a= eval(input("请输入第"+str(i)+"，"+str(j)+"值:"))
        B[i].append(a)    #把 a 添加到 B[i] 中
print(B)
```

运行结果如下：

```
输入二维列表的行长度和列长度，用逗号分隔3，2
请输入第 0，0 值:1
请输入第 0，1 值:2
请输入第 1，0 值:3
请输入第 1，1 值:4
请输入第 2，0 值:5
请输入第 2，1 值:6
[[1, 2], [3, 4], [5, 6]]
```

【例 6-6】给定一个 $m×n$ 的矩阵，求每行元素中最大的元素。

分析：首先通过 for 循环创建二维列表，用二维列表表示矩阵，在本例中用 randint() 函数生成 1~100 的随机数作为矩阵元素的值。接着求矩阵每行元素中最大的元素，先将每行的第 0 列元素赋给 maxvalue，假定 maxvalue 是这行元素中值最大的，若其他元素大于 maxvalue，则将其他元素的值赋给 maxvalue。

```
#6-6.py
import random
m,n=eval(input("输入矩阵的行长度和列长度，用逗号分隔"))
x=[]
for i in range(m):
    x.append([])
    for j in range(n):
        x[i].append(random.randint(1,100))
for i in range(m):                    #把二维列表按照 m 行 n 列的格式输出
    for j in range(n):
        print(x[i][j]," ",end='')
    print()
for i in range(m):
    maxvalue=x[i][0]            #假定第 0 列元素是第 i 行的最大值
```

```
        for j in range(n):
            if x[i][j]>maxvalue:
                maxvalue=x[i][j]
        print("第{}行的最大值是{}".format(i,maxvalue))
```

运行结果如下：

```
输入矩阵的行长度和列长度，用逗号分隔4,4
2   90  51  72
6   50  61  64
74  10  3   56
79  90  63  36
第 0 行的最大值是 90
第 1 行的最大值是 64
第 2 行的最大值是 74
第 3 行的最大值是 90
```

在本例中求最大值也可直接用内置函数 max(序列名)，代码如下：

```
#6-6'.py
import random
m,n=eval(input("输入矩阵的行长度和列长度，用逗号分隔"))
x=[]
for i in range(m):
    x.append([])
    for j in range(n):
        x[i].append(random.randint(1,100))
for i in range(m):                      #把二维列表按照 m 行 n 列的格式输出
    for j in range(n):
        print(x[i][j]," ",end="")
    print()
for i in range(m):
    print("第{}行的最大值是{}".format(i,max(x[i])))
```

二维列表可以用于表示数学中的矩阵，Python 的矩阵运算功能非常丰富，应用也非常广泛。NumPy 是用于进行含有同种元素的多维数组运算的第三方库，在有需求时可安装使用。

6.3　元　组

元组（Tuple）是一种序列类型，元组中的元素放在一对圆括号中，用逗号分隔。它与列表类似，不同之处在于元组的元素不能修改，相当于只读列表。Python 中的元组是序列类型中比较特殊的类型，因为它一旦创建就不能被修改。元组在表达固定数据项、函数多返回值、多变量同步赋值、循环遍历等情况下十分有用。

6.3.1　元组的基本操作

元组可以使用所有适用于序列的通用操作符和函数（表 6-1 所列出的）。元组中的数据一旦定义就不允许更改，因此不能通过索引和切片对元组进行赋值来修改元组的元素；元组没有 append()方法、extend()方法或 insert()方法，无法向元组中添加元素；元组也没有 pop()方法或 remove()方法，不能从元组中删除元素；元组也没有 sort()方法或 reverse()方法，不能修改元素的值。

1. 创建元组

元组的创建和列表的创建类似，不同之处在于创建列表用"[]"，而创建元组用"()"，所有元素放在"()"中，并用","分隔各元素，元素的数据类型可以不相同。示例如下：

```
>>> tup0=()                                      #tup0 为空元组
>>> tup1=("Rat","OX","Tiger","Rabbit","Dragon","Snake")   #用圆括号创建元组
>>> tup2="Horse","Sheep","Monkey","Rooster","Dog","Pig"   #创建元组的圆括号可省略
>>> tup3=(1,2,3,"a","b","c")    #元组中包含不同类型的数据
>>> tup4=(100,)                  #元组只有一个元素时，逗号不能省略
```

元组也可以用 tuple()函数将 range()对象、列表、字符串或其他可迭代类型的数据转换为元组。示例如下：

```
>>> tup5=tuple(range(5))
>>> tup5
(0, 1, 2, 3, 4)
>>> list1=[70,80,90,99]
>>> tup6=tuple(list1)
>>> tup6
(70, 80, 90, 99)
>>> tup7=tuple("hello")
>>> tup7
('h', 'e', 'l', 'l', 'o')
```

2. 访问元组

可以使用索引和切片来访问或获取指定的元素，但只能访问，不能修改元素的值，因为元组是不可变的，因此不能通过索引和切片对元组进行赋值来修改元组的元素。还可以使用 for 循环实现元组的遍历。示例如下：

```
>>> tup6[0]       #接着上面的代码继续执行
70
>>> tup6[-1]
99
>>> tup6[1:3]
(80, 90)
>>> s=0
>>> for i in tup6:
    s=s+i
>>> print(s)
339
>>> tup6[3]=100       #试图修改元素的值，但不能修改，此处报错
Traceback (most recent call last):
  File "<pyshell#19>", line 1, in <module>
    tup6[3]=100
TypeError: 'tuple' object does not support item assignment
```

3. 元组的常用内置函数和操作符

元组可以使用所有适用于序列的通用操作符和函数，元组的常用内置函数有 len()、max()、

min()等，通用操作符有+、*、in、not in 等。示例如下：

```
>>> 100 in tup4        #接着上面的代码继续执行
True
>>> tup8=tup1+tup2         #元组连接
>>> tup8
('Rat', 'OX', 'Tiger', 'Rabbit', 'Dragon', 'Snake', 'Horse', 'Sheep', 'Monkey', 'Rooster', 'Dog', 'Pig')
>>> tup8[9]              #使用索引访问
'Rooster'
>>> len(tup8)           #计算元组中元素的个数
12
>>> tup8.index("Dragon")   #计算 tup1 元组中第一次出现"Dragon"的索引
4
```

4. 删除元组

元组是不可变序列，无法删除元组中的元素，只能使用 del 命令删除整个元组对象，示例如下：

```
>>> t=(1,2,3,4)
>>> del t
>>> t
Traceback (most recent call last):
  File "<pyshell#138>", line 1, in <module>
    t
NameError: name 't' is not defined
```

【例 6-7】获取用户输入的一组数据，用逗号分隔输入的数据，输出其中的最大值。

分析：输入语句为 data=eval(input())。输入时用逗号分隔，input()函数的返回值是字符串，用 eval()函数把字符串转换为可执行语句，如输入的是"1,2,3,4"，那么"data=1,2,3,4"就创建了元组 data。在这个例子中，只要求计算最大值，并不修改这组数据，所以可以用元组解决问题。代码如下：

```
#6-7.py
data = eval(input("请输入一组数据，以逗号分隔："))
m=data[0]
for i in data:
    if i>m:
        m=i
print("最大值是：",m)
```

运行结果如下：

```
请输入一组数据，以逗号分隔：3,4,12,34
最大值是： 34
```

求最大值可以用序列类型的通用函数 max()（可查阅表 6-1）。代码如下：

```
#6-7'.py
data = eval(input("请输入一组数据，以逗号分隔："))
print("最大值是：",max(data))
```

6.3.2　元组与列表的转换

元组和列表可以通过 list()函数和 tuple()函数实现相互转换。如果想要修改元素值，则可以将元组转换为列表，修改完毕后，再转换为元组。示例如下：

```
>>> tup=(1,2,3,4)
>>> lst=list(tup)
>>> lst.append(5)
>>> lst
[1, 2, 3, 4, 5]
>>> tup=tuple(lst)
>>> tup
(1, 2, 3, 4, 5)
```

从实现效果上看，tuple()函数"冻结"了列表，达到了保护的目的，而 list()函数"融化"了元组，达到了修改的目的。

6.4 集 合

集合是包含 0 个或多个元素的无序组合。集合中的元素不可重复，元素只能是整数、浮点数、字符串、元组等不可变数据，且这些元素是无序的，没有索引的概念，不能切片。Python 中的集合与数学中集合的概念一致，可对其进行交、并、差等集合运算。Python 还提供了很多内置的操作集合的方法。

6.4.1 集合的创建

在 Python 中有两种创建集合的方式，一种是直接使用花括号将多个用逗号分隔的数据括起来；另一种是使用 set()函数，将 range 对象、列表、字符串或其他可迭代类型的数据转换为集合，但会将重复的元素删掉。

示例如下：

```
>>> s1={1,2,3,4,5}
>>> s2=set("happy")
>>> s3=set([1,2,3,5,2])
>>> s4=set()
>>> s1,s2,s3,s4
({1, 2, 3, 4, 5}, {'p', 'a', 'y', 'h'}, {1, 2, 3, 5}, set())
```

从运行结果看，集合的初始顺序和显示顺序是不同的。在创建 s2 和 s3 集合时有重复的元素，Python 会自动删除重复的元素。s4 是空集合，用 set()表示，注意用的是{}，因为{}表示空字典。

6.4.2 集合运算

集合支持多种运算，且很多运算和数学中的集合运算的含义一样。集合有四种基本操作：交集（&）、并集（|）、差集（−）、补集（^）。集合的运算符如表 6-3 所示。

表 6-3　集合的运算符

运算符	功能描述
S&T 或 S.intersection(T)	交集：返回一个新集合，包含同时在集合 S 和 T 中的元素
S|T 或 S.union(T)	并集：返回一个新集合，包含集合 S 和 T 中的所有元素
S−T 或 S.difference(T)	差集：返回一个新集合，包含在集合 S 中，但不在集合 T 中的元素
S^T 或 S.symmetric_difference_update(T)	补集：返回一个新集合，包含集合 S 和 T 中的元素，但不包含同时在这两个集合中的元素
S<=T 或 S.issubset(T)	子集测试：若集合 S 与集合 T 相同或集合 S 是集合 T 的子集，则返回 True，否则返回 False。S<T 表示判断 S 是否是 T 的真子集
S>=T 或 S.issuperset(T)	超集测试：若集合 S 与集合 T 相同或集合 S 是集合 T 的超集，则返回 True，否则返回 False。S>T 表示判断 S 是否是 T 的真超集

示例如下：

```
>>> aset={1,2,3,4}
>>> bset={3,4,5,6}
>>> aset&bset          #交集
{3, 4}
>>> aset|bset          #并集
{1, 2, 3, 4, 5, 6}
>>> aset-bset          #差集
{1, 2}
>>> aset^bset          #补集
{1, 2, 5, 6}
>>> {3,4}<aset         #子集测试
True
>>> bset>{3,4}         #超集测试
True
```

6.4.3　集合的常用方法

Python 提供了很多内置的操作集合的方法和函数，集合的常用方法如表 6-4 所示。

表 6-4　集合的常用方法

方法	功能描述
S.add(x)	添加元素：若数据元素 x 不在集合 S 中，则将 x 添加到集合 S 中
S.clear()	清空元素：移除集合 S 中的所有元素
S.copy()	复制集合：返回集合 S 的一个副本
S.pop()	随机删除元素：随机返回并删除一个元素，集合 S 为空时产生"KeyError"错误
S.discard(x)	删除指定元素：若 x 在集合 S 中，则删除该元素；若 x 不存在，则不报错误
S.remove(x)	删除指定元素：若 x 在集合 S 中，则删除该元素；若 x 不存在，则产生"KeyError"错误
S.isdisjoint(T)	若集合 S 和 T 没有相同的元素，则返回 True，否则返回 False
len(S)	返回集合 S 的元素的个数
x in S	若 x 是集合 S 的元素，则返回 True，否则返回 False
x not in S	若 x 不是集合 S 的元素，则返回 True，否则返回 False

示例如下:

```
>>> color={"red","green","blue","white","black"}
>>> x="pink"
>>> color.add(x)
>>> color
{'pink', 'green', 'white', 'blue', 'red', 'black'}
>>> color1=color.copy()
>>> color1
{'pink', 'green', 'red', 'white', 'blue', 'black'}
>>> color1.pop()
'pink'
>>> color.discard("brown")        #要删除的"brown"不在集合 color 中，不报错
>>> color.remove("brown")         #报错
Traceback (most recent call last):
  File "<pyshell#21>", line 1, in <module>
    color.remove("brown")
KeyError: 'brown'
>>> color1.clear()                #把集合 color1 的所有元素清空，变为空集
>>> color1
set()
>>> color1.add("brown")
>>> color1.isdisjoint(color)
True
>>> len(color1)
1
```

【例 6-8】生成 10 个互不相同的、位于区间[0,100]的随机整数。

分析：由于集合是一个无序的、不重复的数据集，所以本例采用集合实现。代码如下：

```
import random
s=set()
i=0
while i<10:
    x=random.randint(0,100)
    s.add(x)
    i=len(s)
print('s=',s)
```

集合类型与其他类型最大的不同是它不包含重复元素，因此，当需要对数据进行去重处理时，一般通过集合来完成。

6.5　字　典

字典（Dict）是用花括号括起来的、用逗号分隔元素的集合，其元素由关键字和值组成，形式为"关键字:值"。字典是 Python 中内置的映射类型，用于存放有映射关系的数据。比如，一个学生的个人信息数据为{"姓名":"张三","性别":"男","年龄":18,"班级":"23 计科 1 班"}，如果使用列表保存这些数据，则需要两个列表，即["姓名","性别","年龄","班级"]和["张三","男",18,"23 计科 1 班"]，但两个列表之间并没有映射关系。为了保存这种具有映射关系的数据，

Python 提供了字典。字典可以保存两组数据，一组数据是关键字，即键；另一组数据是值，可通过键来访问。在搜索字典时，先查找键，在查到键后就可以直接获取该键对应的值，也就是通过关键字找到其映射的值。

字典中的元素是无序的、可变的。当添加键值对时，Python 会自动修改字典的排列顺序，以提高搜索效率，且这种排列方式对用户是隐藏的。

6.5.1　字典的基本操作

1. 创建字典

创建字典的一般格式如下：

```
字典名={[关键字 1:值 1[,关键字 2:值 2,…,关键字 n:值 n]]}
```

其中，关键字与值用冒号分隔，元素之间用逗号分隔，关键字可以是数字、字符串及元组等不可变类型，不允许重复，而值可以不唯一。若花括号内为空，则创建一个空字典。

此外，Python 还提供了内置函数 dict() 来创建字典。示例如下：

```
>>> dict1={}
>>> dict2={"姓名":"张三","性别":"男","年龄":18,"班级":"23 计科 1 班"}
>>> dict3=dict(姓名="张三",性别="男",年龄=18,班级="23 计科 1 班")
>>> dict4=dict([("姓名","张三"),("性别","男"),("年龄",18),("班级","23 计科 1 班")])
>>> dict5=dict((("姓名","张三"),("性别","男"),("年龄",18),("班级","23 计科 1 班")))
>>> dict4
{'姓名': '张三', '性别': '男', '年龄': 18, '班级': '23 计科 1 班'}
>>> dict5
{'姓名': '张三', '性别': '男', '年龄': 18, '班级': '23 计科 1 班'}
```

说明：

第 1 行创建了一个空字典，该字典不包含任何元素，可以向字典中添加元素。

第 2 行使用了典型的创建字典的方法。

第 3 行使用了 dict() 函数，通过"关键字=值"的方式来创建字典。

第 4 行和第 5 行使用了列表或元组作为 dict 的参数来创建字典。

2. 字典的访问

Python 通过关键字来访问字典的元素，一般格式如下：

```
字典名[关键字]
```

若关键字不在字典中，则会引发"KeyError"错误。

（1）使用关键字索引。示例如下：

```
>>> dict1={'name':"Jim",'age':18}
>>> dict1['name']        #注意关键字两边的引号不要漏写
'Jim'
```

（2）当字典嵌套字典时的关键字索引。示例如下：

```
>>> dict2={'name':{'firstname':'Jim','lastname':'Green'},'age':18}
>>> dict2['name']['lastname']
'Green'
```

（3）当字典嵌套列表时的关键字索引。示例如下：

```
>>> dict3={'name':{'firstname':'Jim','lastname':'Green'},'age':18,'scores':[70,80,90]}
>>> dict3['scores'][0]
70
>>> dict3['scores'].append(92)      #当关键字 scores 的值是列表时，就可以调用列表的方法
>>> dict3
{'name': {'firstname': 'Jim', 'lastname': 'Green'}, 'age': 18, 'scores': [70, 80, 90, 92]}
```

（4）当字典嵌套元组时的关键字索引。示例如下：

```
>>> dict4={'name':{'firstname':'Jim','lastname':'Green'},'age':18,'scores':(70,80,90)}
>>> dict4['scores'][2]
90
```

3. 添加、修改字典元素

字典是键值对的集合，是可变的，可通过已有的关键字修改其映射的值，也可往字典中添加新的键值对。添加与修改字典元素的一般格式如下：

字典名[关键字]=值

若关键字已存在，则修改关键字对应的值；若关键字不存在，则在字典中添加一个新元素。示例如下：

```
>>> dict1={'name':"Jim",'age':18}
>>> dict1['age']=19
>>> dict1['scores']=[70,80,90]
>>> dict1
{'name': 'Jim', 'age': 19, 'scores': [70, 80, 90]}
```

4. 删除字典元素

当不再需要字典中的某个元素时，可以使用 del 命令将其删除，格式如下：

del 字典名[关键字]

删除整个字典的格式如下：

del 字典名

示例如下：

```
>>> scores={"语文":80,"数学":77,"英语":90}
>>> del scores["英语"]
>>> scores
{'语文': 80, '数学': 77}
```

5. 检查字典是否存在关键字

通过 in、not in 运算符判断关键字是否存在于字典中，格式如下：

关键字 in 字典

若关键字在字典中，则返回 True，否则返回 False。

关键字 not in 字典

若关键字不在字典中，则返回 True，否则返回 False。

示例如下：

```
>>> scores={"语文":80,"数学":77,"英语":90}
>>> "高数" in scores
False
```

6. 字典的长度和运算

len()函数可以获取字典包含的键值对的数目，即字典长度。max()、min()、sum()、sort()等函数也可用于字典，但只对字典的关键字进行运算。

6.5.2　字典的常用方法

Python 内置了一些字典的常用方法，如表 6-5 所示，其中 dict1、dict2 为字典名，key 为键。

表 6-5　字典的常用方法

方法	功能描述
dict1.keys()	返回所有键的信息
dict1.values()	返回所有值的信息
dict1.items()	返回所有的键值对
dict1.get(key,default)	若键存在则返回相应值，否则返回 default 的值，默认值为 None
dict1.pop(key,default)	若键存在则返回相应值，并删除键值对，否则返回默认值 default
dict1.popitem()	随机从字典中取出一个键值对，以元组(key,value)的形式返回
dict1.clear()	删除所有的键值对
dict2=dict1.copy()	复制并生成一个包括 dict1 中所有键值对的新字典
dict1.update(dict2)	用 dict2 更新 dict1

下面通过例子对字典的常用方法进行介绍。

1. keys()、values()和 items()方法

这三个方法返回由字典键、值和键值对组成的新视图对象。

视图对象提供字典条目的一个动态视图，意味着字典改变时，该视图也会相应地改变。字典视图可以被迭代，以产生对应的数据，并支持成员检测。也就是说，可以使用 in 或者 not in 来判断某个元素是否在其中。

可以用 list()函数把 keys()、values()和 items()方法返回的视图对象转为列表。

使用字典的常用方法 keys()、values()和 items()的示例如下：

```
>>> dc = {"name": "Jim", "age": 18}
>>> keys=dc.keys()      #  调用 dc 的 keys()方法获取键的视图对象
>>> values=dc.values()  #  调用 dc 的 values()方法获取值的视图对象
>>> items=dc.items()    #  调用 dc 的 items()方法获取键值对的视图对象

>>> print(type(keys),keys)
<class 'dict_keys'> dict_keys(['name', 'age'])
>>> for key in keys:        #遍历并查看所有的键
    print(key)
```

```
name
age

>>> print(values)
dict_values(['Jim', 18])
>>> dc['name']='Jim Green'        #当字典改变时，视图也会相应改变
>>> print(values)
dict_values(['Jim Green', 18])

>>> print(list(keys))      #  将 keys 视图对象转成列表
['name', 'age']
>>> print(list(values))     #  将 values 视图对象转成列表
['Jim Green', 18]
>>> print(list(items))      #  将 items 转为由键值对组成的元组列表
[('name', 'Jim Green'), ('age', 18)]
```

2. get()、pop()、popitem()方法

• dict1.get(key,default)：返回从 dict1 字典中获取的键（key）对应的值；若键不存在，则返回 default 的值，默认值为 None。

此方法的好处是无须担心 key 是否存在，不会引发"KeyError"错误。

• dict1.pop(key,default)：返回从 dict1 字典中获取键（key）对应的值，并删除这个键值对；若键不存在，则返回 default 的值；若未指定 default 参数，则会引发"KeyError"错误。

• dict1.popitem()：随机从字典中删除并返回一个键值对，以元组(key,value)形式返回。为了提高检索速度，字典中的元素是按照特定的顺序排列的，而用户并不知道排列顺序，将 popitem 从这个特定的排列顺序中删除并返回最后一个键值对，对用户而言就是随机的。若字典为空，则会引发"KeyError"错误。

示例如下：

```
#    get()方法
>>> dc = {"id":1001,"name": "Jim", "age": 18}
>>> dc.get("id")
1001
>>> dc.get("name")
'Jim'
>>> dc.get("hobby")          #hobby 在字典中不存在，返回值为 None
>>> print(dc.get("hobby"))
None
>>> dc.get("hobby","reading")       #hobby 在字典中不存在，返回值为 reading
'reading'
#    pop()方法
>>> dc
{'id': 1001, 'name': 'Jim', 'age': 18}
>>> dc.pop("age")
18
>>> dc
{'id': 1001, 'name': 'Jim'}
>>> dc.pop('email',"abc@nit.edu.cn")    #email 在字典中不存在，返回默认值
'abc@nit.edu.cn'
>>> dc.pop("hobby")                 #hobby 在字典中不存在，未设置 default 参数，发生异常
Traceback (most recent call last):
  File "<pyshell#22>", line 1, in <module>
```

```
        dc.pop("hobby")
KeyError: 'hobby'
# 用 popitem()方法逐一删除键值对
>>> dc
{'id': 1001, 'name': 'Jim'}
>>> dc.popitem()
('name', 'Jim')
>>> dc
{'id': 1001}
>>> dc.popitem()
('id', 1001)
>>> dc
{}
>>> dc.popitem()          #当字典为空时，调用 popitem()方法报错
Traceback (most recent call last):
    File "<pyshell#28>", line 1, in <module>
        dc.popitem()
KeyError: 'popitem(): dictionary is empty'
```

3. copy()和 update()方法

● dict2=dict1.copy()：复制并生成一个包括 dict1 中的所有键值对的新字典。dict1 和 dict2 是两个字典，id 是不相同的。

● dict1.update(dict2)：用字典 dict2 更新字典 dict1。如果原有的键存在，则替换成新值；如果原有的键不存在，则补充到字典中。

示例如下：

```
# copy()方法
>>> dc1 = {"id":1001,"name": "Jim", "age": 18}
>>> dc2=dc1.copy()
>>> print(id(dc1),id(dc2))
51726400 48272192             #dc2 和 dc1 的 id 不一样
>>> dc2 is dc1
False
>>> dc3=dc1                   #用赋值号并不会创建一个新字典
>>> print(id(dc1),id(dc3))
51726400 51726400
>>> dc3 is dc1               #dc3 和 dc1 是同一个对象
True
>>> dc2["hobby"]="reading"    #往 dc2 中添加新元素
>>> dc2
{'id': 1001, 'name': 'Jim', 'age': 18, 'hobby': 'reading'}
>>> dc1.update(dc2)           #用 dc2 更新 dc1
>>> dc1
{'id': 1001, 'name': 'Jim', 'age': 18, 'hobby': 'reading'}
```

【例 6-9】输入年份、月份、日期，判断这一天是这一年的第几天。

分析：在本例中把月份与天数的对应关系放在字典中，平年 1～12 月的天数依次为 31、28、31、30、31、30、31、31、30、31、30、31。首先判断年份是否为闰年，若是闰年则把 2 月对应的天数改为 29。以 2023 年 7 月 13 日为例，2023 年不是闰年，只要把前 6 个月的天数加起来，再加 13 即可。代码如下：

```
#6-8.py
```

```
year=int(input("请输入年份:"))
month=int(input("请输入月份:"))
day=int(input("请输入日期:"))
d={1:31,2:28,3:31,4:30,5:31,6:30,7:31,8:31,9:30,10:31,11:30,12:31}
days=0
if year%4==0 and year%100!=0 or year%400==0:
    d[2]=29
for i in range(1,month):
    days+=d[i]
days+=day
print("{}年{}月{}日是该年的第{}天。".format(year,month,day,days))
```

运行结果如下：

```
请输入年份:2023
请输入月份:7
请输入日期:13
2023 年 7 月 13 日是该年的第 194 天。
```

6.6　复合数据类型应用举例

根据求解问题的特点，选择合适的数据组织方法，这是程序设计过程中要考虑的重要问题。

6.6.1　数据查找

数据查找是在一个给定的数据结构中查找某个指定的元素。常见的数据查找方法有顺序查找法和折半查找法。

【例 6-10】利用顺序查找法判断 x 是否在序列 a 中。

分析：所谓顺序查找法，就是对于任意一个序列及一个给定的元素，将给定的元素与序列中的元素依次进行比较，直到找出与给定的元素相同的元素，或者将序列中的元素与其比较完为止。这种查找法的算法简单，但效率低。

在此例中只进行查找，并不修改序列中的元素，所以序列 a 用元组表示，用 for 循环遍历元组 a，判断 x 是否在该元组中。在程序中可通过一个标志变量 flag 表示查找是否成功。

代码如下：

```
#6-10.py
a=eval(input("输入一串以逗号分隔的数字"))
x=eval(input("请输入要查找的数据"))
flag=False
n=0
for i in a:
    n=n+1
    if i==x :
        print("找到了")
        flag=True
```

```
            break
if flag==False:
    print("没找到")
print("顺序查找的次数是：",n)
```

第一个运行结果如下：

```
输入一串以逗号分隔的数字 3,45,6,7,90
请输入要查找的数据 7
找到了
顺序查找的次数是：  4
```

第二个运行结果如下：

```
输入一串以逗号分隔的数字 3,45,6,7,90
请输入要查找的数据 99
没找到
顺序查找的次数是：  5
```

【例 6-11】利用折半查找法在序列 a 中查找数据 x。

分析：折半查找法，也叫二分查找法，是一种在有序序列中查找某一特定元素的搜索算法。折半查找法的思想是将要查找的数据 x 和中间位置的数据进行比较，若两者相等，则查找成功。若数据 x 小于中间位置的数据，则继续在左边的序列中重复进行二分查找；若数据 x 大于中间位置的数据，则继续在右边的序列中重复进行二分查找。每次使用这种搜索算法的搜索范围都缩小一半。最坏的情况需要比较 $\log_2(n)+1$ 次。折半查找法的效率比顺序查找法的效率高。

在这个例题中，需要先将序列的元素排序，然后用 list()函数将元组转为列表。

代码如下：

```
#6-11.py
a=eval(input("输入一串以逗号分隔的数字"))
x=eval(input("请输入要查找的数据"))
a=list(a)
a.sort()
low=0
high=len(a)-1
mid=(low+high)//2
flag=False
n=0
while low<=high:
    n=n+1
    if(x==a[mid]):
        print("找到了")
        flag=True
        break
    elif(x>a[mid]):
        low=mid+1
        mid=(low+high)//2
    else:
        high=mid-1
        mid=(low+high)//2
if flag==False:
    print("查找失败")
print("折半查找的次数是：",n)
```

第一个运行结果如下：

```
输入一串以逗号分隔的数字 3,45,6,7,90
请输入要查找的数据 7
找到了
折半查找的次数是： 1
```

第二个运行结果如下：

```
输入一串以逗号分隔的数字 3,45,6,7,90
请输入要查找的数据 99
查找失败
折半查找的次数是： 3
```

【例 6-12】利用序列的成员资格检查运算符 in 和 index()方法在序列 a 中查找数据 x，代码如下：

```
#6-12.py
a=eval(input("输入一串以逗号分隔的数字"))
x=eval(input("请输入要查找的数据"))
if x in a:
    print("找到了,下标编号为：",a.index(x))
else:
    print("很遗憾，没找到")
```

第一个运行结果如下：

```
输入一串以逗号分隔的数字 3,45,6,7,90
请输入要查找的数据 7
找到了,下标编号为： 3
```

第二个运行结果如下：

```
输入一串以逗号分隔的数字 3,45,6,7,90
请输入要查找的数据 99
很遗憾，没找到
```

【例 6-10】和【例 6-11】都根据原始的设计思路来设计算法并编写程序，没有过多利用 Python 本身的功能。【例 6-12】利用 Python 提供的运算符、函数库，实现了相同的功能，代码更简洁。这个特点对于绝大多数非专业的 Python 用户来说特别友好，因为他们不做专业的程序开发，而仅仅使用现成的类库解决实际工作中的问题，这也是 Python 语言在各个领域流行的原因。

6.6.2 词频统计

在工作中会遇到这样的问题：对于一篇文章，我们希望统计出其中多次出现的词语，进而分析文章的内容，这就是词频统计问题。词频统计是用来统计一篇文章中的某一个词语出现的次数，从而了解文章的重点、关键词，以便理解作者的想法。

词频统计就是对文档中的每个词语定义一个计数器，词语每出现一次，相关计数器的数值就加 1。可以以词语为键，计数器为值，构成"词语:出现次数"的键值对，也就是用字典解决词频统计问题。

1. 英文词频统计

英文词频统计的第一步是分解并提取英文文本中的单词。同一个单词有大、小写字母不同的形式，但计数不分字母大小写。因此先把英文文本都转为小写字母形式的。单词的提取用 re.findall() 函数，正则表达式为 "[a-zA-Z]+"，它可以把英文文本中的所有单词都以列表的形式返回。

第二步对单词进行计数。先定义一个空字典 dict={}，遍历的第一步获得的单词列表，若遇到一个新词 word，且它没有出现在字典中，则用 dict[word]=1 把它添加到字典中；若新词 word 已经在字典中，则让计数加 1，即 dict[word]+=1。

第三步按单词出现的次数降序排列，输出前 10 个高频单词。由于字典没有顺序，需要先将字典的 items 转为由键值对组成的元组列表，再使用 sort() 方法排序。

【例 6-13】统计英文文本中的单词出现的次数。

```
#6-13.py
import re
txt=''' The Zen of Python,by Tim Peters
Beautiful is better than ugly.
Explicit is better than implicit.
Simple is better than complex.
Complex is better than complicated.
'''
txt=txt.lower()                          #将所有大写字母转换为小写字母
words_list=re.findall("[a-zA-Z]+",txt)   #生成单词列表

#利用字典统计词频
dic={}
for word in words_list:
    if word in dic:
        dic[word]+=1
    else:
        dic[word]=1
#对统计结果进行排序
lst=list(dic.items())
lst.sort(key=lambda x:x[1],reverse=True)
for i in range(10):
    print("{:<10}{:>4}".format(lst[i][0],lst[i][1]))
```

运行结果如下：

```
is           4
better       4
than         4
complex      2
the          1
zen          1
of           1
python       1
by           1
tim          1
```

2. 中文词频统计

上面介绍了英文词频统计，然而获取一段中文文本中的词语是十分困难的，因为英文文

本可以通过空格或者标点分隔，而中文词语之间缺少分隔符，这是中文及类似语言独有的分词问题。

jieba 是 Python 中一个重要的第三方中文分词函数库，是第三方库，不是 Python 安装包自带的，需要先安装才能使用。pip 工具由 Python 官方提供并维护，是常用的第三方库的在线安装工具。pip3 是 Python 的内置命令，是用于在 Python3 版本下安装和管理第三方库，需要在命令行中执行。pip 安装命令如下：

```
pip3 install jieba
```

jieba 的分词原理是利用一个中文词库，将待分词的内容与分词词库进行比对，通过图结构和动态规划方法找到最大概率的词组。jieba 常用的分词函数如表 6-6 所示。

表 6-6　jieba 常用的分词函数

分词函数	功能描述
jieba.cut(s)	精确模式，返回一个可迭代的数据类型
jieba.cut(s,cut_all=True)	全模式，输出文本 s 中的所有可能的单词
jieba.lcut(s)	精确模式，返回列表
jieba.lcut(s,cut_all=True)	全模式，返回列表
jieba.lcut_for_search(s)	搜索引擎模式，返回列表
jieba.cut_for_search(s)	搜索引擎模式，适合使用搜索引擎建立索引的分词结果
jieba.add_word(w)	把新词 w 添加到分词词典中

jieba 库支持三种分词模式：精确模式，将句子精确地切分，适合文本分析；全模式，把句子中所有可以成词的词语全都切分，速度快，但是不能消除歧义；搜索引擎模式，在精确模式的基础上，将长词再次切分，提高召回率，适用于搜索引擎分词。示例如下：

```
>>>import jieba
>>>jieba.cut("他来自中国人民大学")
['他','来自','中国人民大学']
 >>>jieba.cut("他来自中国人民大学", cut_all=True)
['他','来自','中国','中国人民大学','国人','人民','人民大学','大学']
>>>jieba.cut_for_search("他来自中国人民大学")
['他','来自','中国','国人','人民','大学','中国人民大学']
```

上述三个分词函数都返回了列表，列表通用且灵活，建议读者使用。

【例 6-14】利用 jieba 库实现中文词频统计。

分析：本例将二十大报告作为中文词频统计的对象，分析并输出了 10 个高频词汇，读者可自行到网上搜索。把"二十大报告.txt"这个文件放在与【例 6-14】的代码相同的目录下，先从文件中读取整个二十大报告，然后对二十大报告进行分词，这就需要用到 jieba 库。分词后的词频统计方法与英文词频统计方法类似。输出的这些高频词汇既浓缩了我国跨越式发展的时代最强音，又勾勒出我们的追梦路线图。

```
#6-14.py
import jieba
txt=open("二十大报告.txt","r",encoding='utf-8').read()
words=jieba.lcut(txt)
dic={}
```

```
for word in words:
    if word in dic:
        dic[word]+=1
    elif len(word)>1 :      #排除单个字符的分词结果
        dic[word]=1
lst=list(dic.items())
lst.sort(key=lambda x:x[1],reverse=True)
for i in range(10):
    print("{:<10}{:>4}".format(lst[i][0],lst[i][1]))
```

运行结果如下：

发展	127
建设	68
加强	68
推进	67
支持	59
政策	45
经济	44
企业	43
推动	42
加快	38

习　题

一、选择题

1. 若字典 d={'id':1001,'name':"Mary",'age':19}，则 len(d)的值是（　　　　）。

A. 6　　　　　　　　　B. 5　　　　　　　　　C. 4　　　　　　　　　D. 3

2. 执行下面的代码，输出结果是（　　　　）。

```
>>> a=[1,2,3,4]
>>> b=a
>>> a[1]=20
>>> print(b)
```

A. [1,2,3,4]　　　　　B. [20,2,3,4]　　　　C. [1,20,3,4]　　　　D. [1,20,2,3,4]

3. 下列选项中，不能使用索引进行运算的是（　　　　）。

A. 列表（List）　　　　　　　　　　　　B. 元组（Tuple）

C. 集合（Set）　　　　　　　　　　　　D. 字符串（String）

4. 下列选项中，不属于字典操作的方法的是（　　　　）。

A. d.keys()　　　　　B. d.append()　　　　C. d.values()　　　　D. d.items()

5. 若集合 t=set([1,2,3,2,3,4,5])，则 sum(t)的值是（　　　　）。

A. 20　　　　　　　　　B. 15　　　　　　　　　C. 10　　　　　　　　　D. 5

6. 下列关于列表的说法中错误的是（　　　　）。

A. 列表可以存放任意类型的元素

B. 使用列表时，其下标可以是负数

C. 列表是一个有序集合，可以添加或删除元素

D. 列表是不可变的数据结构

7. max((1,2,3)*3)的值是（　　　）。

A. 9   B. 1   C. 2   D. 3

8. tuple(range(1,11,2))返回的结果是（　　　）。

A. (1,3,5,7,9)   B. (1,3,5,7,9,11)   C. [1,3,5,7,9   D. [1,3,5,7,9,11]

9. 下列关于列表 ls 的方法的描述中错误的是（　　　）。

A. ls.append(x)：在列表 ls 的最后添加一个元素 x

B. ls.clear()：删除列表 ls

C. ls.copy()：复制并生成一个包括 ls 中的所有元素的新列表

D. ls.reverse()：反转列表 ls 中的元素

10. 以下代码的输出结果是（　　　）。

```
s=[4,2,9,1]
s.insert(2,3)
print(s)
```

A. [4,2,9,2,1]   B. [4,2,3,9,1]   C. [4,3,2,9,1]   D. [4,2,9,1,2,3]

二、填空题

1. 在 Python 中，字典和集合都使用＿＿＿＿作为定界符。字典的每个元素都由两部分组成，即＿＿＿＿和＿＿＿＿，其中＿＿＿＿不允许重复。

2. 序列元素的编号被称为＿＿＿＿，它从＿＿＿＿开始，访问序列元素时将它用＿＿＿＿括起来。

3. 集合是一个无序、不可重复的数据集，可通过花括号或＿＿＿＿函数创建。

4. 已知 x=[1,2,3,4,5,6,7]，那么 x.pop()的结果是＿＿＿＿。

5. 已知 x=[1,2,3]，执行语句 x.append(4)后，x 的值是＿＿＿＿。

6. 已知 x=(1,2)、y=(3,4)，那么 x+y 的结果是＿＿＿＿。

7. 已知 x=[1,2,3,4,5,6,7,8,9]，则 x[2:4]的值是＿＿＿＿，x[::2]的值是＿＿＿＿，x[−1]的值是＿＿＿＿，x[::−1]的值是＿＿＿＿。

8. {1,2,3,4,5}&{3,4,7}的值是＿＿＿＿，{1,2,3,4,5}|{3,4,7}的值是＿＿＿＿，{1,2,3,4,5}^{3,4,7}的值是＿＿＿＿。

9. 设有 s1={1,2,3}、s2={2,3,5}，则 s1.intersection(s2)的结果是＿＿＿＿，s1.difference(s2)的结果是＿＿＿＿。

10. 表达式[i for i in range(6)if i%3==0]的值是＿＿＿＿。

三、程序阅读题

1. 下列程序的运行结果是＿＿＿＿。

```
a=[4,5,6]
b=a.copy()
a[1]=0
print(b)
```

2. 下列程序的运行结果是_____。

```
d={1:'x',2:'y',3:'z'}
del d[1]
del d[2]
d[1]='A'
print(len(d))
```

3. 下列程序的运行结果是_____。

```
list1={}
list1[1]=1
list1['1']=3
list1[1]+=2
sum=0
for k in list1:
    sum+=list1[k]
print(sum)
```

4. 下列程序的运行结果是_____。

```
x=[90,85,88]
y=("a","b","c")
z={}
for i in range(len(x)):
    z[y[i]]=x[i]
print(z)
```

5. 下列程序的运行结果是_____。

```
a=set()
b="happy"
for i in b:
    a.add(i)
print(len(a))
```

第7章 函　数

在编写程序的过程中，我们经常会碰到需要在某些程序中反复使用相同或类似的代码段，传统的做法是通过复制来解决这一问题，虽然工作量不大，但也存在弊端，一是造成代码冗长；二是增加了程序测试和维护的负担。高效率的解决方法是将反复使用的代码段定义成函数，需要时就直接调用这个函数，这样能降低代码的重复率。可通过函数实现模块化程序设计。当用计算机程序去解决一个复杂问题的时候，为了降低程序的难度，会把一个复杂的程序分解成若干规模较小的模块，每一个模块分别由不同的函数完成，由主程序调用这些函数来解决复杂问题。模块化程序设计就像我们工作或学习的团队，团队任务是由团队成员分工合作、共同完成的，每个函数就像团队中的一个成员，成员的团结协作非常重要，可以提工作效率，快速完成复杂的目标和任务。

Python 提供了许多内建函数，比如 input()、print()、pow()等，正是因为有了这些函数，才大大简化了编程工作量。除了 Python 提供的函数可供调用外，用户也可以根据需要自己定义函数，以供自己和别人调用。本章重点介绍用户自定义函数。

7.1　函数的概念

函数是按一定规则组织好的、用来实现某一功能并且能被反复调用的程序段或代码段。从用户使用的角度看，函数可分为两类，一类是由 Python 系统提供的系统函数，系统函数可以直接被用户调用；另一类是用户自定义函数，需要由用户编写以供自己或他人调用。

7.1.1　函数定义

用户自定义的函数的一般形式如下：

```
def 函数名([形参说明表]):
    函数语句体
    return 表达式
```

注：关键字 def 与函数名之间要有空格，函数名后面是一对圆括号，以冒号结束，函数语句体要缩进。

【例 7-1】定义一个求两数和的函数。

```
def add(a,b):                    def add(a,b):  ──→ a、b 为形式参数
    c=a+b          或写成            return a+b
    return c
```

【例 7-2】定义一个求 n 的阶乘的函数。

```
def fact(n): ——————▶ n 为形参
    s=1
    for k in range(1,n+1):
        s=s*k
    return s
```

说明：

（1）在 Python 中，函数由关键字 def 进行定义，函数名要符合标识符的命名规则。与 C 语言不同的是，Python 的函数不需要指定返回值的类型。

（2）函数参数表中的形参可以有多个，也可以省略；若有多个形参，则各个形参用逗号分隔；函数的参数也不用指定类型，Python 会自动根据值来确定参数的类型。

（3）函数语句体是实现某一功能的代码段，可以有多条语句，也可以无语句。

（4）return 语句是可选的，它可以在函数体内的任何地方出现，表示函数调用或执行到此处结束；如果没有 return 语句，则自动返回 none；如果有 return 语句，但是 return 语句后面没有表达式或者值的话，也返回 none。

（5）Python 允许定义空函数，其定义方式如下：

```
def 函数名():
    pass
```

当空函数被调用时，空函数什么也不做，相当于程序执行了一条空语句。定义空函数的目的是表示该处需要定义一个函数。

7.1.2　函数调用

用户自定义函数不能直接运行，必须通过调用和运行才能完成其功能。调用用户自定义函数与调用系统函数的方式相同，凡是可以使用表达式的地方都可以出现函数的调用。

函数调用形式如下：

```
函数名([实参列表])
```

【例 7-3】编写程序，调用 add( )函数，实现两数相加，并输出两数和。

（1）源程序代码（prog3.py）。

```
def add(a,b):
    c=a+b
    return c
s1=add(3,4) ——————▶调用 add()函数，3、4 为实参
S2=add(9,0) ——————▶调用 add()函数，9、0 为实参
print("s1=%d,s2=%d"%(s1,s2))
```

（2）运行结果如下：

```
s1=7,s2=9
```

（3）程序说明。

① 第一次调用 add()函数时，实参 3、4 先分别传给形参 a、b，得到 a=3、b=4、c=3+4=7，然后由 return 语句把结果返回给 s1。

② 第二次调用 add()函数时，实参 9、0 先分别传给形参 a、b，得到 a=9、b=0、c=9+0=9，然后由 return 语句把结果返回给 s2。

【例 7-4】编写程序，调用 fact()函数，计算整数 n 的阶乘 n!。

（1）源程序代码（prog4.py）。

```
def fact(m):
    s=1
    for k in range(1,m+1):
        s=s*k
    return s
s=fact(3)
print(f"3!={s}")
n=eval(input("输入整数 n:"))
print(f"{n}!={fact(n)}")
```

（2）运行结果如下：

```
3!=6
输入整数 n:5↙
5!=120
```

（3）程序说明。

① 第一次调用 fact( )函数时，实参 3 传给形参 m，得到 m=3，由 for 循环求得 s=6，由 return s 把结果返回给 s。

② 第二次调用 fact( )函数时，输入实参 n 的值为 5，并传给形参 m，得到 m=5，由 for 循环求得 s=120，由 return s 把结果返回给调用函数 fact(5)。

函数说明：

（1）调用函数时，将相应位置上的实参传给对应的形参，实参个数必须与形参个数一致且一一对应，实参类型要能兼容形参类型。与形参一样，若有多个实参，则各个实参之间要用逗号隔开。

（2）调用函数是为了执行被调用函数中的语句，执行完毕后，回到函数的调用处，继续执行后面的语句。

（3）函数调用语句可以作为函数的实参。如【例 7-3】中的函数调用语句"s2=add(9,0)"可以写成"s2=add(add(6,3),0)"，其中 add(6,3)的返回值 9 是另一次调用 add()函数的实参，即 add(9,0)。

【例 7-5】编写程序，调用函数 root( )，求解一元二次方程的根。

（1）源程序代码（prog5.py）。

```
from math import *
def root(a,b,c):
    d=b*b-4.0*a*c
    if d>=0:
        x1=(-b+sqrt(d))/(2.0*a)
        x2=(-b-sqrt(d))/(2.0*a)
        print("方程有实根，两个实根分别为：x1=%5.2f,x2=%5.2f"%(x1,x2))
    else:
        p=-b/(2.0*a)
        q=sqrt(-d)/(2.0*a)
        print("方程无实根，虚根的实部为：%5.2f,虚部为:%5.2f\n"%(p,q))
```

```
x,y,z=eval(input("输入方程的系数 a,b,c:\n"))
root(x,y,z)  ───────►  调用函数 root()，x、y、z 为实参
```

（2）运行结果如下：

```
输入方程的系数 a,b,c:
-9,5,78
该方程有实根，两个实根分别如下：
x1=-2.68,x2= 3.23
```

（3）程序说明。

调用 root()函数时，将实参 x、y、z 分别传给形参 a、b、c，该函数省略了 return 语句。

【例 7-6】编写程序，从键盘输入直角三角形的斜边 c 与一条直角边 a 的长，计算并输出另一条直角边 b 的长。

（1）源程序代码（prog6.py）。

```
import math
def func(x,y):
    z=math.sqrt(x**2-y**2)
    return z
if __name__=="__main__":
    c=int(input("请输入一条斜边的长:"))
    a=int(input("请输入一条直角边的长:"))
    b=func(c,a)
    print("另一条直角边 b=",b)
```

（2）运行结果如下：

```
请输入一条斜边的长:5
请输入一条直角边的长:4
另一条直角边 b= 3.0
```

（3）程序说明。

① 调用 func()函数时，将实参 c、a 的值分别传给形参 x、y；由 return z 把计算得到的另一条直角边的长返给调用函数。

② "if __name__ == '__main__':" 后面的代码是以文件为脚本直接执行的（详见 7.6 节）。

7.2　函数参数

Python 语言中，对象有六种标准的数据类型，分别是数字（Numbers）、字符串（String）、列表（List）、元组（Tuple）、字典（Dictionary）和集合（Set）。其中，数字、字符串和元组是不可变对象，列表、字典和集合是可变对象。不可变对象和可变对象都可以作为函数的参数。

7.2.1　参数传递

函数在调用过程中会进行参数传递。当实参传递给形参时，根据实参的不同类型，将函

数参数的传递方式分为值传递和引用传递（或地址传递）两种方式。

当实参为不可变对象时，实参对形参进行的是值传递，而且是单向的，实参的值能传给形参，形参的值不能传给实参。

【例 7-7】阅读以下源程序代码，了解当实参为不可变对象时的参数传递情况。

（1）源程序代码（prog7.py）。

```
def swap(x,y):
    temp=x
    x=y
    y=temp
    print("函数内部的结果: x=%d,y=%d"%(x,y))
if __name__=="__main__":
    a=2
    b=10
    swap(a,b)
    print("主函数中的结果: a={},b={}".format(a,b))
```

（2）运行结果如下：

```
函数内部的结果: x=10,y=2
主函数中的结果: a=2,b=10
```

（3）程序说明。

① 将实参 a、b 的值分别传给形参 x、y，得到 x=2、y=10。将 x、y 的值交换后，得到 x=10、y=2。因此，被调用的 swap()函数输出的 x、y 的值分别为 10、2。

② 形参 x 和 y 的值由 2 和 10 交换为 10 和 2，而实参 a 和 b 的值仍为 2 和 10，没有交换。这就说明实参对形参进行的数据传递是值传递，且是单向传递，只能由实参传给形参，而不能由形参传给实参。实参和形参在内存中占用不同的存储单元。形参获得实参传递的初值后，执行被调用函数，形参的值发生改变，调用结束，形参的存储单元被释放，实参无法得到形参的值。

当实参为可变对象时，将实参的地址传给形参。若函数调用中形参的值被修改，则实参的值也做相应修改。

【例 7-8】阅读以下源程序代码，了解实参为可变对象时的数据传递情况。

（1）源程序代码（prog8.py）。

```
def update(num):
    num[0]=3
    num[2]=7
    num[4]=9
if __name__=="__main__":
    list=[0,1,2,3,4,5]
    print("函数调用前的结果:",list)
    update(list)
    print("函数调用后的结果:",list)
```

（2）运行结果如下：

```
函数调用前的结果: [0, 1, 2, 3, 4, 5]
函数调用后的结果: [3, 1, 7, 3, 9, 5]
```

（3）程序说明。

① 实参列表 list 为可变对象，在数据传递过程中，把实参列表的存储地址传给了形参列

表。实参和形参在内存中占用相同的存储单元，在执行一个被调用函数时，由形参对存储单元的值进行修改，由于形参和实参共享了存储单元，因此实参的值也相应地改变。

② 若需要用函数修改数据，则可以把这些数据定义成列表、字典、集合等可变对象，并把其作为实参传入函数的形参中，这样就可以修改数据的值。

7.2.2　参数类型

在 Python 语言中调用函数，可使用的参数类型主要有必要参数、关键字参数、默认值参数和不定长参数四类。下面简要介绍这些参数类型。

1. 必要参数

必要参数也称位置参数，在调用时必须以正确的顺序传入函数，实参个数必须与形参个数一致且一一对应。在调用 take()函数时必须传入三个参数，否则会出现语法错误，代码如下：

```
def take(x,y,z):
    h=x*y*z
    return h
k=take(3,5)
print("输出结果为:",k)
```

在执行上面代码时，错误提示为 "TypeError:take() missing 1 required positional argument: 'z'"，即少了一个必要的位置参数 z。若将调用函数改为 take(3,5,4)，则输出结果为 60。

2. 关键字参数

关键字参数的使用是指通过给定形式的参数的名称来确定实参如何传给指定的形参，因此，允许函数调用时的实参顺序与形参顺序不一致，因为 Python 解释器能够用参数名匹配参数值。其调用形式如下：

形参名=实参值

下面示例显示了使用关键字参数调用函数 mytake( )。

```
def mytake(x,y,z):
    h=x*y*z
    return h
k=mytake(z=6,x=5,y=1)
print("输出结果为:",k)
```

运行结果如下：

输出结果为:60

上面示例将指定的实参 6 传递给形参 z，将实参 5 传递给形参 x，将实参 2 传递给形参 y，实参顺序与形参顺序并没有一一对应。需要注意的是，当必要参数传参与关键字参数传参同时存在时，必要参数传参的参数需要在关键字参数传参的参数之前。

3. 默认参数（默认值）

在定义函数时，可以给形参赋予默认值。在调用函数传参时，有默认值的形参可传也可不传。如果该参数最终没有被传递值，则将使用默认值；如果在调用函数时传入有默认值的项，则以新传入的值为准。以下示例中，若没有传值给参数 z，则使用默认值。

```
def   mytype(x,y,z=10):
      return x+y+z
print(mytype(10,13))
print(mytype(10,13,15))
```

在第一次调用函数 mytype( )时，分别传了 2 个值给形参 x 和 y，z 没有被赋值，z 将使用默认值 10；在第二次调用该函数时，传了 3 个值，z 被赋值为 15，不再使用默认值。

注意：默认参数必须出现在形参表的最右端。若第一个形参使用默认参数，则其后的所有形参也必须使用默认参数，否则会出错。下面来分析如下程序的运行结果。

```
def fact(m,n=5,k):
    s=m*n+k*n
    return s
y=fact(2,4)
print("y 的输出结果为:",y)
```

上述程序中，由于默认参数 n=5 没有出现在形参表的最右端，因此程序运行时报错，没有输出结果。可修改为如下代码：

```
def fact(m,n,k=5):
    s=m*n+k*n
    return s
y=fact(2,4)
print("y 的输出结果为:",y)
```

修改后的代码使用了默认参数 k=5，实参 2、4 分别传递给形参 m 和 n，运行结果为 28。

4. 不定长参数

在设计程序时，可能遇到函数中的参数没有固定个数的情况，这种情况就需要不定长参数来处理。不定长参数也称可变长参数，Python 语言中的不定长参数主有要元组和字典两种形式。

（1）元组不定长参数。

在形参名前面加"*"，将接收的任意多个实参存放在一个元组中，下面两个示例使用了元组不定长参数。

示例 1 如下：

```
def list(*h):
  print(h)
list(1,2,3)
list(1,2,3,4,5,6,7,8,9,10)
```

运行结果如下：

```
(1, 2, 3)
(1, 2, 3, 4, 5, 6, 7, 8, 9, 10)
```

示例 2 如下：

```
def show(a,b,*args):
  print(a,b,args)
show(1,2,3,4,5,6,7)
```

运行结果如下：

```
1 2 (3, 4, 5, 6, 7)
```

（2）字典不定长参数。

在形参名前面加"**"，实参名以字典显式赋值的方式传递参数，将接收的参数存放在字典中，下面示例使用了字典不定长参数进行传递。

```
def show(a,b,**args):
    print(a,b,args)
show(10,20,m=50,n=60)
```

运行结果如下：

```
10   20   {'m': 50, 'n': 60}
```

上述示例中，实参 m=50、n=60 以字典显式赋值的方式传给参数 args。下面再观察一个示例。

```
def show(**args):
    for i,value in args.items():
        print("%s:%s"%(i,value))
show(a=20,b=50,c=60)
show(j1="星期一",j2="星期二",j3="星期三"j4="星期四")
```

运行结果如下：

```
a:20   b:50    c:60
j1:星期一   j2:星期二  j3:星期三   j4:星期四
```

该示例中的实参同样以字典显式赋值的方式传给参数 args。

7.3　特殊函数

在日常使用 Python 时，我们经常会碰到一些特殊的函数，如匿名函数、递归函数等。匿名函数是指没有函数名的简单函数，其不再使用关键字 def 进行定义。

7.3.1　匿名函数

在 Python 语言中，通常采用 lambda 定义匿名函数，匿名函数的定义语法如下：

```
lambda  参数 1,参数 2,...,参数 n:函数体
```

匿名函数说明：

（1）匿名函数的形参可以有一个或多个，也可以省略。

（2）在默认情况下调用匿名函数时，将相应位置上的实参传给对应的形参，实参个数必须与形参个数一致且一一对应，也可以使用关键字参数及不定长参数。

（3）匿名函数的函数体只有一行代码，代码运行结果会被作为函数的返回值自动返回，而且只有一个返回值，因此，匿名函数的函数体只能有一个表达式。

【例 7-9】匿名函数的定义和调用。

（1）采用必要参数。

```
>>add=lambda x,y:x*x+y*y
```

```
>>add(2,3)
>>14
```

（2）采用默认参数。

```
>>> add=lambda x,y=1,z=3:x*y+y*z
>>> add(3)
6
```

将 add(3)中的 3 传递给形参 x。

（3）采用关键字参数。

```
>>> add=lambda x,y,z=5:x*y+y*z
>>> add(x=1,y=3,z=6)
21
```

（4）将匿名函数作为序列或字典元素。

可以将匿名函数作为列表元素，其一般格式如下：

```
列表名=[匿名函数 1,匿名函数 2,...,匿名函数 n]
```

也可以将匿名函数作为字典元素，其一般格式如下：

```
字典名=[匿名函数 1,匿名函数 2,...,匿名函数 n]
```

匿名函数一旦作为序列或字典元素，就可以将序列或字典元素作为函数名来调用匿名函数，一般格式如下：

```
序列或字典元素引用(匿名函数的实参)
```

示例如下：

```
>>>f=[lambda x,y:x+y,lambda x,y:x-y]        #作为序列元素
>>>print(f[0](3,5),f[1](3,5))
8  -2
>>>f={'a':lambda x,y:x+y,'b':lambda x,y:x-y}    #作为字典元素
>>> f['a'](3,4)
7
```

7.3.2 递归函数

递归调用是指在调用一个函数的过程中又出现直接或间接地调用该函数本身的情况，这一过程需用递归函数。递归调用的功能（直接递归调用和间接递归调用）分别如图 7-1 和图 7-2 所示。

```
def   f(n):
 if  n==1:
   return  2
 else:
   return  f(n−1)+2
```

图 7-1　直接递归调用

```
def   f1(n):          def   f2(n):

    ...                   ...
 z = f2(y)            y = f1(y)
    ...                   ...
```

图 7-2　间接递归调用

在图 7-1 所示的程序中，函数 f()在其函数体内调用函数 f()自身，即直接调用自己，这被称为直接递归调用。在图 7-2 所示的程序中，函数 f1()在函数体内调用函数 f2()，而函数 f2()又调用函数 f1()，这导致函数 f1()间接调用自己，这种情形被称为间接递归调用。

递归调用的调用次数应该是有限的，任何一个递归调用程序必须包括两部分：一是递归循环继续的过程，即递归公式；二是递归调用的结束条件，也被称为递归的边界条件。

【例 7-10】编写程序，利用递归调用方式计算 $n!$（n 为整数）。

（1）算法分析。

$n!$的公式为 $n!=n×(n-1)×(n-2)×(n-3)×…×2×1!$，由此可得 $n!$的递归公式为 $n!=n×(n-1)!$。由数学知识可知 $1!=1$，因此，$n=1$ 是递归的边界条件，其边界值为 1。

假设求阶乘的递归函数为 fact()，则函数 fact()的递归调用公式可用如下表达式表示：

$$c = \begin{cases} fact(n) = 1 & (n = 0,1) \\ fact(n) = fact(n-1) \times n & (n > 1) \end{cases}$$

（2）源程序代码（prog10.py）。

```
def fact(n):
    if n<=1:
        return 1
    else:
        return n*fact(n-1)
if __name__=="__main__":
    n=eval(input("请输入 n 的值："))
    s=fact(n)
    print(n,"!=",s)
```

（3）运行结果如下：

```
请输入 n 的值：5
5!=120
```

（4）程序说明。

在函数 fact()的定义中，用表达式实现了自己调用自己，这种情况就是递归调用。此处使用的是直接递归调用。在遇到边界条件以前，递归程序不断地将递归函数压入栈，以将问题逐步简化。此处是逐步将较大的整数的阶乘简化成较小的整数的阶乘。

【例 7-11】编写程序，利用递归调用计算两个整数 m、n 的最大公约数（其中 m>n，且 n≠0）。

（1）算法分析。

计算两个整数的最大公约数的方法有多种，本例采用辗转相除法。

方法如下：m 除以 n，如果余数 r=0，则 n 是最大公约数。如果 n≠0，则将 n 赋给 m，将 r 赋给 n，不断重复上述过程，直到 r=0 为止，这时的 n 就是最大公约数。示例如下：

```
m     %    n     r
112   %   77    35
77    %   35    7
35    %   7     0
```

从上述运算过程可看到，112 和 77 的最大公约数为 7。使用辗转相除法计算两个整数的最大公约数的过程是一个不断递归的过程，用递归函数实现非常方便。

（2）源程序代码（prog11.py）。

```
def fact(m,n):
```

```
        if n==0:
            return m
        else:
            return fact(n,n%m)
if __name__=="__main__":
    m,n=eval(input("请输入 n、m 的值："))
    s=fact(m,n)
    print("最大公约数为",s)
```

（3）运行结果如下：

```
请输入 m、n 的值：
112,77
最大公约数为 7
```

（4）程序说明。

辗转相除法是不断将 n 赋给 m，将余数（n%m）赋给 n。第一个参数是即将进行运算的 m，但也可看成前一次运算的 n。相应地，第二个参数是即将进行运算的 n，可看成前一次运算结果中的余数 r。当函数 fgcd( ) 的第二个参数的值等于零时，第一个参数即为最大公约数，函数停止递归，并将第一个参数返回。否则，通过递归调用的方式将第二个参数赋给第一个参数，并将两个参数整除后的余数赋给第二个参数。

递归调用的逻辑清晰，定义简单。但是一般情况下，递归函数比普通循环迭代的效率低，占用内存多。递归调用的次数过多会导致栈溢出。

7.4 装饰器

7.4.1 装饰器的定义与调用

装饰器（Decorator）本质上是一个函数，是用来处理其他函数的函数，它可以让其他函数在不需要修改代码的前提下增加额外的功能，即装饰器的作用就是为已经存在的对象添加额外的功能。它经常用于有切面需求的场景，比如，插入日志、性能测试、事务处理、缓存、权限校验等。

通常要在以下两种情况中定义并调用装饰器，以提高效率。

（1）先将多个不同函数的重复代码提取出来，将其定义为装饰器，然后由这些函数调用装饰器，从而实现代码的重用。

（2）多个不同函数需要添加一个或多个相同功能时，可以把这个功能定义成装饰器，这些函数可以调用装饰器来实现新功能，而无须在函数中修改代码。

定义装饰器有固定格式，其一般格式如下：

```
def decorator(func):                      def deco(func):
    装饰体                                      装饰体
@decorator                    或          @deco
def  func():                              def  func():
    函数体                                     函数体
```

其中，decorator 或 deco 为装饰器，由@decorator 或@deco 修饰的函数被调用时，就会自动调用装饰器。装饰器可以返回一个值，也可以返回一个函数对象。

下面简单介绍不带参数装饰器。

【例 7-12】不带参数装饰器的定义和调用。

```
def deco(sum):                          #定义装饰器 deco
    print("欢迎访问装饰器数据:",18)
    sum(4,5)                            #调用函数
    return "decorator access is complete"
@deco                                   #调用装饰器
def sum(x,y):                           #定义函数
    s=x+y
    print('欢迎访问函数数据:',s)
print(sum)
```

运行结果如下：

```
欢迎访问装饰器数据: 18
欢迎访问函数数据: 9
decorator access is complete
```

print(sum)以函数名作为参数对象，首先调用装饰器 deco，以执行 print("欢迎访问装饰器数据:",18)，然后调用函数 sum(4,5)，最后返回字符串。

【例 7-13】通过装饰器为函数 add1()和 add2()增加求 3 个数的平均值的功能并进行调用。

```
def deco(func):              #定义装饰器 deco
    def  sfunc(a,b,c):       #定义函数，求 3 个数的平均值
        s=a+b+c/3
        print('{:.2}'.format(s))
        return func(a,b,c)
    return  sfunc
@deco                        #调用装饰器
def  add1(a,b,c):            #定义 add1()函数
    s=a+b+c
    return  s
@deco                        #调用装饰器
def  add2(a,b,c):            #定义 add2()函数
    s=a*b*c
    return s
print(add1(3,1,2))
print(add2(6,2,4))
```

运行结果如下：

```
4.7
6
9.3
48
```

上例在装饰器中定义了一个函数，用于求 3 个数的平均值，在调用该函数时，add1(3,1,2)和 add2(6,2,4)分别调用了装饰器，完成了求 3 个数的平均值的功能。

7.4.2　带参数装饰器

在调用装饰器时，除了 deco(func)中的默认参数 func 外，我们还可以定义带参数装饰器，

在调用时可以根据需要传递不同参数。

【例 7-14】带参数装饰器的定义和调用。

```
def   DECO(argv):              #定义带参数装饰器 DECO
    def deco(func):
        def   sfunc(a,b,c):
            s=a+b+c/3
            print('{}:{:.2}'.format(argv,s))
            return func(a,b,c)
        return   sfunc
    return deco
@DECO('add1')                  # 用装饰器 DECO 传递'add1'实参
def   add1(a,b,c):
    s=a+b+c
    return s
@DECO('add2')                  # 用装饰器 DECO 传递'add2'实参
def   add2(a,b,c):
    s=a*b*c
    return s
print(add1(3,1,2))
print(add2(6,2,4))
```

运行结果如下：

```
add1:4.7
6
add2:9.3
48
```

7.5　变量的作用域

从 Python 语言程序中可以看到，程序可以包含一个或多个函数，变量可以定义在函数内部，也可以定义在函数外部。在一个函数内部定义的变量，能否在其他函数中被引用？在不同位置定义的变量，在什么范围内有效？这些就是变量的作用域问题。每一个变量都有一个作用域问题，即它们在什么范围内有效。在 Python 语言中，按作用域或变量的有效范围进行划分，变量可分为局部变量和全局变量。

7.5.1　局部变量

局部变量是指在函数内部或语句块内部定义的变量，也称内部变量，其作用范围是其定义的函数内部或语句块内部。

【例 7-15】阅读下面的源程序代码，了解局部变量的作用域，观察变量 y、k 和 n 的值。

（1）源程序代码（prog15.py）。

```
def fun(n):
    y=3
    k=2
    print("y={},k={},n={}".format(y,k,n))      y、k、n 为局部变量，在函数 fun()内部有效
    return y+k+n
```

```
    fun(5)
    def main():
        y=5
        k=6
        if(y>0):
            n=2*y
        else:
            n=2*k
        print("y={},k={},n={}".format(y,k,n))
    main()
```

y、k、n 为局部变量，在函数 main()内部有效

（2）运行结果如下：

```
y=3,k=2,n=5
y=5,k=6,n=10
```

（3）程序说明。

运行结果中，第一行为函数 fun()中的变量 y、k 和 n 的值，第二行为函数 main()中的变量 y、k 和 n 的值，两者不同。也就是说，在函数 fun()中和函数 main()中的同名变量不是同一个变量，它们在内存中占用不同的存储单元，互不混淆。形参属于被调函数的局部变量，实参属于主函数的局部变量。

7.5.2　全局变量

在函数外部定义的变量为全局变量，也称外部变量。全局变量的作用范围与其定义的位置有关，作用域为定义点到文件尾。当一个程序较大时，这个程序由多个程序员合作完成，且他们需要在各自的函数或语句块中通过一些全局变量来交换信息，这时可以定义全局变量。

【例 7-16】阅读下面的源程序代码，了解局部变量和全局变量的作用域，观察变量 x、h、k、n 的值。

（1）源程序代码（prog16.py）。

```
x=15            #在函数外部定义全局变量 x
def fun(n):
    x=3
    k=2
    print("x={},k={},n={}".format(x,k,n))
    return x+k+n
h=fun(5)        #在函数外部定义全局变量 h
print("h={},x={}".format(h,x))
def main():
    x=5
    k=6
    if(x>0):
        n=2*x
    else:
        n=2*k
    print("x={},k={},n={}".format(x,k,n))
x=20            #为全局变量 x 重新赋值 20
print("h={},x={}".format(h,x))
main()
```

x、k、n 为局部变量，在函数 fun()内部有效

x、h 在函数 fun()和 main()中都有效

x、k、n 为局部变量，在函数 main()内部有效

（2）运行结果如下：

```
x=3,k=2,n=5
h=10,x=15
h=10,x=20
x=5,k=6,n=10
```

（3）程序说明。

① 在函数外部定义的变量 x、h 为全局变量，作用范围为全局，在函数 main()外部并未定义变量 h，其输出时使用的是在函数 fun()外部定义的全局变量 h。函数 fun()中的变量 x、k 和 n 与函数 main()中的变量 x、k 和 n 都为局部变量，它们之间没有联系，其作用范围是各自的函数内部。

② 在同一个源程序文件中，当全局变量与局部变量同名时，全局变量在局部变量的作用范围内被"屏蔽"，只有局部变量起作用。上述程序的函数 fun()中 x 的值是 3 而不是 15，函数 main()中 x 的值是 5 而不是 20。

③ 全局变量有利于在函数间共享多个数据，即增加各函数间数据联系的渠道。由于通过调用函数只能返回一个值，所以可以利用全局变量从被调函数处得到一个返回值。

7.5.3　关键字 global 声明变量

在 Python 中定义函数时，若想在函数内部使用局部变量对函数外部的全局变量进行修改，就需要在函数内部将其声明其为 global 变量，在声明为 global 变量后，局部变量变为全局变量，可以在函数内部对函数外部的全局变量进行操作，也可以改变全局变量的值。

【例 7-17】阅读下面源程序代码，运用关键字 global 改变变量的作用域。

（1）源程序代码（prog17.py）。

```
def fun():
    global y                        #声明变量 y 为全局变量
    y=3
    k=2                             #定义局部变量
    print("y={},k={}".format(y,k))
y=10                                #定义全局变量
k=5                                 #定义全局变量
print("y=%d,k=%d"%(y,k))
fun()
print("y=%d,k=%d"%(y,k))
```

（2）运行结果如下：

```
y=10,k=5
y=3,k=2
y=3,k=5
```

（3）程序说明。

在运行结果中，第一行输出的是全局变量 y、k 的值，第二行输出的是 fun()函数中 y、k 的值，第三行输出的是 fun()函数中的 y 和主程序中的全局变量 k 的值。从第三行的结果可知，fun()函数中的 y 在被声明为 global 变量后就成为全局变量了，并将其值带回了主程序中。

7.6 模 块

7.6.1 标准库模块

Python 自带了大量的标准库模块,包括 random、math、time 和 datetime 库等,通过 import 命令导入即可。此外,Python 还提供了大量的第三方模块,使用方式与标准库模块相同。若要调用模块中的函数,要事先将模块导入,模块的导入主要有三种格式。

1. 导入模块

语法格式如下:

import 模块名 1[,模块名 2][,...,模块名 *n*]

例如,导入数学模块 math 的代码如下:

```
>>> import math
```

在导入 math 模块后,若要调用该模块中的函数,则需要加上模块名。例如,调用 math 模块中的平方根函数 sqrt( )的代码如下:

```
>>> math.sqrt(3)
1.7320508075688772
```

再如,同时导入随机函数模块 random 和时间模块 time 的代码如下:

```
>>> import random,time
>>> random.randint(0,100)        #调用随机函数 randint()
31
>>> time.asctime()               #调用随机函数 asctime()
'Thu Jun 22 22:05:12 2023'
```

2. 导入模块中的函数

语法格式如下:

from 模块名 import 函数 1[,函数 2][,...,函数 *n*]

导入模块中的函数后,调用函数就不需要加模块名,可以直接使用函数名。

例如,导入数学模块 math 的平方根函数 sqrt( )的代码如下:

```
>>>from math   import  sqrt
>>> sqrt(3)
1.7320508075688772
```

再如,同时导入数学模块 math 中的正弦函数 sin( )和余弦函数 cos( )的代码如下:

```
>>> from math   import   sin,cos
>>> sin(5)
-0.9589242746631385
>>> cos(5)
0.28366218546322625
```

3. 导入指定模块的所有函数

语法格式如下：

```
from 模块名 import *
```

例如，导入数学模块 math 的所有函数的代码如下：

```
>>>from  math  import  *
```

在导入指定模块的所有函数后，在调用函数时不需要加上模块名，可以直接使用函数名。但是不提倡导入指定模块的所有函数，有针对性导入能够节约内存空间。

7.6.2　用户自定义模块

用户自定义模块是用户自己建立的、包括各种功能的函数的 Python 程序。在 Python，一个程序文件可以被称为一个模块。通常情况下，把实现某个特定功能且要反复使用的代码写成一个后缀名为.py 的程序文件，并将其作为一个模块，其他程序和脚本可以导入和使用。模块化的优点主要表现在两个方面，一是减少代码重复率，清晰且便于阅读；二是可以有效避免函数名和变量名冲突。

用户自定义模块的后缀名必须为.py，用户自定义模块不能与 Python 系统自带的标准库模块同名，下面创建一个简单的用户自定义模块，用户自定义模块的文件名为 spy.py，在该模块中定义了一个 pows() 函数，示例如下：

```
def pows(n):
    y=10**n
    return y
```

可以通过 import 语句导入 spy 模块，调用该模块中的 pows() 函数，导入和调用的代码如下：

```
>>> import spy
>>> spy.pows(2)
100
```

可以用 Python 的 from 语句从 spy 模块中导入特定项目 pows，示例如下：

```
>>> from spy import pows
>>> pows(3)
1000
```

【例 7-18】先创建一个文件名为 mahs.py 的用户自定义模块，其中包含三个函数，分别是求前 n 项和函数 sum()、求前 n 项积函数 fact() 和求前 n 项平方和函数 add()，然后导入该模块并调用其中的函数。

（1）创建用户自定义模块的源程序代码（mahs.py）。

```
def sum(n):
    s=0
    for i in range(n+1):
        s=s+i
    return s
def fact(n):
    s=1
```

```
        for i in range(1,n+1):
            s=s*i
        return s
    def add(n):
        s=0
        for i in range(n+1):
            s=s+i*i
        return s
```

（2）同时导入 mahs 模块中的三个函数，示例如下：

```
>>> from mahs import sum,fact,add
```

（3）分别调用 mahs 模块中的三个函数，执行结果如下：

```
>>> sum(5)
15
>>> fact(5)
120
>>> add(5)
55
```

7.6.3　模块的有条件执行

在 Python 中，模块本身也是一个程序文件，而程序文件是可以直接执行的，那么如何区分模块是被调用还是被直接运行呢？

每个模块都有一个确定的名称，Python 中有一个特殊变量__name__，它是一个全局变量，可以获取每个模块的名称。若模块是被其他模块导入的，则__name__的取值是模块本身的名称；若模块被用户直接执行，则__name__的取值是字符串"__main__"。因此，通过特殊变量__name__既可以将一个模块当作普通模块供其他模块使用，又可以当作一个可执行文件。下面通过示例介绍模块的导入和运行。

有一个模块文件名为 out.py 的模块，其代码如下：

```
    def add(m):
        s=0
        for n in range(m+1):
            s=s+n
        return s
```

若用 import 语句导入 out 模块，则特殊变量__name__的取值是"out"，在导入 out 模块时不会调用 add()函数。若直接运行 out.py，则特殊变量__name__的取值是"__main__"，且会调用 add()函数。

例如，执行如下导入命令：

```
>>> import out
out
```

执行上述导入命令后，特殊变量__name__的取值是"out"，输出结果也是"out"。

例如，直接运行 out.py 时，输出值如下：

```
__main__
```

【例 7-19】创建一个模块文件名为 total.py 的模块。

（1）创建模块（total.py）。

```
import math
def func(x,y):
    z=math.sqrt(x**2+y**2)
    return z
if __name__=="__main__":
    a=int(input("请输入一个整数:"))
    b=int(input("请输入一个整数:"))
    c=func(a,b)
    print("c=",c)
```

（2）运行模块的结果如下：

```
请输入一个整数:3
请输入一个整数:4
c= 5.0
```

（3）导入模块的代码如下：

```
>>> import    total
```

由于导入模块时，特殊变量 __name__ 的取值是"total"，不是"__main__"，"if __name__=="__main__":"条件不成立，因此，不会执行后面的语句。

7.7　函数应用举例

【例 7-20】编写程序，打印斐波那契（FIBONACCI）数列。斐波那契数列如下：

1, 1, 2, 3, 5, 8, 13, 21, 34, 55, 89...

（1）算法分析。

斐波那契数列的规律为第一、第二个数都为 1，从第三个数开始，后一个数的值为前两个数之和。其递归公式如下：

$$fibo(n)=\begin{cases} 0 & (n=1) \\ 1 & (n=2) \\ fibo(n-1)+fibo(n-2) & (n>2) \end{cases}$$

递归函数 fibo( )用于计算数列中第 n 项式的值。

（2）源程序代码（prog20.py）。

```
def fibo(n):
    if n==0:
        return 0
    elif n==1:
        return 1
    else:
        return fibo(n-1)+fibo(n-2)
if __name__=="__main__":
    n=eval(input("请输入 n 的值: "))
```

```
        for i in range(n+1):
            print("第%d 项值=%d"%(i,fibo(i)))
```

（3）运行结果如下：

```
请输入 n 的值: 8
第 0 项值=0
第 1 项值=1
第 2 项值=1
第 3 项值=2
第 4 项值=3
第 5 项值=5
第 6 项值=8
第 7 项值=13
第 8 项值=21
```

【例 7-21】分别计算数列的前 10 项、前 15 项、前 20 项数之和，数列如下：1/2、2/3、3/5、5/8、8/13、13/21…。

（1）算法分析。

同一个数列要计算三次和，需要编写三段代码，由于三段代码是类似的，因此，可先编写一个累加函数，然后用不同的参数分三次调用该函数。

分析上述数列，我们能找出数列的规律：后一项的分子是前一项的分母，后一项的分母是前一项的分子、分母之和。

（2）源程序代码（prog21.py）。

```
def sum(n):
    a=1
    b=2
    s=0
    for i in range(1,n+1):
        s=s+a/b
        t=b
        b=a+b
        a=t
    return s
if __name__=="__main__":
    s1=sum(10)
    s2=sum(15)
    s3=sum(20)
    print("前 10 项和=%.2f\n 前 15 项和=%.2f\n 前 20 项和=%.2f\n"%(s1,s2,s3))
```

（3）运行结果如下：

```
前 10 项和=6.10
前 15 项和=9.19
前 20 项和=12.28
```

【例 7-22】编写函数，该函数的功能是判断主函数传来的数是否是素数，若是素数，则返回 1，否则返回 0。

（1）算法分析。

素数是除了能够被 1 和该数本身整除外，不能被其他任何数整除的数。因此，要判断 n 是否是素数，就用 $2\sim n-1$ 的数整除 n，如果没有一个数能整除 n，则 n 是素数，否则 n 不是素数。（根据数学知识，要判断 n 是否是素数，只要用 $2\sim \sqrt{n}$ 的数整除 n，就可以减少运算次数）。

（2）源程序代码（prog22.py）。

```python
from math import sqrt
def prime(n):
    j=int(sqrt(n))
    flag=1
    for i in range(2,j+1):
        if n%i==0:
            flag=0
            break
    return flag
if __name__=="__main__":
    m=int(input("请输入一个数:"))
    if prime(m)==1:
        print('{}是素数'.format(m))
    else:
        print('{}不是素数'.format(m))
```

（3）运行结果如下：

```
请输入一个数:7
7 是素数
请输入一个数:8
8 不是素数
```

【例 7-23】编写一个可以进行加法、减法、乘法和除法的二元算术运算的程序供小学生使用，计算 20 以内的 2 个整数的和、差、积和商，每次测试 8 道题，小学生先输入答案，然后计算机判断输入的答案是否正确，最后由计算机给出总体评价。

（1）算法分析。

这是一个多任务的程序设计问题，先对模块进行分解，然后将任务分解为"计算机生成答案"和"小学生输入答案"两个子任务，将这两个子任务分别用不同的函数实现。

（2）源程序代码（prog23.py）。

```python
from random import randint
right=0
error=0
def calc(x,y,c):          #定义一个计算函数
    if c==1:
        lab='+'
        result=x+y
    elif c==2:
        lab='-'
        result=x-y
    elif c==3:
        lab='*'
        result=x*y
    elif c==4:
        lab='/'
        if(y!=0):
            result=x/y
        else:
            print('数据有误，分母不能为 0')
    print("{}{}{}=".format(x,lab,y),end='')
```

```
        return    result

def input 1(result):    #定义一个输入函数
        global right,error
        k=eval(input())
        if result==k:
            print("答案正确！\n")
            right=right+1
        else:
            print("答案错误！\n")
            error=error+1
if __name__=="__main__":
    for n in range(1,9):
        print("第{}题: ".format(n),end=")
        x=randint(1,20)                #随机函数自动生成一个 20 以内的整数
        y=randint(1,20)
        c=randint(1,4)                 #随机函数自动生成一个 4 以内的整数
        s=calc(x,y,c)
        input 1(s)
    print("练习结果:你做对了{}道题,做错了{}道题".format(right,error))
```

（3）运行结果如下：

```
第 1 题: 16+8=24
答案正确!
第 2 题: 7+7=14
答案正确!
第 3 题: 19/13=5
答案错误!
第 4 题: 3+4=7
答案正确!
第 5 题: 15+7=22
答案正确!
第 6 题: 13*13=169
答案正确!
第 7 题: 8-7=1
答案正确!
第 8 题: 2+14=16
答案正确!
练习结果: 你做对了 7 道题，做错了 1 道题
```

（4）程序说明。

① 调用 randint(n,m)函数时，会自动生成一个[n,m]的整数。

② 为了避免在算术运算中产生负数，要对减法进行处理，同时，为了让随机产生的数能够被整除且有意义（即除数不能为 0），要对除法进行处理，读者可自行分析程序。

习　题

一、选择题

1. 以下选项中，正确定义函数的首部语句是（　　　　）。

A. def someFunction()   B. Def someFunction()

C. def someFunction():   D. Def someFunction():

2. 以下关于函数调用的说法中错误的是（ ）。

A. 函数调用的实参和形参不需要同名

B. 函数的形参不用指定参数类型，Python 会自动根据实参的值来确定参数类型

C. 函数的实参可以是表达式或常量

D. 对于关键字参数，实参的个数必须与形参的个数一致且一一对应

3. 以下程序的运行结果是（ ）。

```
def    mytype(x,y,z=10):
        return x+y+z
print(mytype(10,13))
```

A. 23   B. 33   C. 不确定值   D. 实参个数不对

4. 以下程序的输出结果是（ ）。

```
def mytake(x,y,z):
    h=x*y*z
    return h
k=mytake(z=6,x=5,y=1)
print("输出结果为:",k)
```

A. 30

B. 6

C. 5

D. 实参位置与形参位置不对应，输出不确定值

5. 以下程序的运行结果是（ ）。

```
def my(a,b,*args):
    print(a,b,args)
my(1,2,3,4,5,6,7)
```

A. (1,2,3,4,5,6,7)   B. 1 2 (3,4,5,6,7)

C. 1,2,3,4,5,6,7   D. (1 2) 3,4,5,6,7

6. 以下程序的运行结果是（ ）。

```
fact=[lambda x=2:x*3,lambda x:x**2]
print(fact[0](fact[1](3)))
```

A. 12   B. 81   C. 36   D. 27

7. 以下程序的运行结果是（ ）。

```
def show(x,**ar):
    print(x,ar)
show(30,xing='liu',age=19)
```

A. 30,xing='liu',age=19   B. 30,'liu',19

C. 30,{'liu',19}   D. 30 {'xing': 'liu','age': 19}

8. 以下程序的运行结果是（ ）。

```
def    add(k):
```

```
        if k>=2:
            return   add(k-1)+add(k-2)
        else:
            return 3
print('{}'.format(add(2)))
```

A. 0　　　　　　　　B. 6　　　　　　　　C. 9　　　　　　　　D. 1

9. 以下程序的运行结果是（　　　）。

```
def dig(n):
    if n/2>0:
        dig(n-3)
    print(n,end=' ')
if __name__ == '__main__':
    dig(6)
```

A. 6 3 0　　　　　　B. 6　　　　　　　　C. 0　　　　　　　　D. 0 3 6

10. 以下程序的运行结果是（　　　）。

```
a=10
b=6
def fun():
    a=13
    b=10
fun()
print(a+b)
```

A. 16　　　　　　　　B. 10　　　　　　　　C. 13　　　　　　　　D. 23

二、填空题

1. 函数首部以关键字_____开始，以_____结束。

2. 没有 return 语句的函数将返回_____。使用关键字_____可以在函数中设置一个全局变量。

3. 以下函数的功能是利用递归函数求表达式 (1+2+3+…+M)+(1+2+3+…+N)/(1+2+3+…+P) 的值，M、N、P 通过键盘输入。如果输入"3　5　6"，则输出结果为"1"；如果输入"5　6　7"，则输出结果为"1.2857"。请在圆括号中填入正确答案。

```
def add(m):
    s=0
    for n in range(m+1):
        (_____①_____)
    (_____②_____)
M,N,P=eval(input("请输入三个数："))
print((add(M)+add(N))/add(P))
```

4. 以下函数 F() 的功能是求斐波那契数列的第 n 项式的值。斐波那契数列由 0 和 1 开始，后面的每一项都是前两项之和，用数学表达式表示为 $F(0)=0$、$F(1)=1$、$F(n)=F(n-1)+F(n-2)$ $(n \geq 2, n \in N^*)$。请在圆括号中填入正确答案。

```
def F(n):
    if n == 1 or n == 2:
        return   (_____①_____)
    else:
```

```
        return   F(n-1) +(____②____)
print(F(10))
```

5. 以下 sum()函数的功能是计算数学表达式 1+3+…+(2n−1)值。请在圆括号中填入正确答案。

```
def sum(n):
    sum=0
    for i in range(1,n+1):
        temp=2*i-1
        sum+=(____①____)
return    (____②____)
k=eval(input("请输入 n: "))
print ("函数值为: ",sum(k))
```

三、程序阅读题

1. 下列程序的输出结果是（   ）。

```
count=1
num=0
def Test():
    global count
    for i in (1,2,3,4):count+=1
    num=10
Test()
print(count,num)
```

2. 以下程序的输出结果是（   ）。

```
x=20
def add(n):
    global x
    x=3
    k=5
    for i in range(n):
        k+=x+i
    return k
s=add(5)+x
print(s)
```

3. 以下程序的输出结果是（   ）。

```
j=3
def f(n):
    if   n==1:
        return 1
    else:
        return f(n-1)+2
for i in [1,2,3,4]:
    j+=f(i)
print(j)
```

4. 以下程序的输出结果是（   ）。

```
def mytotal(x,y=30,*z1,**z2):
    t=x+y
    for i in range(0,len(z1)):
```

```
        t+=z1[i]
    for k in z2.values():
        t+=k
    return t
s=mytotal(1,20,2,3,4,5,k1=105,k2=213)
print(s)
```

5. 以下程序的输出结果的是（　　　）。

```
a=10
b=2
def fun(c):
    global b
    a=20
    b=4
    b=b+c
fun(5)
print("{},{}".format(a,b))
```

四、编程题

1. 编写程序，定义函数并调用该函数计算 $1+3+5+7+\cdots+2n-1$ 的值。

2. 编写程序，定义函数并调该用函数计算下式的值。

$$Y = \frac{n!+m!}{p!}$$

3. 编写累加函数，调用该函数计算下式的值。

$$S=1+1/(1+2)+1/(1+2+3)+\cdots+1/(1+2+\cdots+n)$$

4. 编写函数，调用该函数求 2 个正整数的最大公约数。

5. 编写函数，调用该函数求[3～300]的所有素数。

第 8 章　面向对象程序设计

　　程序设计是一门技术，是指设计、编制、调试程序的方法和过程，是目标明确的智力活动。常用的程序设计方法主要有两类：一类是面向过程的结构化程序设计方法，另一类是面向对象的程序设计方法。结构化程序设计方法的着眼点是"面向过程"，强调的是"怎么做"，其优点是设计思路清晰，符合人们处理问题时的习惯，易学易用，模块层次分明，便于分工、开发和调试，程序可读性强；其缺点是难以适应大型软件的设计需求，程序的可重用性差。面向对象的程序设计方法的着眼点是"面向对象"，强调的是"做什么"，省略了许多步骤和过程，其优点是设计思路与人类习惯的思维方式一致，可重用性、稳定性和可维护性好，易于开发大型软件。

　　面向对象编程（Object-Oriented Programming，OOP）于 20 世纪 80 年代初被提出，它起源于 Smalltalk 语言。面向对象的程序设计方法认为，系统是由一些对象相互联系、相互作用而形成的，其出发点和基本原则都尽可能模拟人类习惯的思维方式，使软件开发的方法与过程尽可能接近人类认识世界的方法与过程。目前，面向对象的程序设计方法已形成了一整套的开发方法，它由面向对象分析（Object-Orineted Analysis）、面向对象设计（Object-Orineted Design）、面向对象编程（Object-Orineted Programming）等组成。

8.1　面向对象的程序设计方法的基本概念

　　下面介绍面向对象的程序设计方法中的几个重要基本概念，这些基本概念是理解和使用面向对象的程序设计方法（以下简称面向对象方法）的基础和关键。

8.1.1　对象

　　对象（Object）是面向对象方法中最基本的概念。对象可以用来表示客观世界中的任何实体，它既可以是具体的物理实体的抽象，也可以是人为的概念，或者是任何有明确边界和意义的东西。例如，一个人、一家公司、一个窗口等，都可以作为一个对象。总之，对象是问题域中某个实体的抽象。面向对象方法中涉及的对象由一组表示其静态特征（属性）和它可执行的一组操作（方法）组成。

　　对象有三个要素，分别是属性、方法和事件。

　　对象有如下的基本特点。

　　（1）标识唯一性：对象是可区分的，并且由对象的内在本质来区分，而不是由描述来区分。

（2）分类性：可以将具有相同属性和操作的对象抽象成类。

（3）多态性：同一个操作可以是不同对象的行为。

（4）封装性：从外面只能看到对象的外部特性，即只需要知道数据的取值范围和可以对该数据施加的操作，无须知道数据的具体结构及实现相关操作的算法。对象的内部对外是不可见的。因此，实现信息隐蔽要依靠对象的封装。

8.1.2　类

将属性、操作相似的对象归为类（Class），也就是说，类是具有共同属性、共同方法的对象的集合。所以，类是对象的抽象，它描述了属于该对象类型的所有对象的性质，一个对象对应类的一个实例（Instance）。

例如，卡车、公交车等实例构成了汽车类，排球、足球、篮球等实例构成了球类。

要注意的是，在使用"对象"这个术语时，它既可以指一个具体的对象，也可以泛指一般的对象。但是，在使用"实例"这个术语时，必然指一个具体的对象。

8.1.3　消息

面向对象的世界是通过对象间的彼此合作来推动的，对象间的这种合作需要一种机制来协助，这种机制被称为"消息"（Message）。消息是在一个实例与另一个实例之间传递的信息，它也是请求对象执行某个处理或回答某个要求的信息。

8.1.4　封装

封装就是将抽象得到的数据（属性）和行为（方法）相结合，形成一个有机的整体，也就是将数据（属性）与操作数据的行为（方法）进行有机结合，形成类，其中数据（属性）和行为（方法）都是类的成员。

封装可隐藏对象的属性和方法实现的细节，别的对象仅通过对外公开的行为（方法）——外部接口来实现对该对象成员的访问，从而控制程序中对对象属性的读和修改的访问级别。

封装的目的是增强安全性和简化编程，使用者不必了解具体的实现细节，只要通过外部接口以特定的访问权限来使用类的成员。

8.1.5　继承

继承（Inheritance）是面向对象程序设计的一个主要特征。继承是使用已有的类定义作为基础并建立新类定义的技术。若已有的类可当作父类来引用，则新类可相应地当作派生类来引用。

广义地说，继承能够直接获得已有的性质和特征，而不必重复定义。

面向对象的许多强有力的功能和突出的优点都来源于把类组成一个层次结构系统：一个类的上层可以有父类，下层可以有子类。这种层次结构系统的一个重要性质是继承性，一个子类直接继承其父类的描述（数据和方法）或特性，子类自动共享父类中定义的数据和方法。

继承使程序具有可扩展性，便于代码重用。

8.1.6 多态性

对象根据接收的消息做出相应的动作，同样地，消息被不同的对象接收可导致完全不同的行动，该现象被称为多态性（Polymorphism）。在面向对象软件技术中，多态性是指子类对象可以像父类对象那样使用，同样的消息既可以发送给父类对象，也可以发送给子类对象。

例如，两个类 Male（男性）和 Female（女性）都有一个属性 Friend（朋友）。属性 Friend 必须属于类 Male 或 Female，这是一个符合多态性的情况。

例如，大多数动物（抽象类）都会叫，但是狗（具体类）的叫声是"汪汪汪"，猫（具体类）的叫声是"喵喵喵"。现在问动物 A 是怎么叫的，这就是个多态问题。如果动物 A 是狗，就是"汪汪汪"叫；如果动物 A 是猫，就是"喵喵喵"叫。

8.2 类与对象

类是一个支持集成的抽象数据类型，通常情况不占用内存空间；对象是类的实例，是类型的一个变量，变量一旦被创建就要占用内存空间。

8.2.1 类的定义

在 Python 语言中，采用 class 关键字来定义新类，具体的语法格式如下：

```
class 类名:
    类体
```

或

```
class 类名(object):
    类体
```

类由类名和类体两部分组成。类名要符合标识符的命名规则，一般首字母大写，其余字母小写，类名后的冒号不能省略；类体要向内对齐、缩进。"类名(object)"中的 object 为父类名，表示定义的类是由 object 派生的，在定义时可以省略 object，默认父类都为 object 类。在 Python 3 中，所有类的顶层父类都是 object 类。

类体主要用来定义类的成员，类的成员包括数据成员和成员方法两类。其中，类的数据成员用于刻画对象的属性或特征，通常简称成员；成员方法用来对成员进行操作，即实现对象的行为。

【例 8-1】定义 Student 类。

```
class Student:
    name='liming'                        #定义数据成员
    number=2023001
    age=16
```

```
    def getName(self):                          #定义成员方法
        print(self.name,self.number,self.age)
```

上面定义的 Student 类把类的数据成员和成员方法封装在一起，即对数据成员和数据成员的操作（方法）进行绑定。普通函数不需要与数据成员绑定，而且普通函数的参数不需要定义为 self。Student 类一经定义就产生一个类对象，我们可以通过类对象来访问类中的数据成员和成员方法。语法格式如下：

```
类名.数据成员
类名（）.成员方法（）
```

【例 8-2】根据类名访问 Student 类中的数据。

代码如下：

```
class Student:
    name='liming'                               #定义数据成员
    number=2023001
    age=16
    def getName(self):                          #定义成员方法
        print(self.name,self.number,self.age)
Student.name='xiaomin'                          #类名修改值
print(Student.name,Student.number,Student.age)  #通过类名访问数据成员
Student().getName()                             #通过类名访问成员方法
```

输出结果如下：

```
xiaomin 2023001 16
xiaomin 2023001 16
```

用 class 定义的类不能为空，如果由于某种原因需要不包含任何内容的类定义，这时类体可以用 pass 语句替换，以避免出错。类定义如下：

```
class Person:
     pass
```

其中，pass 语句是一个占位语句，表示目前暂时还没有确定类体的具体内容，待确定后再用具体的类体替换 pass 语句。

8.2.2　对象的创建及应用

类是对象的抽象，它描述了属于该对象类型的所有对象的性质，而一个对象是其对应类的一个实例。因此，要实现类中定义的功能，必须将类实例化，即创建对象。在 Python 中创建对象的语法格式如下：

```
对象名 = 类名(参数列表)
```

对象一旦被创建，就可以用来访问数据成员和成员方法，语法格式如下：

```
对象名.数据成员名
对象名.成员方法名()
```

下面通过【例 8-3】来介绍创建对象及通过对象访问类中的数据成员的方法。

【例 8-3】创建对象并访问类中的数据成员。

代码如下:

```
class Re:
    a=20                                #定义数据成员
    b=30
    c=50
    def calculation(self):              #定义成员方法
        print(self.a*self.b*self.c)
x=Re( )                                 #创建对象 x
x.calculation()                         #通过对象 x 访问成员方法
x.a=80                                  #通过对象 x 访问数据成员
x.calculation()                         #通过对象 x 访问成员方法
Re.c=100                                #通过类名 Re 访问数据成员
Re().calculation()                      #通过类名 Re 访问成员方法
print(Re.a,Re.b,Re.c)
```

输出结果如下:

```
30000
120000
60000
20 30 100
```

在【例 8-3】中创建了对象 x，并用该对象访问了类中的数据成员和成员方法。在 Python 中，除了通过对象访问类中的数据成员外，也可以利用类名访问类中的数据成员。

8.3　类中成员类型

8.3.1　属于类的数据成员和属于对象的数据成员

从成员的归属角度看，类中成员主要分为两类：属于类的数据成员和属于对象的数据成员。其中，属于类的数据成员为所有对象共同拥有，而不是为某个对象独有；属于对象的数据成员是指在成员方法中定义的数据成员。Python 中，一般在构造方法＿＿int＿＿()中定义对象的数据成员。属于类的数据成员可以用类名和对象来访问，而属于对象的数据成员只能通过对象进行访问。

【例 8-4】定义属于类的数据成员和属于对象的数据成员。

代码如下:

```
class Student:
    group=3                             #定义属于类的数据成员
    def __init__(self,name,number):     #定义构造方法
        self.name                       #定义属于对象的数据成员
        self.number
    def show(self):                     #定义成员方法
        print("姓名:%s,学号:%d,组号:%d"%(self.name,self.number,Student.group))
s1=Student('liuhua',2023002)            #创建对象 s1
s1.show()                               #通过对象 s1 访问成员方法
s1.name ='Tom'                          #通过对象 s1 访问对象的数据成员
```

```
s1.number=2023003                    #通过对象 s1 访问对象的数据成员
s1.show()                            #通过对象 s1 访问成员方法
Student.group=2                      #通过类名访问类的数据成员
Student.name='Gami'                  #通过类名访问对象的数据成员（错误，无法完成）
s1.show()                            #通过对象 s1 访问成员方法
Student('Aam',2023005).show()        #通过类名访问类的成员方法
```

输出结果如下：

```
姓名:Hua,学号:2023002,组号:3
姓名:Tom,学号:2023003,组号:3
姓名:Tom,学号:2023003,组号:2
姓名:Aam,学号:2023005,组号:2
```

在【例 8-4】中定义了类的数据成员 group，在构造方法__int__()中定义了两个对象的数据成员 name 和 number。对于类的数据成员 group，对象 s1 和类 Student 都可以对其进行访问。而对象的数据成员 name 和 number 都只能用对象 s1 访问，因此，用 Student.name 访问对象的数据成员 name 无法实现。

这里需要说明，构造方法__init__(self,...)是 Python 中的一种特殊方法，该方法用于构造该类的对象，Python 通过调用构造方法生成对象，并可以为数据成员进行初始化。如果程序中没有定义构造方法，则 Python 会自动为该类定义一个只包含 self 参数的默认构造方法，系统会默认执行，self 代表对象本身。

类的数据成员可以动态增加或删除，如果在类的定义中为新成员赋值，则实质上是增加类的数据成员，程序可以在任何地方为已有的类增加成员，也可以用 del 语句删除已有类的数据成员。同样，对象的数据成员也可以动态增加或删除，只要为对象的新成员赋值就是成员变量，可通过 del 语句删除已有的对象的数据成员。

【例 8-5】对类的数据成员和对象的数据成员进行操作。

代码如下：

```
class Loye:
    Count=0                              #定义类的数据成员
    def __init__(self,name,salary):      #定义构造方法
        self.name=name                   #定义对象的数据成员
        self.salary=salary
        Loye.Count+=1
    def ShowCount(self):                 #定义第 1 个成员方法
        print(("Total Count %d")%(Loye.Count))
    def ShowLoye(self):                  #定义第 2 个成员方法
        print("Name:",self.name,"Salary:",self.salary)
    sum=30                               #添加类的数据成员
p1=Loye("Zara", 2000)                    #创建第 1 个对象
p2=Loye("Manni", 5000)                   #创建第 2 个对象
p1.ShowCount()                           #通过对象 p1 访问成员方法
p2.ShowLoye()                            #通过对象 p2 访问成员方法
Loye.Count=50                            #修改类的数据成员的值
p1.age=7                                 #添加对象的数据成员
p1.age=8                                 #修改对象的数据成员的值
print(Loye.sum,Loye.Count,p1.age)
del Loye.sum                             #删除类的数据成员 sum
del p1.age                               #删除对象的数据成员 age
```

输出结果如下：

```
Total Count 2
Name: Manni Salary: 5000
30 50 8
```

8.3.2　类的数据成员

根据访问方法分类，可将类的数据成员分为公有数据成员和私有数据成员两类。区分它们主要看命名方式，公有数据成员的命名不以下画线开头，公有数据成员在类的内部和类的外部都可以对其进行访问。私有数据成员的命名以单下画线（如_xxx）或双下画线开头（如__xxx），私有数据成员在类的外部不能直接访问，可以在类的内部直接访问。

【例 8-6】公有数据成员、私有数据成员及其访问方法。

```
class Book:
    hight=20                        #定义类的公有数据成员
    __weigh=30                      #定义类的私有数据成员
    def __init__(self,name,long,wide):
        self.name=name              #定义对象的公有数据成员
        self.__long=long            #定义对象的第 1 个私有数据成员
        self.__wide=wide            #定义对象的第 2 个私有数据成员
    def Show(self):
        print(%s,重:%d,长:%d,宽:%d"%(self.name,Book.__weigh,self.__long,self.__wide))
#正确，在类方法中，用类名或 self 访问类的私有数据成员，用 self 访问对象的私有数据成员
pl=Book ('英语',7,9)               #创建对象
pl.Show()                           #通过对象名访问成员方法
Book('语文',8,6).Show()            #通过类名访问成员方法
print(Book.hight)                   #正确，在类外部可以用类名访问类的公有数据成员
print(pl.hight)                     #正确，在类外部可以用对象访问类的公有数据成员
print(pl.name)                      #正确，在类外部可以用对象访问对象的公有数据成员
print(Book.name)                    #错误，在类外部不能用类名访问对象的公有数据成员
print(Book.__weight)                #错误，在类外部不能用类名访问类的私有数据成员
print(pl.__weight)                  #错误，在类外部不能用对象名访问类的私有数据成员
print(Book.__long)                  #错误，在类外部不能用类名访问对象的私有数据成员
print(pl.__wide)                    #错误，在类外部不能用对象名访问对象的私有数据成员
```

关于公有数据成员、私有数据成员及其访问方法的说明如下。

（1）公有数据成员在类的内部和类的外部都可以对其进行访问。其中，类的公有数据成员在类的外部的访问格式如下：类名.类的公有数据成员或对象名.类的公有数据成员。类的公有数据成员在类方法中的访问格式如下：类名.类的公有数据成员或 self.类的公有数据成员。对象的公有数据成员在类的外部的访问格式如下：对象名.对象的公有数据成员，在类方法中的访问格式如下：self.对象的公有数据成员。

（2）私有数据成员在类的外部不能直接访问，可以在类的内部直接访问。类的私有数据成员可以在类方法中访问，访问格式如下：类名.类的私有数据成员或 self.类的私有数据成员。对象的私有数据成员同样可以在类方法中访问，其在类方法中的访问格式如下：self.对象的私有数据成员。

这里需要注意的是，当采用"对象名.类的数据成员"的方式访问类的数据成员时，得到是"类名.类的数据成员"的一个映射值，无法真正修改类的数据成员的值。当类的数据成员

和对象的数据成员同名时，在类外部和类方法中采用"类名.类的数据成员"的方式进行访问，得到同名的类的数据成员的值；在类方法中采用"self.对象的数据成员"的方式进行访问和在类的外部采用"对象名.对象的数据成员"的方式进行访问时，得到同名的对象的数据成员的值。

【例 8-7】类和对象同名的数据成员的访问。

代码如下：

```
class Point:
    x=10                        #定义类的数据成员
    y=10
    def __init__(self,x,y):     #定义构造方法
        self.x=x                #定义对象的数据成员
        self.y=y
        print(Point.x,Point.y)
        print(self.x,self.y)
pt=Point(20,20)                 #创建对象
print(pt.x,pt.y)
print(Point.x,Point.y)
```

输出结果如下：

```
10    10
20    20
20    20
10    10
```

在【例 8-7】中，类的数据成员 x、y 和对象的数据成员 x、y 同名，在类方法中采用"类名.类的数据成员"的方式进行访问时，得到同名的类的数据成员的值，print(Point.x,Point.y) 的输出结果是"10 10"；在类方法中用"self.对象的数据成员"得到同名的对象的数据成员的值，print(self.x,self.y)的输出结果是"20 20"；在类外部采用"对象名.对象的数据成员"的方式进行访问时，得到同名的对象的数据成员的值，print(pt.x,pt.y)的输出结果是"20 20"；在类的外部采用"类名.类的数据成员"的方式进行访问时，得到同名的类的数据成员的值，最后一行的 print(Point.x,Point.y)的输出结果是"10 10"。

8.3.3　类的方法

使用类中定义的方法可对类的数据成员进行操作，有针对对象的数据成员进行操作的方法，也有只针对类的数据成员进行操作的方法，Python 中类的方法主要分为三种：实例方法、类方法、静态方法。

1. 实例方法

实例方法也称对象方法，是在类中与类的对象相关的方法，也是经常在类中定义的方法。该方法需要用参数 self 来表示对象，在定义时将 self 作为第一个参数。对象方法的调用既可以采用类的对象调用，也可以直接通过类名调用。推荐在类外部采用"对象名.实例方法"的方式调用对象方法。下面的例子说明了在类外部调用实例方法的过程。

【例 8-8】定义实例方法，在类外部调用实例方法。

代码如下：

```
class Le:
    def __init__(self,name,number,discipline):    #定义类的构造方法
        self.name = name
        self.number = number
        self.discipline= discipline
    def Show(self):                                #定义实例方法
        print("正在调用实例方法")
        print(self.name,self.number,self.discipline)
wa = Le("计算机", "003", "工科")                    #创建对象
wa.Show()                                          #通过对象名调用实例方法
Le.Show(wa)                                        #通过类名直接调用实例方法
```

运行结果如下：

```
正在调用实例方法
计算机 003 工科
正在调用实例方法
计算机 003 工科
```

实例方法最少包含一个参数 self，Python 会自动绑定实例方法的类对象，因此类对象可以直接调用实例方法。和使用类对象调用实例方法不同，在通过类名直接调用实例方法时，Python 并不会自动给参数 self 传值，所以在调用实例方法时需要加对象参数，如在 Le.Show(wa) 中添加了对象参数 wa。

2. 类方法

用@classmethod 修饰的方法为类方法。Python 的类方法和实例方法相似，其最少包含一个参数，通常在类方法中将其命名为 cls，Python 会自动将类与 cls 参数绑定。需要注意的是，绑定的不是类对象，因此在调用类方法时，无须显式地为 cls 参数传值。在类外部采用"类名.实例方法"或"对象名.实例方法"的方式来调用类方法，不推荐采用"对象名.实例方法"的方式调用类方法。

【例 8-9】定义类方法及调用类方法。

代码如下：

```
class Le:
    def __init__(self):                #定义类的构造方法
        self.name = "计算机"
        self.number = "003"
        self.discipline="工科"
    @classmethod
    def Show(cls,name,number):         #定义类方法
        print("正在调用类方法")
        print(name,number)
Le.Show("高数","0001")                  #通过类名调用类方法
wa = Le()                              #创建对象
wa.Show("计算机","0002")                #通过对象名调用类方法
```

运行结果如下：

```
正在调用类方法
高数 0001
正在调用类方法
计算机 0002
```

3. 静态方法

静态方法与函数的区别是静态方法定义在类命名空间中，而函数定义在程序所在的空间中。静态方法没有 self、cls 这样的特殊参数，不会对包含的参数做任何类或对象的绑定，因此无法在类的静态方法中调用任何类成员和类方法。静态方法需要使用@staticmethod 修饰。既可以使用类名，也可以使用类的对象名直接调用静态方法。下面举例说明如何定义静态方法及其调用。

【例 8-10】定义静态方法及其调用。

代码如下：

```
class Le:
    @staticmethod
    def Show(name,number):          #定义静态方法
        print("正在调用静态方法")
        print(name,number)
Le.Show("高数","0001")             #通过类名调用静态方法
wa = Le()                          #创建对象
wa.Show("计算机","0002")           #通过对象名调用静态方法
```

运行结果如下：

```
正在调用静态方法
高数  0001
正在调用静态方法
计算机  0002
```

8.4　继承和多态

8.4.1　继承

面向对象程序设计的最大优点是可实现软件重用，即提高代码的可重用性。实现重用的方法之一是使用继承机制，一个新类从已有的类那里获得其已有特性的现象被称为类的继承。可以将继承理解成类之间的类型和子类型的关系，被继承的类被称为父类、超类或基类，继承的类被称为子类。

类继承的定义形式如下：

```
class 子类名(父类名):
    类体
```

子类继承父类所有的公有数据成员和成员方法，可以在子类中通过父类名进行调用；对于私有数据成员和成员方法，子类不进行继承。子类名在前，父类名在圆括号里。

8.4.2　多重继承

Python 支持多重继承，允许一个子类同时继承多个父类。

多重继承的定义形式如下：

```
class 子类名(父类名 1,父类名 2,...):
    类体
```

下面通过一个实例来说明类的继承及使用方法。

【例 8-11】类的继承及使用方法。

代码如下：

```
class Parent:                    #定义父类
    ph = 300                     #定义父类的数据成员
    def parentMed(self):
        print ("调用父类的成员方法：传承中国优秀文化")
    def setAttr(self,attr):
        Parent.ph = attr
    def getAttr(self):
        print("父类的数据成员 ：",Parent.ph)
class Child(Parent):             #定义子类
    def __init__(self):
        print("调用子类的构造方法：传承中国优秀文化，树立文化自信")
    def childMed(self):
        print ('调用子类的成员方法：传承中国优秀文化，树立文化自信')
        pg=900                       #定义子类对象的数据成员
        print("子类成员 ：",pg)
pt=Child()                       #创建子类对象
pt.childMed()                    #调用子类的成员方法
pt.parentMed()                   #调用父类的第 1 个成员方法
pt.getAttr()                     #调用父类的第 2 个成员方法
pt.setAttr(600)                  #调用父类的第 3 个成员方法
pt.getAttr()                     #调用父类的第 4 个成员方法
```

运行结果如下：

```
调用子类的构造方法：传承中国优秀文化，树立文化自信
调用子类的成员方法：传承中国优秀文化，树立文化自信
子类的数据成员 ：900
调用父类的成员方法：传承中国优秀文化
父类的数据成员 ：300
父类的数据成员 ：600
```

在上例中，如果父类的成员方法无法满足子类的需求，则可以在子类中重写父类的成员方法，下面对【例 8-11】的代码进行修改。

【例 8-12】在子类中重写父类的成员方法。

代码如下：

```
class Parent:                    #定义父类
    ph = 300                     #定义父类的数据成员
    def setAttr(self,attr):
        Parent.ph = attr
    def getAttr(self):
        print("调用父类的成员方法：传承中国优秀文化")
        print("父类的数据成员：",Parent.ph)
class Child(Parent):                 #定义子类
    def setAttr(self,attr):
        print ('调用子类，重写父类的成员方法：传承中国优秀文化，树立文化自信')
```

```
        attr = attr+20
        print("子类的数据成员: ",attr)
pt=Child()                          #创建子类对象
pt.setAttr(100)                     #通过子类调用重写的成员方法
pt.getAttr()                        #调用父类的成员方法
```

运行结果如下:

```
调用子类, 重写父类的成员方法: 传承中国优秀文化, 树立文化自信
子类的数据成员: 120
调用父类的成员方法: 传承中国优秀文化
```

8.4.3　多态

对象根据接收的消息做出动作, 相同的消息被不同的对象接收可导致完全不同的动作, 该现象被称为多态。

例如, 求某个图形 M (对象) 的面积, 如果图形 M 是一个具体的长方形, 则图形 M 的面积=长×宽; 如果图形 M 是一个具体的直角三角形, 则图形 M 的面积=(底×高)/2。下面通一个实例来说明多态性。

【例 8-13】对象的多态性。

代码如下:

```
class Shape:                    #定义 Shape 类
    width = 0
    height = 0
    def area(self):             #定义父类的成员方法
        print("Parent class Area ... ")
class Rectangle(Shape):         #定义 Rectangle 的子类
    def __init__(self, w, h):
        self.width = w
        self.height = h
    def area(self):             #重写父类的 area()方法
        print("矩形的面积为: ", self.width*self.height)
class Triangle(Shape):          #定义 Triangle 子类
    def __init__(self, w, h):
        self.width = w
        self.height = h
    def area(self):             #重写父类的 area()方法
        print("三角形的面积为: ", (self.width*self.height)/2)
rectangle = Rectangle(10, 20)   #创建子类对象
triangle = Triangle(2, 10)      #创建子类对象
rectangle.area()                #调用 rectangle 子类重写的成员方法
triangle.area()                 #调用 triangle 子类重写的成员方法
```

运行结果如下:

```
矩形的面积为:  200
三角形的面积为:  10.0
```

在【例 8-13】中, 在子类 Rectangle 和 Triangle 接收到同样的成员方法 area()方法后, 它们获得了不同的结果。该例说明了子类对象可以像父类对象那样使用, 同样的消息既可以发送给父类对象, 也可以发送给子类对象。

8.5 面向对象的程序设计应用举例

Python 语言既支持面向过程的程序设计方法，也支持面向对象的程序设计方法。在前面章节中，我们介绍的程序设计方法大多是面向过程的。下面将通过几个简单例题说明面向对象的程序设计方法的应用。

【例 8-14】编写程序，利用面向对象的程序设计方法计算下式的值。

$$Y = \frac{(1+2+3+\cdots+M)+(1+2+3+\cdots+N)}{(1+2+3+\cdots+P)}$$

面向对象的程序设计的核心是设计类及对象。

（1）源程序代码（prog8_14.py）。

```
class calculate:                          #定义类
    def __init__(self,n):                 #定义构造函数
        self.n=n
    def sum(self):                        #定义成员方法
        s=0
        for i in range(1,self.n+1):
            s+=i
        return s
M,N,P=eval(input("请输入 M,N,P:\n"))
s1=calculate(M)                           #创建对象
s2=calculate(N)
s3=calculate(P)
Y=s1.sum()/(s2.sum()+s3.sum())            #通过对象调用成员方法
print('Y=',Y)
```

（2）运行结果如下：

```
请输入 M,N,P:
4,3,2
Y= 12.0
```

（3）程序说明。

对象 s1、s2、s3 分别调用了类的成员方法 sum()，每调用一次就求一次累加和。

【例 8-15】编写程序，利用面向对象的程序设计方法计算下式的值。

$$S=1+1/(1+4!)+1/(1+4!+7!)+\cdots+1/(1+4!+\cdots+19!)$$

（1）源程序代码（prog8_15.py）。

```
class total:                    #定义类
    def fact(self,n):
        self.n=n
        self.t=1
        for i in range(1,self.n+1):
            self.t*=i
        return self.t
op=total()                      #创建对象
def main():                     #定义主函数
```

```
        s=0
        for i in range(1,20,3):
            s=s+1/op.fact(i)              #通过对象调用成员方法
        print('s=',s)
main()
```

（2）运行结果如下：

```
s= 1.0418653550989099
```

（3）程序说明。

对象 op 通过 for 循环反复调用类的成员方法 fact()，并将返回的结果累加。

【例 8-16】利用面向对象的程序设计方法编写程序，定义 Student 类，数据成员包括 name、number、grade。如果 grade 的值在 90 及以上则输出"优秀"，80~89 则输出"良好"，70~79 则输出"中等"，60~69 则输出"合格"，0~59 则输出"不合格"。

（1）源程序代码（prog8_16.py）。

```
class Student:           #定义 Student 类
    def __init__(self,name,number,grade):      #定义构造函数
        self.name=name                         #定义数据成员
        self.number=number
        self.grade=grade
    def p_gt(self):           #定义成员方法
        if self.grade>=90:
            print(f'{self.name} {self.number} {self.grade} 等级:优秀')
        elif self.grade>=80 and self.grade<90:
            print(f'{self.name} {self.number} {self.grade}  等级:良好')
        elif self.grade>=70 and self.grade<80:
            print(f'{self.name} {self.number} {self.grade}  等级:中等')
        elif self.grade>=60 and self.grade<70:
            print(f'{self.name} {self.number} {self.grade:}  等级:合格')
        else:
            print(f'{self.name} {self.number}{self.grade} 等级:不合格')
name1=input("姓名：")
number1=input("学号：")
grade1=eval(input("成绩：") )
liu=Student(name1,number1,grade1)
liu.p_gt( )
```

（2）运行结果如下：

```
姓名：刘华
学号：202310056
成绩：97
刘华 202310056 97 等级:优秀
```

（3）程序说明。

定义了 Student 类后，在构造方法_ _init _ _()中定义了三个数据成员 name、number 和 grade。在类体中先定义了输出信息的方法，然后由 Student 类创建了一个 Student 的对象 liu，通过对象 liu 调用了 p_gt( )方法。

【例 8-17】编写程序，实现以下功能。

（1）定义一个长方体类（cuboid 类）。

（2）使用_ _init_ _()方法添加 l、w、h 三个数据成员，分别表示长、宽、高三条边。

（3）为 cuboid 类定义一个 g_area()方法，功能是求长方体的体积。

（4）为 cuboid 类定义一个 g_cal()方法，功能是求长方体的表面积。

（5）创建一个长方体对象 cuboid1，并分别调用 g_area()方法和 g_cal()方法求其体积和表面积，输出结果。

采用面向对象的程序设计方法实现上述功能，源程序代码及运行结果如下。

（1）源程序代码（prog8_17.py）。

```
class cuboid:          #定义类
    def __init__(self,l,w,h):  #定义构造函数
        self.l=l               #添加数据成员
        self.w=w
        self.h=h
    def g_area(self):          #定义成员方法，求体积
        v=self.l*self.w*self.h
        print('长方体的体积为:',v)
    def g_cal(self):           #定义成员方法，求表面积
        s=2*(self.l*self.w+self.l*self.h+self.w*self.h)
        print('长方体的表面积为:', s)
l,w,h=eval(input('请依次输入长方体的三条边:'))
cuboid1=cuboid(l,w,h)          #创建长方体对象
cuboid1.g_area()               #通过对象调用第 1 个成员方法
cuboid1.g_cal()                #通过对象调用第 2 个成员方法
```

（2）运行结果如下：

```
请依次输入长方体的三条边:3,4,5
长方体的体积为: 60
长方体的表面积为: 94
```

（3）程序说明。

定义了长方体类 cuboid 后，在类体中分别定义了求长方体体积和表面积的方法，并由 cuboid 类创建了一个具体的对象 cuboid1，通过对象 cuboid1 调用了求长方体体积和表面积的方法。

【例 8-18】利用面向对象的程序设计方法编写程序，实现如下功能。

（1）定义两个父类 Person 和 Account。在 Person 中定义人员信息和构造函数、重载方法 __str__()；在 Account 中定义账户信息，以及实例方法、类方法和静态方法。

（2）分别定义子类 Teacher 和 Student，多重继承两个父类 Person 和 Account，在两个子类中重载父类构造方法__init__()。

（3）分别创建 Teacher 和 Student 的对象，对它们的数据成员和成员方法进行测试。

源程序代码及运行结果如下。

（1）源程序代码（prog8_18.py）。

```
class Person:          #定义父类
    name = ''          #定义公有数据成员
    age = 0
    def __init__(self, name='', age=0): #定义构造函数
        self.name = name
        self.age = age
    def __str__(self): # 定义重载方法__str__()
        return   str({'name': self.name, 'age': self.age})
    def set_age(self, age):
        self.age = age
```

```
class Account:                    #定义子类
    __balance = 0                 #定义私有数据成员（账户余额）
    __total_balance = 100         #所有账户总额

    def balance(self):            #获取账户余额，self 是成员方法的第一个参数
        return self.__balance
    def balance_add(self, cost):  #定义实例方法，增加账户余额
        self.__balance += cost    #self 访问的是本实例
        self.__class__.__total_balance += cost
    @classmethod
    def total_balance(cls):       #定义类的成员方法，第一个参数为 cls
        return cls.__total_balance
    @staticmethod                 #定义静态方法，不需要参数
    def exchange(a, b):
        return b, a
class Teacher(Person, Account):   #定义 Teacher 子类
    _class_name = ''
    def __init__(self, name):     #重载父类构造方法__init__()
        super(Teacher, self).__init__(name)
    @classmethod
    def set_class_name(cls,class_name):
        cls._class_name = class_name
    def get_info(self):
        return {'姓名': self.name,'年龄': self.age,'班级': self._class_name,'账号余额': self.balance()}
        #以字典形式返回个人信息，此处访问父类 Person 的属性值
        #此处调用的是子类的重载方法
    def balance(self):
        return Account.balance(self) * 1.1
        #balance 为私有数据成员，子类无法访问，由父类提供成员方法进行访问
class Student(Person, Account):   #定义 Student 子类
    _teacher_name = ''
    def __init__(self, name, age=18):
        # 重载父类构造方法__init__()
        # 父类名称.__init__(self,参数 1,参数 2,...)
        Person.__init__(self, name, age)
    @classmethod
    def set_teacher_name(cls,teacher_name):
        cls._teacher_name = teacher_name
    def get_info(self):
        return {'姓名':self.name,'年龄':self.age,'教师':self._teacher_name,'账号余额':self.balance()}
        #以字典形式返回个人信息，此处访问的是父类 Person 的属性值
# 教师  John
Teacher1 = Teacher('刘老师')                   #创建 Teacher 对象
Teacher1.set_class_name('计科 03')
Teacher1.balance_add(20)
Teacher1.set_age(41)                          #子类的对象可以直接调用父类的成员方法
print("教师:", Teacher1.get_info())
# 学生  Mary
Student1 = Student('张小休', 18)               #创建 Student 对象
Student1.balance_add(18)
Student1.set_teacher_name('刘老师')
print("学生:", Student1.get_info())
# 学生  Fake
Student2 = Student('肖小华')
Student2 .balance_add(60)
```

```
print("学生:", Student2.get_info())
print('通过对象调用静态方法:',Teacher1.exchange('a', 'b'))
print('通过类名调用静态方法:',Teacher.exchange(1, 2))
print('通过类名调用静态方法:',Account.exchange(10, 20))
print('通过类名调用类的成员方法:', Account.total_balance())
print('通过类名调用类的成员方法:', Teacher.total_balance())
print('通过类名调用类的成员方法:', Student.total_balance())
```

（2）运行结果如下：

```
教师: {'姓名': '刘老师','年龄': 41,'班级': '计科 03','账号余额': 22.0}
学生: {'姓名': '张小休','年龄': 18,'教师': '刘老师','账号余额': 18}
学生: {'姓名': '肖小华','年龄': 18,'教师': '刘老师','账号余额': 60}
通过对象调用静态方法: ('b', 'a')
通过类名调用静态方法: (2, 1)
通过类名调用静态方法: (20, 10)
通过类名调用类的成员方法: 100
通过类名调用类的成员方法: 120
通过类名调用类的成员方法: 178
```

（3）程序说明。

本例综合运用了面向对象的程序设计中的一些基本方法，例如，类、类的公有数据成员、私有数据成员、实例方法、类方法、静态方法，以及实例成员、多态、多重继承、创建对象、使用对象等。请读者认真阅读这个实例，它对理解和掌握 Python 面向对象的程序设计方法很有帮助。

习　题

一、选择题

1. 在面向对象的程序设计方法中，类与对象的关系是（　　　）。

A. 具体与抽象　　　　　　　　　　　B. 抽象与具体

C. 整体与部分　　　　　　　　　　　D. 部分与整体

2. 在面向对象的程序设计方法中，实现信息隐蔽是依靠（　　　）。

A. 对象的继承　　　　　　　　　　　B. 对象的多态

C. 对象的封装　　　　　　　　　　　D. 对象的分类

3. 对象根据接收的消息做出动作，相同的消息被不同的对象接收可导致完全不同的行动，我们称之为（　　　）。

A. 对象的继承　　　　　　　　　　　B. 对象的多态性

C. 对象的封装　　　　　　　　　　　D. 对象的多样性

4. 下列说法中不正确的是（　　　）。

A. 类是一个支持集成的抽象的数据类型，通常情况下不占用内存空间；对象是类的实例，是类的一个变量，变量一旦被创建就占用内存空间

B. 如果成员名以_开头，就变成了一个私有数据成员

C. 只有在类的内部才可以访问类的私有数据成员，从外部不能访问

D．在 Python 中，一个子类只能继承一个父类

5．关于类的方法的描述中错误的是（　　　）。

A．实例方法最少包含一个 self 参数，Python 会自动绑定实例方法的类对象，因此，类对象直接调用实例方法

B．采用@classmethod 修饰的方法为类方法，类方法最少包含一个参数，通常将其命名为 cls

C．静态方法需要使用@staticmethod 修饰，静态方法没有类似 self、cls 这样的特殊参数，不会对包含的参数做任何类或对象的绑定，在静态方法中无法调用任何数据成员和成员方法

D．实例方法既可以用类对象调用，也可以直接通过类名调用。推荐在类外部用"类名.实例方法"的方式来调用实例方法

6．下列定义类的选项中，正确的是（　　　）。

A．Class book():　　　　　　　　　　B．Class book()

C．class book()　　　　　　　　　　　D．class Book():

7．下列程序的执行结果是（　　　）。

```
class A():
    x=20
class A1(A):
    y=30
print(A.x,A1.x,A1.y)
```

A．20 20 30　　　　　　　　　　　　B．20　30 20

C．30 20 20　　　　　　　　　　　　D．运行出错

8．下列选项中，与"class Computer:"等价的写法是（　　　）。

A．class Computer:(object)　　　　　B．class Computer: object

C．class Computer object　　　　　　D．class Computer(object):

9.在 Python 中，以下类的定义中正确的是（　　　）

A．class Phone:
　　　　name=""
　　　　call(self,name)
　　　　　　print(name,'开车')

B．class Phone:
　　　　name=""
　　　　call(self,name):
　　　　　　print(name,'开车')

C．class Phone:
　　　　name=""
　　　　def(self,name):
　　　　　　print(name,'开车')

D．class Phone:
　　　　name=""
　　　　def(self,name)
　　　　　　print(name,'开车')

10. 以下程序的输出结果是（　　　）。

```
class A:
    def __init__(self,name):
        self.name=name
    def show(self):
        print("A 类： ",self.name)
class B(A):
    def show(self):
        print("B 类： ",self.name)
a=A("2")
b=B("1")
b.show()
```

A. A 类：2   B. B 类：1

C. B 类：2   D. A 类：1

二、填空题

1. 在面向对象的程序设计中，对象有三个要素，分别是_____、_____和_____。

2. 在面向对象的程序设计中，_____描述的是具有相似属性与操作的一组对象。在 Python 中，定义类的关键字是_____。

3. 类的定义如下：

```
class Book:
    hight=20
    __weigh=30
```

该类的类名是_____，其中定义了_____成员和_____成员，_____是_____成员，_____是_____成员。在类外部能访问_____成员，其访问格式为_____、_____。

4. 根据现有的类来定义新的类，这称为类的_____，新的类被称为_____，而原来的类被称为_____、父类或超类。

5. 请填空使得以下程序能正常运行。

```
class Person():
    def __init__(___①___,name,gender,age):
        self.name = name
        self.gender = gender
        self.age = ___②___
xiaoming = Person('Xiao Ming', 'Male', 18)
print(xiaoming.age)
```

三、程序阅读题

1. 以下程序的运行结果是_____。

```
class Ca:
    x=30
    def pr(self):
        x=20
        self.x+=20
        print(x,end=' ')
```

```
t1=Ca()
t1.pr()
print(Ca.x)
```

2. 以下程序的运行结果是_____。

```
class Test:
    count=21
    def print_num(self):
        count=20
        self.count+=20
        print(count)
test=Test()
test.print_num()
```

3. 以下程序的运行结果是_____。

```
class account:
    def __init__(self,id):
        self.id=id
        id=20
acc=account(200)
print(acc.id)
```

4. 以下程序的运行结果是_____。

```
class account:
    def __init__(self,id,bal):
        self.id=id
        self.bal=bal
    def deposit(self,am):
        self.bal+=am
    def withdraw(self,am):
        self.bal-=am
acc1=account('1234',100)
acc1.deposit(500)
acc1.withdraw(200)
print(acc1.bal)
```

5. 以下程序的运行结果是_____。

```
class A:
    def __init__(self,i=1):
        self.i=i
class B(A):
    def __init__(self,j=2):
        super().__init__()
        self.j=j
b=B()
print(b.i+b.j)
```

四、编程题

1. 利用面向对象的程序设计方法求 *n*!，并分别输出 3!、5!、8! 的值。

2. 利用面向对象的程序设计方法求长方形的面积和周长。

3. 定义球类，并利用成员方法计算球类的体积和表面积。

4. 定义一个汽车类，并在汽车类中定义一个 move()方法，为该类分别创建两个对象，并添加颜色、马力、型号等属性，并分别调用 move()方法输出属性的值。

5. 定义学生类，学生信息包括姓名、性别、班级，以及计算机成绩、英语成绩、高数成绩等，利用成员方法求每个学生的总分和平均分。

第 9 章　图形绘制

有时候即使计算方法再完善、结果再准确，也仍然难以直观地感受数据的具体含义和内在规律，因此人们更愿意通过图形来直观地感受其全局意义与内在本质。图形可视化是研究科学和认识世界不可或缺的手段，因此图形绘制成为现代程序设计语言中非常重要的功能之一。在 Python 环境下有许多优秀的图形库，包括 Python 自带的标准图形库，如基于 Tkinter 图形库（以下简称 Tkinter）开发的 graphics 模块。此外，还有许多第三方图形库，如 wxPython、PyGTK、PyQt 和 PySide 等，都可用于图形绘制。本章将介绍 Tkinter 图形库的图形绘制功能及 turtle 绘图模块。

9.1　Tkinter 概述

Tkinter（Tk interface，Tk 接口）是 Python 语言的标准 GUI 库，它提供了基于 tk（toolkit）工具包的接口。tk 最初是基于 TCL 语言设计的，后来被移植到包括 Perl（Perl/Tk）、Ruby（Ruby/Tk）和 Python 在内的许多脚本语言中。

9.1.1　认识 Tkinter

Tkinter 是一个简单、易用且可移植性良好的标准 GUI 库，常被用于快速开发小型图形界面应用程序。下面我们将通过构建一个简单的 GUI 来了解 Tkinter 的基础用法。

可以使用 Tkinter 创建窗口、菜单、按钮、文本框等组件，在进行 GUI 开发之前，需要先导入 Tkinter 模块。Tkinter 模块由_tkinter、tkinter 和 tkinter.constants 等部分组成。_tkinter 是二进制扩展模块，包含底层接口，一般不直接被应用程序使用，但在某些情况下可能与 Python 解释器静态连接。除了 Tk 接口模块，Tkinter 还包括许多 Python 模块，其中最重要的两个是 tkinter 和 tkinter.constants。在导入 tkinter 时，会自动导入 tkinter.constants，后者定义了很多常量。

尽管 Tkinter 非常好用，但如果要开发一些大型的应用程序，那么它提供的功能可能不足以满足需求。这时候，我们可能需要使用一些第三方库，比如 wxPython、PyQt 等。因此，在实际的 GUI 编程中，需要根据具体需求选择适合自己的第三方库。

9.1.2　使用 Tkinter 创建 GUI 程序的步骤

Tkinter 作为 Python 的标准 GUI 库，创建 GUI 程序十分方便，主要步骤如下。

（1）导入 Tkinter 模块。三条导入语句如下：

```
import tkinter（导入 Tkinter 模块）
import tkinter as tk （将导入的 Tkinter 模块作为 tk 使用）
from tkinter import *（导入 Tkinter 模块的所有内容)
```

（2）创建主窗口。

```
Root = tkinter.Tk() #创建主窗口
```

（3）在主窗口中添加控件，如文本框、按钮等。使用对应控件的构造函数创建实例并设置其属性。

（4）调用控件的 pack()、grid()、place()方法，通过几何布局管理器调整大小并显示其位置。

（5）绑定事件处理程序和响应用户操作（如单击按钮）引发的事件。

（6）进入事件循环，等待用户触发事件响应。代码如下：

```
root.mainiloop() #调用 mainiloop()方法，进入事件循环
```

9.1.3　Tkinter 的主窗口

Tkinter 的主窗口也被称为根窗口，是图形化应用程序的根容器，是 Tkinter 模块底层控件的实例。在导入 Tkinter 模块后，可以调用 Tk()方法来初始化一个根窗口实例，并使用 mainloop()方法让程序一直执行，直到单击窗口右上角的关闭按钮，才结束程序。示例如下：

```
window = Tk()  # 这是自定义的 Tk 对象的名称，也可以取其他名称
window.mainloop()  # 放在程序的最后一行
```

1. 绘制最简单的界面

用 Tkinter 绘制最简单的界面，也就是画一个根窗口，分为以下三步。

（1）在 Python 程序中导入 Tkinter 模块。

（2）创建窗口对象。

（3）启动消息循环。

【例 9-1】创建最简单的 GUI 程序。

```
from tkinter import *
frm_main = Tk()
frm_main.mainloop()
```

运行结果如图 9-1 所示。

图 9-1　运行结果

2. 装饰界面

装饰界面就是设置窗口的大小、背景、图标、控制按钮、启动窗口时所在位置等属性，使主窗口的外观看起来更加美观。窗口的常用属性见表 9-1。

表 9-1　窗口的常用属性

属性	说明	举例
title(str)	窗口标题，str 表示参数为字符串	title('数据分析')
iconbitmap(str)	窗口左上角的程序图标	iconbitmap(".\\pic\\SUN.ICO")
geometry('宽 x 高＋距离左右边＋距离上下边')	窗口的几何尺寸及窗口在屏幕中的位置，x 不能省略，距离左边用+、右边用−，距离上边用+、下边用−	geometry('800x500+100+50')
resizable(b,b)	窗口尺寸的可变性，b 表示逻辑型变量	resizable(0,0)（高、宽都不可变）

（1）通过 geometry(widthxheight+x+y)来设置窗口大小，表示以像素为单位的宽度、高度和窗口左上角的起始位置。其中，width 表示窗口的宽度，height 表示窗口的高度。需要注意的是，参数 width 和 height 之间的 "x" 不是乘号，而是小写字母 "x"。其中的加号表示距离左边和上边，减号表示距离右边和下边。例如，"800x500+100+50" 表示一个大小为 800 像素×500 像素的窗口，其右下角位于距离桌面右下角左边 100 像素、上边 50 像素处（注意不能有空格）。当没有参数时，可以使用该方法返回当前窗口的尺寸及位置参数。

（2）resizable(b,b)用于设置窗口横向或纵向是否可变，两个变量都为逻辑型变量。第一个变量用于设置横向是否可变，第二个变量用于设置纵向是否可变。b 有三种取值：True、False 和 None。如果两个变量都取 False，则窗口将无法缩放，其右上角的放大按钮也会失效。

（3）可以通过窗口对象的 keys()方法查看其他属性并进行修改，通过 print(frm_main.keys())列出字典的键。

【例 9-2】装饰窗口。

对窗口进行标题、图标、背景图、尺寸、位置及大小可变性设置，代码如下：

```
from tkinter import *
import tkinter as tkfrom
import io
```

```
from PIL import Image, ImageTk
frm_main=tkfrom.Tk()
frm_main.title('数据分析')
frm_main.iconbitmap(".\\pic\\SUN.ICO")
w_box = 800
h_box = 500
def resize(image,x,y):
    w,h= image.size
    w1 =x
    h1= y
    return image.resize((w1, h1))
pil_image = Image.open(".\\pic\\bj.gif")
pil_image_resized=resize(pil_image,w_box,h_box)
tk_image = ImageTk.PhotoImage(pil_image_resized)
screenwidth = frm_main.winfo_screenwidth0
screenheight=frm_main.winfo_screenheight0
center_str='%dx%d+%d+%d'%(w_box,h_box,(screenwidth-w_box)/2,(screenheight-h_box)/2)
frm_main.geometry(center_str)
label1=Label(frm_main, image=tk_image, width=w_box, height=h_box)
label1.pack()
frm_main.resizable(0,0)
#窗口大小不可变
```

9.1.4　画布对象的创建

画布（Canvas）可用来绘制图形的区域，所有 Tkinter 模块中的图形操作都是在画布上完成的。实际上，画布就是一个对象，可以在其上面绘制任何图形、标记文本等。画布对象包含一些属性，如高度、宽度、背景色及一系列方法。

可用下面的语句创建一个画布对象。

画布对象名 ＝Canvas(窗口对象名, 属性名=属性值,...)

该语句可以创建一个画布对象，并且可以设置其属性。在该语句中，Canvas 是 Tkinter 模块提供的 Canvas 类，可以通过 Canvas 类的构造函数 Canvas()创建一个画布对象。窗口对象名是画布对象所在窗口的窗口名，通过"属性名=属性值"可以设置画布对象的属性。

画布对象的常用属性有高度（height）、宽度（width）和背景色（bg 或 background）等，这些属性需要在创建画布对象时进行设置。如果没有为这些属性设置值，则各属性取各自的默认值。例如，bg 的默认颜色为浅灰色。下面的语句创建了一个名为 c 的画布对象，在主窗口 w 中显示了一个宽为 300 像素、高为 200 像素、背景色为白色的画布。

>>> c=Canvas(w,width=300,height=200,bg='white')

需要注意的是，尽管已经创建了画布对象 c，但是并没有在主窗口中看到这块白色画布。为了让白色画布在窗口中显现出来，还需要执行下面的语句：

>>> c.pack()

其中，c 表示画布对象，pack()是画布对象的一个方法。c.pack()表示向画布对象 c 发出执行 pack()方法的请求，这时可以在屏幕上看到原来的主窗口中放进了一个 300 像素×200 像素的白色画布。画布对象的所有属性都可以在创建画布以后重新设置。例如，下面的语句将画布对象 c 的背景色改为了绿色。

```
>>> c['bg']='green'
```

9.1.5 画布中的图形对象

可以在画布中创建多种图形对象,如矩形、椭圆、圆弧、线条、多边形、文本、图像等,每个图形对象都是一个对象,拥有自己的属性和方法。需要注意的是,尽管 Tkinter 模块提供了多种图形对象,但它没有为每种图形对象单独提供类来创建这些对象,而是采用画布对象的方法来实现。例如,通过画布对象的 create_rectangle()方法可以创建一个矩形对象。下面以矩形对象为例介绍各种图形对象的共性操作。

1. 图形对象的标识

画布中的图形对象需要采用某种方法来标识和引用,以便对该图形对象进行处理。具体而言,就是采用标识号和标签进行标识。标识号是在创建图形对象时自动为其赋予的唯一整数编号。标签用于为图形对象命名,一个图形对象可以与多个标签关联,一个标签可以与多个图形对象关联。因此,一个图形对象可以有多个名字,不同的图形对象可以有相同的名字。

可用以下三种方法来为图形对象指定标签。

(1)在创建图形对象时,利用 tags 属性来指定标签,可以将 tags 属性设置为单个字符串,即单个名称,也可以设置为一个字符串元组,即多个名称。

(2)创建图形对象之后,可以利用画布的 itemconfig()方法对 tags 属性进行设置。

(3)利用画布的 addtag_withtag()方法来为图形对象添加新标签。

参见下面的语句。

```
>>> id1=c.create_rectangle(10,10,100,50,tags="No1")
>>> id2=c.create_rectangle(20,30,200,100,tags=("myRect","No2"))
>>> c.itemconfig(id1,tags=("myRect","Rect1"))
>>> c.addtag_withtag("ourRect","Rect1")
```

第一条语句是在画布对象 c 上创建一个矩形对象,将 create_rectangle()方法返回的标识号赋给变量 id1,同时将该矩形对象的标签设置为 No1;第二条语句创建了另一个矩形对象,将该矩形对象的标识号赋给变量 id2,同时设置该矩形对象的标签为 myRect 和 No2;第三条语句将第一个矩形对象的标签重新设置为 myRect 和 Rect1,此时原标签 No1 失效,这里使用了标识号 id1 来引用第一个矩形对象;第四条语句给标签为 Rect1 的图形对象(第一个矩形对象)添加一个新标签 ourRect,这里使用了标签 Rect1 来引用第一个矩形对象。至此,第一个矩形对象具有三个标签,即 myRect、Rect1 和 ourRect,可以使用其中任何一个来引用该矩形对象。注意,标签 myRect 同时引用了两个矩形对象。

画布对象预定义了 ALL 或 all 标签,此标签与画布对象上的所有图形对象关联。

2. 图形对象的共性操作

除上面介绍的 itemconfig()和 addtag_withtag()方法之外,画布对象还提供了很多方法用于对画布对象中的图形对象进行各种各样的操作。下面介绍几个常用的方法。

(1)gettags()方法:用于获取给定图形对象的所有标签。例如,下面的语句能显示画布对象中标识为 id1 的图形对象的所有标签。

```
>>> print(c.gettags(id1)) ('myRect', 'Rect1', 'ourRect')
```

（2）find_withtag()方法：用于获取与给定标签关联的所有图形对象。例如，下面的语句可显示画布中与 Rect1 标签关联的所有图形对象，返回结果是由各图形对象的标识号所构成的元组。

```
>>> print(c.find_withtag("Rect1"))
```

又如，下面的语句可显示画布对象中的所有图形对象，因为 all 标签与所有图形对象关联。

```
>>> print(c.find_withtag("all"))
```

（3）delete()方法：用于从画布对象中删除指定的图形对象。例如，下面的语句可从画布对象中删除第一个矩形对象。

```
>>> c.delete(id1)
```

（4）move()方法：用于在画布对象上移动指定的图形对象。例如，为了将矩形对象 id2 在 x 方向移动 10 像素、在 y 方向移动 20 像素，即往画布对象的右下角移动，可以执行下列语句。

```
>>> c.move(id2,10,20)
```

又如，下面的语句将矩形对象 id2 在 x 方向左移 10 像素，在 y 方向上移 20 像素，即往画布对象的左上角（坐标原点）移动。

```
>>> c.move(id2,-10,-20)
```

又如，下面的语句将矩形对象 id2 往画布对象的右下角移动，即往 x 方向移动 10m，往 y 方向移动 20m。

```
>>> c.move(id2,'10m','20m')
```

9.2 画布绘图

画布对象提供了许多方法，用于在画布上绘制各种图形。在绘制图形前，先导入 Tkinter 模块、创建主窗口、创建画布并使画布可见。相关的语句汇总如下：

```
from tkinter import *
w=Tk()
c=Canvas(w,width=300,height=200,bg='white')
c.pack()
```

如果没有特别指明，本节后面的绘图操作都是在执行以上语句的基础上进行的。

9.2.1 绘制矩形

1. create_rectangle()方法

画布对象提供了 create_rectangle()方法，用于在画布上创建矩形对象，其调用格式如下：

```
画布对象名.create_rectangle(x0,y0,x1,y1,属性设置…)
```

其中，(x0,y0)是矩形对象左上角的坐标，(x1,y1)是矩形对象右下角的坐标。属性设置即对矩形对象的属性进行设置。例如，下面的语句可创建一个以(20,20)为左上角、以(100,200)为右下角的矩形对象。

```
>>> c.create_rectangle(20,20,100,200)
```

执行结果如图 9-2 所示。

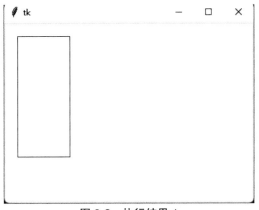

图 9-2　执行结果 1

create_rectangle()方法的返回值是所创建的矩形对象的标识号，可以将标识号存入一个变量。为了将来可以在程序中引用图形对象，一般用变量保存图形对象的标识号，或者将图形对象与某个标签关联。例如，下面的语句创建了一个矩形对象，并将矩形对象的标识号存入了变量 r。

```
>>> r=c.create_rectangle(80,70,250,180,tags="Rect2")
>>> r
```

执行结果如图 9-3 所示。

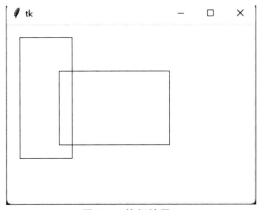

图 9-3　执行结果 2

2. 矩形对象的常用属性

矩形对象有两个综合的常用属性，即矩形边框属性和矩形内部填充属性。

（1）矩形边框属性。

outline 属性：可以通过 outline 属性设置矩形边框的颜色，默认为黑色。如果将 outline 设置为空字符串，则不显示边框，即为透明的边框。在 Python 中，颜色用字符串表示，如 red（红色）、yellow（黄色）、green（绿色）、blue（蓝色）、gray（灰色）、cyan（青色）、magenta（品红色）、white（白色）、black（黑色）等。颜色还有深浅，如 red1、red2、red3、red4 表示红色逐渐加深。计算机中通常用 RGB 颜色模型表示颜色，该模型将红（R）、绿（G）、蓝（B）以不同的值叠加，产生各种颜色。因此，RGB 通常用三元组来表示，具体有三种字符串表示形式，即#rgb、#rrggbb、#rrrgggbbb，如#f00 表示红色，#00ff00 表示绿色，#000000fff 表示蓝色。

width 属性：可以通过 width 属性设置边框的宽度，默认为 1 像素。

dash 属性：可以通过 dash 属性将边框绘制成虚线形式的，该属性的值是整数元组。最常用的是二元组(a,b)，其中 a 表示要画多少像素，b 表示要跳过多少像素，如此重复，直至边框画完。如果 a 和 b 相等，则可以简写为(a,)或 a。

（2）矩形内部填充属性。

fill 属性：用于设置矩形内部区域的填充颜色，默认值为空字符串，即透明。

stipple 属性：在填充颜色时，用于设置填充画刷，即填充的效果可以取 gray12、gray25、gray50、gray75 等值。

state 属性：用于设置图形的显示状态，默认值为 NORMAL 或 normal，即正常显示。另一个有用的值是 HIDDEN 或 hidden，它能使矩形对象在画布上不可见，也可以使矩形对象在 NORMAL 和 HIDDEN 两个状态之间交替变化，从而形成闪烁的效果。

需要注意的是，当属性值采用大写字母形式表示时，不要加引号；当采用小写字母形式表示时，必须加引号。

在 9.1.5 节中已经介绍了利用画布对象的 itemconfig()方法来设置属性，以及利用 delete()方法和 move()方法来删除和移动矩形对象。下面再介绍两个设置属性的语句。

```
>>> c.itemconfig(1,fill="blue")
>>> c.itemconfig(r,fill="grey",outline="white",width=5)
```

执行结果如图 9-4 所示。与图 9-3 进行比较可以发现，创建在画布对象中的矩形对象是按照创建顺序堆叠在一起的。第一个创建的矩形对象位于底部（靠近背景），而最后创建的矩形对象则处于顶部（靠近前景）。如果图形位置重叠，那么位于上面的图形对象将遮盖下面的图形对象。

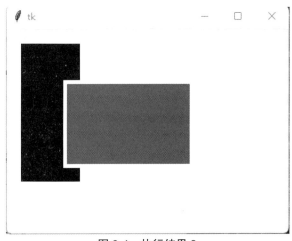

图 9-4　执行结果 3

9.2.2　绘制椭圆与圆弧

1. 绘制椭圆

画布对象提供了 create_oval()方法，用于在画布上画一个椭圆（其特例是圆）。椭圆的位置和尺寸由其外接矩形决定，而外接矩形由左上角坐标(x0,y0)和右下角坐标(x1,y1)定义，如图 9-5 所示。

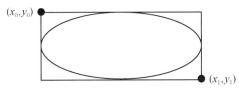

图 9-5　用外接矩形定义椭圆

create_oval()方法的调用格式如下：

画布对象名.create_oval(x0,y0,x1,y1,属性设置…)

create_oval()方法的返回值是所创建椭圆的标识号，可以将标识号存入变量。和矩形对象类似，椭圆的常用属性包括 outline、width、dash、fill、state 和 tags 等。画布对象的 itemconfig()方法、delete()方法和 move()方法同样可用于椭圆的属性设置、删除和移动。

【例 9-3】绘制如图 9-6 所示的圆和椭圆。

分析：利用画布对象的 create_oval()方法绘制一个圆和两个椭圆，注意设置属性和区分三个图形对象之间的位置关系。

代码如下：

```
from tkinter import *
w=Tk()
w.title('绘制圆和椭圆')
c=Canvas(w,width=260,height=260,bg='white') #创建画布对象
c.pack()
c.create_oval(30,30,230,230,fill='black',width=2)
c.create_oval(30,80,230,180,fill='green',width=2)
c.create_oval(80,30,180,230,fill='white',width=2) #绘制白色椭圆
```

运行结果如图 9-6 所示。

图 9-6　运行结果 1

2. 绘制圆弧

画布对象提供了 create_arc()方法，用于在画布对象上绘制圆弧。类似于绘制椭圆，create_arc()方法的参数是用来定义一个矩形对象的左上角和右下角的坐标，该矩形对象唯一确定了一个内接椭圆（特例为圆），最终要绘制的圆弧是该椭圆的一段。

create_arc()方法的调用格式如下：

```
canvas.create_arc(x0, y0, x1, y1, 属性设置...)
```

create_arc()方法的返回值是所绘制的圆弧的标识号，可以将其存入变量，以便后续引用。

圆弧的开始位置由 start 属性定义，其值为一个角度（x 轴方向为 0°）。圆弧的结束位置由 extent 属性定义，其值表示从开始位置逆时针旋转的角度。start 属性的默认值为 0°，extent 属性的默认值为 90°。显然，如果将 start 属性的值设置为 0°，将 extent 属性的值设置为 360°，则可绘制一个完整的椭圆，这与使用 create_oval()方法得到的效果相同。

style 属性用于规定圆弧的样式，可以取三种值：PIESLICE，表示扇形，即圆弧两端与圆心相连的图形；ARC，表示弧，即圆周上的一段；CHORD，表示弓形，即弧和连接弧两端的弦。style 属性的默认值是 PIESLICE。

有如下的一段程序：

```
from tkinter import *
w=Tk()
c=Canvas(w,width=350,height=200,bg="white")
c.pack()
c.create_arc(20,40,100,120,width=2) #默认样式是 PIESLICE
c.create_arc(120,40,200,120,style=CHORD,width=2)
c.create_arc(220,40,300,120,style=ARC,width=2)
```

上述程序分别绘制了一个扇形、一个弓形和一条弧，运行结果如图 9-7 所示。

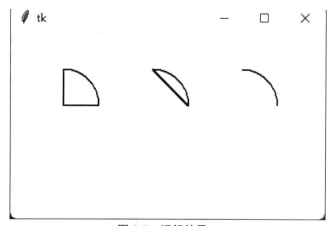

图 9-7　运行结果 2

9.2.3　显示文本

画布对象提供了 create_text()方法，用于在画布上显示一行或多行文本，它与普通的字符串不同，所创建的文本被视为图形对象。

create_text()方法的调用格式如下：

画布对象名.create_text(x, y, 属性设置...)

其中，(x,y)指定文本显示的参考位置（或参考点）。create_text()方法的返回值是所创建的文本的标识号，可以将其存入变量，以便后续引用。

文本内容由 text 属性设置，其值为要显示的字符串。字符串中可以使用换行符"\n"，从而实现多行文本的显示。

anchor 属性用于指定文本的某个锚点与参考位置(x,y)对齐。文本有一个边界框，Tkinter 模块为该边界框定义了若干锚点。锚点可通过 E（东）、S（南）、W（西）、N（北）、CENTER（中）、SE（东南）、SW（西南）、NW（西北）、NE（东北）等方位常量表示。可通过锚点控制文本的相对位置，例如，若将 anchor 设置为 N，则将文本边界框的顶边中点置于参考位置(x,y)；若将 anchor 设置为 SW，则将文本边界框的左下角置于参考位置(x,y)。anchor 的默认值为 CENTER，表示将文本的中心置于参考位置(x,y)。

fill 属性用于设置文本的颜色，默认为黑色。若将 fill 设置为空字符串，则文本不可见。

justify 属性用于控制多行文本的对齐方式，其值可以是 LEFT、CENTER 或 RIGHT，默认为 LEFT。

width 属性用于控制文本的宽度，超出宽度时会自动换行。

font 属性用于指定文本字体。字体描述使用了一个三元组，包含字体名称、字号和字形名称。例如，("Times New Roman",10,"bold")表示 10 号加粗的 Times New Roman，("宋体",12,"italic")表示 12 号的斜体的宋体。

state 属性和 tag 属性的作用与其他图形对象的相同。

画布对象的 itemcget()和 intemconfig()方法可用于读取或修改文本的内容。画布对象的 delete()方法和 move()方法可用于文本的删除和移动。

【例 9-4】文本显示示例。

代码如下：

```
from tkinter import *
w=Tk()
w.title('文本显示')
c=Canvas(w,width=400,height=200,bg="white")
c.pack()
c.create_rectangle(200,100,201,101,width=8) #显示文本的参考位置
c.create_text(200,100,text="我爱你中国 1",\
font=("宋体",15,"normal"),anchor=SE) #右下对齐
c.create_text(200,100,text="我爱你中国 2",\
font=("宋体",15,"normal"),anchor=SW) #左下对齐
c.create_text(200,100,text="我爱你中国 3",\
font=("宋体",15,"normal"),anchor=NE) #右上对齐
c.create_text(200,100,text="我爱你中国 4",\
font=("宋体",15,"normal"),anchor=NW) #左上对齐
```

代码中显示文本的参考位置都是(200,50)，但设置的文本锚点不同，文本显示的相对位置不同，运行结果如图 9-8 所示。

图 9-8　运行结果 3

9.3　图形的事件处理

事件（Event）指在程序执行过程中发生的操作，如单击鼠标左键、按下键盘上的某个键等。某个对象可以与特定事件绑定在一起，这样当特定事件发生时，可以调用特定的函数来处理该事件。

画布及画布上的图形都是对象，并且都可以与事件绑定，这样用户就能利用键盘、鼠标等设备来操作和控制画布及其中的图形了。

【例 9-5】在画布上交替显示两行文本，在用鼠标左键单击文本时交替显示一次，在用鼠标右键单击文本时隐藏文本，在鼠标指针指向文本时使文本随机移动。

代码如下：

```python
from tkinter import *
w=Tk()
c=Canvas(w,width=300,height=200,bg='white')
c.pack()
def canvasF(event):
    if c.itemcget(t,"text")=="Python!":
        c.itemconfig(t,text="Programming!")
    else:
        c.itemconfig(t,text="Python!")
def textF1(event):
    c.move(t,randint(-10,10),randint(-10,10))
def textF2(event):
    if c.itemcget(t,"fill")!="white":
        c.itemconfig(t,fill="white")
    else:
        c.itemconfig(t,fill="black")
from tkinter import *
from random import *
w=Tk()
w.title('文本交替显示')
c=Canvas(w,width=250,height=150,bg="white")
c.pack()
t=c.create_text(125,75,text="Python!",font=("Arial",12,"italic"))
c.bind("<Button-1>",canvasF)
```

```
c.tag_bind(t,"<Enter>",textF1)
c.tag_bind(t,"<Button-3>",textF2)
w.mainloop()
```

运行结果如图 9-9 所示。

图 9-9　运行结果 4

9.3.1　事件绑定

对象需要与特定事件进行绑定，以便告诉系统当对象发生了指定的事件后该如何处理。在【例 9-5】的倒数第四行语句中使用了 bind()方法将画布对象与鼠标左键单击事件<Button-1>进行了绑定，这是告诉系统，当用户在画布对象上单击鼠标左键时，就执行函数 canvasF()；倒数第三行语句使用了 tag_bind()方法将文本对象 t 与鼠标指针进入事件<Enter>进行了绑定，这是告诉系统，当鼠标指针移动到文本对象 t 上面时，就执行函数 textF1()；倒数第二行语句使用了 tag_bind()方法将文本对象 t 与鼠标右键单击事件<Button-3>进行了绑定，这是告诉系统，当用户在文本对象 t 上单击鼠标右键时，就执行函数 textF2()。

9.3.2　事件处理函数

在【例 9-5】的代码中定义了三个事件处理函数：canvasF()、textF1()、textF2()。其中，canvasF()函数用于处理画布对象上的鼠标左键单击事件，它的功能是改变文本对象 t 的内容，如果当前内容是"Python!"，就变成"Programming!"；如果当前内容是"Programming!"，就变成"Python!"。每当用户在画布对象上单击鼠标左键时，该函数就会被执行一次，从而形成文字内容随鼠标单击而切换的效果。textF1()函数用于处理文本上的鼠标指针进入事件，它的功能是随机移动文本，移动的距离由一个随机函数产生。textF2()函数用于处理文本上的鼠标右键单击事件，它的功能是改变文本的颜色，如果当前文本的颜色不是白色，则将其改为白色，否则改为黑色。每当用户在文本上单击鼠标右键时，该函数就会被执行一次，从而形成文本随鼠标右键单击而出没的效果。因为画布背景色是白色，所以将文本的颜色设置为白色就相当于将其隐藏。

9.3.3　主窗口事件循环

在【例 9-5】的代码中没有直接调用三个事件处理函数的语句，而是由系统根据发生的事件自动调用。最后一行的 w.mainloop()语句的作用是进入主窗口的事件循环，在执行了这条语句之后，系统就会自动监控主窗口上发生的各种事件，并触发相应的函数。

9.4 turtle 绘图

Python 的 turtle 库是一个直观、有趣的图形绘制函数库。turtle（译为海龟）图形绘制的概念诞生于 1969 年，并被成功应用于 LOGO 编程语言中。由于 turtle 图形绘制的概念十分直观且流行，于是 Python 接受了这个概念，并形成了 Python 的 turtle 库，该库成了 Python 的标准库之一。本节将全面介绍 turtle 库的使用方法。为了介绍 Python 模块的编程思想并解释"Python 蟒蛇绘制"程序，本节还将结合实例介绍 turtle 库中部分函数的使用方法。

9.4.1 绘图坐标体系

turtle 库有一个绘制图形的基本框架，可以理解成一只海龟在绘图坐标体系中爬行，其爬行的轨迹形成了绘制的图形。对于海龟来说，有"前进""后退""旋转"等爬行行为，对绘图坐标体系的探索也可以通过"前进方向""后退方向""左侧方向""右侧方向"等方位来完成。刚开始绘制时，海龟位于画布正中央，此处的坐标为(0,0)，行进方向为水平向右方向。例如，用如下代码绘制如图 9-10 所示的绘图坐标体系。

```
>>>turtle.setup(650, 350,200,200)
```

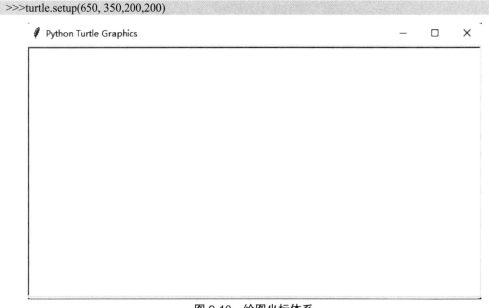

图 9-10　绘图坐标体系

上述代码使用了 turtle.setup()函数，该函数的格式及各参数的具体定义如下：

```
>>>turtle.setup(width,height,startx,starty)
```

该函数的作用是设置主窗体的大小和位置。

参数说明如下。

width：窗口宽度，如果值是整数，则表示像素值；如果值是小数，则表示窗口宽度与屏幕的比例。

height：窗口高度，如果值是整数，则表示像素值；如果值是小数，则表示窗口高度与屏幕的比例。

startx：窗口左侧与屏幕左侧的像素距离，如果值是 None，则窗口位于屏幕的水平中央。

starty：窗口顶部与屏幕顶部的像素距离，如果值是 None，则窗口位于屏幕的垂直中央。

9.4.2　画笔控制函数

1. turtle.penup()和 turtle.pendown()函数

格式如下：

```
turtle.penup()
turtle.pendown()
```

画笔（上文所说的海龟）可以通过一组函数来控制，turtle.penup()和 turtle.pendown()函数是一组的，它们分别表示抬起画笔和落下画笔，函数的两种定义如下：

第一种定义：

```
turtle.penup()
别名
turtle.pu(),turtle.up()
```

作用：在抬起画笔后移动画笔，不绘制形状。

第二种定义：

```
turtle.pendown()
别名
turtle.pd(),turtle.down()
```

作用：在落下画笔后移动画笔，绘制形状。

2. turtle.pensize()函数

格式如下：

```
turtle.pensize(25)
```

turtle.pensize()函数用来设置画笔尺寸，该函数的定义如下：

```
turtle.pensize(width)
别名
turtle.width()
```

作用：设置画笔宽度，当无参数输入时，返回当前画笔的宽度。

参数：width 用于设置的画笔宽度，如果为 None 或者为空，则函数返回当前画笔的宽度。

3. turtle.pencolor()函数

格式如下：

```
turtle.pencolor("purple")
```

turtle.pencolor()函数可设置画笔颜色，将画笔颜色设为紫色的函数定义如下：

```
turtle.pencolor(colorstring)
```

或

```
turtle.pencolor((r,g,b))
```

作用：设置画笔颜色，当无参数输入时，返回当前画笔的颜色。

参数说明如下。

colorstring：表示颜色的字符串，如"purple"等。

(r,g,b)：颜色对应的 RGB 数值，如(51,204,140)。

很多 RGB 颜色都有固定的英文名字，这些英文名字可以作为 colorstring 输入 turtle.pencolor()函数中，也可以采用(r,g,b)形式直接输入 RGB 数值。部分典型的 RGB 颜色如表 9-2 所示。

表 9-2　部分典型的 RGB 颜色

英文名称	RGB	十六进制	中文名称
white	255 255 255	#FFFFFF	白色
black	000	#000000	黑色
grey	190 190 190	#BEBEBE	灰色
darkgreen	0 100 0	#006400	深绿色
gold	255 215 0	#FFD700	金色
violet	238 130 238	#EE82EE	紫罗兰
purple	160 32 240	#A020F0	紫色

拓展

RGB 颜色

RGB 颜色是计算机系统最常用的颜色体系之一，它由 R（红色）、G（绿色）、B（蓝色）3 种基本颜色及其叠加组成的颜色构成颜色体系。RGB 颜色诞生于 19 世纪中期，且早于计算机的诞生，理论表明，RGB 颜色能够形成人眼感知的所有颜色。

具体来说，RGB 颜色采用(r,g,b)的形式表示，其中，每个颜色都采用 8bit 表示，取值范围是[0,255]。因此，RGB 颜色一共可以表示 256^3 种颜色。

9.4.3　形状绘制函数

1. turtle.fd()函数

格式如下：

```
>>>turtle.fd(-250)
>>>turtle.fd(40)
>>>turtle.fd(40*2/3)
```

turtle 库通过一组函数控制画笔的行进动作，进而绘制形状。turtle.fd()函数常用来控制画笔向当前行进方向再前进一段距离，函数定义如下：

```
turtle.fd1(distance)
别名
turtle.forward(distance)
```

作用：让海龟向当行行进方向再前进长为 distance 的距离。

参数说明如下。

distance：行进距离的像素值，当像素值为负数时，表示向相反方向前进。

2. turtle.seth()函数

格式如下：

```
turtle.seth(-40)
```

turtle.seth()函数用来改变画笔的绘制方向，函数定义如下：

```
turtle.seth(to_angle)
别名
turtle.setheading(to_angle)
```

作用：设置海龟当前行进方向为 to_angle，该方向的角度值是绝对方向角度值。

参数说明如下。

to_angle：角度的整数值。

需要注意的是，turtle 库的方向坐标体系以正东向为绝对 0 度，这也是海龟的初始爬行方向，正西向为绝对 180 度，这个方向坐标体系是方向的绝对方向坐标体系，与海龟当前行进方向无关。因此，可以随时利用这个绝对方向坐标体系更改海龟的前进方向。

3. for 循环和 turtle.circle()函数

格式如下：

```
for i in range (4):
    turtle.circle(40,80)
    turtle.circle(-40,80)
turtle.circle(40,80/2)
turtle.circle(16,180)
```

由于存在缩进，代码的前三行是一个由保留字 for 引导的整体，这是一个循环结构，被称为遍历循环。for 语句的循环格式如下：

```
for i in range （循环次数）：
    语句块 1
```

turtle.circle()函数用来绘制弧形，函数定义如下：

```
turtle.circle（radius，extent=None）
```

作用：根据半径 radius 绘制 extent 角度的弧形。

参数说明如下。

radius：弧形的半径，当半径的值为正数时，半径在海龟的左侧；当半径的值为负数时，半径在海龟的右侧。

extent：弧形的角度，当不设置参数或参数设置为 None 时，绘制整个圆形。各函数包括的角度值、半径值等参数是根据绘制内容的样式来调整和确定的。我们可以在了解各函数的含义的基础上，修改各函数的参数值，观察绘制效果。

9.5　图形绘制应用举例

9.5.1　实例 1：Python 蟒蛇绘制

Python 可译为"蟒蛇"。本节以 Python 蟒蛇绘制为例，介绍 Python 绘制图形程序的基本使用方法，并讲解 Python 语言的模块编程思想。

Python 蟒蛇绘制的源代码如下，图 9-11 是该程序的输出效果。

实例 1：DrawPython.py。

```
# DrawPython.py
import turtle
turtle.setup(650, 350, 200, 200)
turtle.penup()
turtle.fd(-250)
turtle.pendown()
turtle.pensize(25)
turtle.pencolor("purple")
turtle.seth(-40)
for i in range(4):
    turtle.circle(40,80)
    turtle.circle(-40,80)
turtle.circle(40,80/2)
turtle.fd(40)
turtle.circle(16,180)
turtle.fd(40*2/3)
```

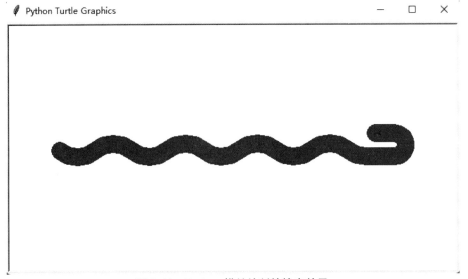

图 9-11　Python 蟒蛇绘制的输出效果

实例 1 的源代码没有使用显式的用户输入或输出，即没有使用 input()函数和 print()函数。

绝大多数代码行都采用<a>.<b>()形式，代码行中没有赋值语句。

<a>.<b>()是 Python 编程的一种典型的表达形式，表示调用一个对象<a>的方法<b>()，也可以表示调用一个函数库<a>中的函数<b>()。

实例 1 使用了用于绘制图形的 turtle 库，并且第二行代码通过保留字 import 引用这个函数库，即：

```
import turtle
```

实例 1 的第三行到第十六行代码调用了 turtle 库中的若干函数来绘制 Python 蟒蛇，所有被调用的函数都采用了<a>.<b>()形式。这种可以通过使用函数库和函数库中的函数进行编程的方法是 Python 语言最重要的特点，被称为模块编程。

拓展

面向对象编程

面向对象编程（Object-Oriented Programming，OOP）是一种基于对象的编程范式。对象是事物的一种抽象描述，它是一个实体，包含属性和方法两部分，属性是对象内部的变量，方法是对象能够完成的操作。面向对象的三大特性如下：封装性、继承性、多态性。

假设一个对象为 O，则 O.a 表示对象 O 的属性 a，O.b()表示对象 O 的方法 b()，其中 a 是一个变量值，b()是一个函数。例如，一辆汽车可以作为一个对象，标记为 C，汽车的颜色是汽车的属性，表示为 C.color；前进是汽车的一个动作，相当于一个功能，因此前进是对象 C 的方法，可表示为 C.forward()。

使用保留字 import 引用函数库有两种方法，但函数的使用方法略有不同。

第一种引用函数库的方法如下：

```
import<库名>
```

此时，程序可以调用函数库中的所有函数，使用函数库中的函数的格式如下：

```
<库名><函数名>（<函数参数>）
```

第二种引用函数库的方法如下：

```
from<库名>import<函数名，函数名，…，函数名>
from<库名> import* #其中，*是通配符，表示所有函数
```

此时，在调用该函数库的函数时不再使用库名，可直接使用如下格式：

```
<函数名>（<函数参数>）
```

采用第二种库引用方法修改实例 1 的代码，完成 Python 蟒蛇绘制，得到如下代码：

```
# DrawPython.py
from turtle import *
setup(650, 350,200,200)
penup()
fd(-250)
pendown()
pensize(25)
pencolor ("purple")
seth(-40)
for i in range(4):
```

```
    circle(40,80)
    circle(-40,80)
circle(40,80/2)
fd(40)
circle(16,180)
fd(40*2/3)
```

实例 1 的代码在修改前后的运行结果相同，不同的是，在调用 turtle 库中的函数时，不再采用<a>.b>()方式，而是直接使用函数名调用函数。由于 Python 蟒蛇绘制程序只用了 turtle 库中的 setup()、enup()、d()、endown()、pensize()、encolor()、eth()、circle()这八个函数，所以第二行代码中的 import 语句也可以写成如下形式：

```
from turtle import setup, penup, fd, pendown
from turtle import pensize, pencolor, seth, circle
```

两种引用函数库的方法各有优点。第一种采用<a>.<b>()方式调用函数库中的函数，能显式标明函数来源，在引用多个库时，代码的可读性更好；第二种采用保留字直接引用函数库中的函数，可以让代码更加简洁。在修改后的实例 1 的代码中，这种只引用一个函数库的引用效果更佳。

需要注意的是，在使用第一种引用方法时，Python 解释器将<a>.<b>()视为函数名，而当采用第二种方法时，Python 解释器将<b>视为函数名。这可能产生一种情况，假设用户已经定义了一个函数<b>()，函数库中的函数名<b>将与用户自定义的函数名发生冲突。由于 Python 程序要求函数名唯一，因此当函数名冲突时，Python 解释器会选择最近的一个作为正确的函数名。因此，对于初学者来说，建议采用第一种函数库引用方式，即使用<a>.<b>()方式调用函数库中的函数，以避免潜在的命名冲突问题。

实例 1 的程序功能可以分为两类：在绘制图形前对画笔进行设置，包括颜色、尺寸、初始位置等，以及 Python 蟒蛇绘制的功能。Python 蟒蛇绘制的功能相对独立，因此可以用函数封装。下面的代码给出了带有函数定义的程序，其中，第 3～11 行通过保留字 def 定义了 drawSnake()函数，将 Python 蟒蛇绘制这个独立功能封装起来。

```
#DrawPython.py
import turtle
def drawSnake(radius,angle, length):
    turtle.seth(-40)
    for i in range(length):
        turtle.circle(radius, angle)
        turtle.circle(-radius, angle)
    turtle.circle(radius, angle/2)
    turtle.fd(40)
    turtle.circle(16,180)
    turtle.fd(40* 2/3)
turtle.setup(650, 350, 200,200)
turtle.penup()
turtle.fd(-250)
turtle.pendown()
turtle.pensize(25)
turtle.pencolor("purple")
drawSnake(40, 80, 4)
turtle.done()
```

通过保留字 def 定义的函数是自定义函数，自定义函数与 turtle 库提供的函数不同，前者是用户自己定义的。

9.5.2　实例 2：科赫曲线绘制

自然界中存在许多规则的图形，符合一定的数学规律。例如，蜜蜂的蜂窝就是天然的等边六角形。科赫曲线是众多经典数学曲线中非常著名的一种，由瑞典数学家冯·科赫（H. V. Koch）于 1904 年提出。由于其形状类似雪花，因此也被称为雪花曲线。

科赫曲线的基本概念和绘制方法如下。

正整数 n 代表科赫曲线的阶数，表示在生成科赫曲线过程中的操作次数。科赫曲线初始化阶数为 0，表示一个长度为 L 的直线，我们将该直线称为直线 l。对于直线 l，将其等分为 3 段，中间一段用边长为 $L/3$ 的等边三角形的 2 条边代替，得到 1 阶科赫曲线，它包含 4 条线段。进一步对每条线段重复同样的操作，得到 2 阶科赫曲线，继续重复同样的操作 n 次即可得到 n 阶科赫曲线。

0 阶科赫曲线如下：

———————————

1 阶科赫曲线如下：

2 阶科赫曲线如下：

科赫曲线属于分形几何分支，它的绘制过程体现了递归思想，绘制科赫曲线的代码如下：

```
import turtle
def koch(size, n):
    if n==0:
        turtle.fd(size)
    else:
        for angle in [0, 60, -120, 60]:
            turtle.left(angle)
            koch(size/3, n-1)
def main():
    turtle.setup(800,400)
    turtle.speed(0)
    turtle.penup()
    turtle.goto(-300,-50)
    turtle.pendown()
    turtle.pensize(2)
    koch(600,3)
    turtle.hideturtle()
main()
```

n 阶科赫曲线的绘制相当于在画笔前进方向的 0°、60°、−120°和 60°分别绘制 n−1 阶科曲线。上述代码在 main() 函数中设置了一些初始参数，如果希望控制绘制科赫曲线的速度，则可以采用 turtle.speed() 函数改变速度。

科赫曲线从一条直线开始绘制，如果从倒置的三角形开始绘制将更有趣。将上述代码中的 main() 函数替换为如下代码：

```python
import turtle
def koch(size, n):
    if n==0:
        turtle.fd(size)
    else:
        for angle in [0, 60, -120, 60]:
            turtle.left(angle)
            koch(size/3, n-1)
def main():
    turtle.setup(600,600)
    turtle.speed(0)
    turtle.penup()
    turtle.goto(-200,-100)
    turtle.pendown()
    turtle.pensize(2)
    level = 5
    koch(400,level)
    turtle.right(120)
    koch(400, level)
    turtle.right(120)
    koch(400, level)
    turtle.hideturtle()
main()
turtle.done()
```

在给定初始图形后，可以通过科赫曲线生成很多漂亮的图形，科赫曲线的雪花效果如图 9-12 所示。

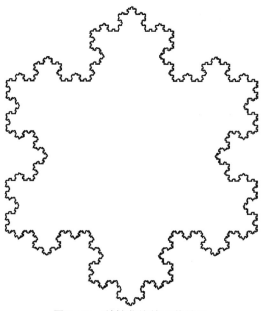

图 9-12　科赫曲线的雪花效果

习　题

一、选择题

1. 画布坐标体系的坐标原点位于主窗口的（　　　）。

A. 左上角　　　　　　 B. 左下角　　　　　　 C. 右上角　　　　　　 D. 右下角

2. 从画布对象 c 中删除图形对象 r，使用的命令是（　　　）。

A. c.pack(r)　　　　　 B. r.pack(c)　　　　　 C. r.delete(c)　　　　 D. c.delete(r)

3. 从画布对象 c 中将矩形对象 r 往 x 方向移动 20 像素、往 y 方向移动 10 像素，执行的语句是（　　　）。

A. r.move(c,20,10)　　　　　　　　　 B. r.remove(c,10,20)

C. c.move(r,20,10)　　　　　　　　　 D. c.move(r,10,20)

4. 以下不能表示红色的是（　　　）。

A. red5　　　　　　　 B. #f00　　　　　　　 C. #ff0000　　　　　 D. #fff000000

5. 以下不能绘制正方形的图形对象的是（　　　）。

A. 矩形　　　　　　　 B. 图像　　　　　　　 C. 多边形　　　　　　 D. 线条

6. 语句"c.create_arc(20,20,100,100,style=PIESLICE)"在被执行后，得到的图形是（　　　）。

A. 曲线　　　　　　　 B. 弧　　　　　　　　 C. 扇形　　　　　　　 D. 弓形

7. 下列程序运行后，得到的图形是（　　　）。

```
from tkinter import *
w=Tk()
c=Canvas(w,bg='white')
c.create_oval(50,50,150,150,fill='red')
c.create_oval(50,150,150,250,fill='red')
c.pack()
w.mainloop()
```

A. 两个相交的、大小一样的圆　　　　 B. 两个同心圆

C. 两个相切的、大小不一样的圆　　　 D. 两个相切的、大小一样的圆

8. 下列程序运行后，得到的图形是（　　　）。

```
from turtle import *
reset()
up()
goto(100,100)
```

A. 只移动坐标不绘图　　　　　　　　 B. 水平直线

C. 垂直直线　　　　　　　　　　　　 D. 斜线

9. 在 graphics 模块中，可以绘制一条从点(10,20)到点(30,40)的直线的语句是（　　　）。

A. Line(10,20,30,40)　　　　　　　　 B. Line((10,20),(30,40))

C. Line(10,30,20,40)　　　　　　　　 D. Line(Point(10,20),Point((30,40)).draw(w)

10. graphic 模块中的"color.rgb(250,0,0)"表示的颜色是（　　　）。

A. 黑色　　　　　B. 绿色　　　　　C. 红色　　　　　D. 蓝色

二、填空题

1. 使用的 Tkinter 图形库的图形处理程序包含一个顶层窗口，也称_____或_____。

2. 如果使用"import tkinter"语句导入 Tkinter 模块，则创建主窗口对象 r 的语句是_____。

3. 绘制各种图形、标注文本，以及放置各种图形用户界面控件的区域被称为_____。

4. 将画布对象 a 在主窗口中显现出来，使用的语句是_____。

5. 用 turtle 库绘图有三个要素，分别是_____、_____和_____。

三、编程题

1. 阅读并实现下面程序，描述程序的含义。

```
import turtle

def draw_square():
    window = turtle.Screen()
    window.bgcolor("white")
    square = turtle.Turtle()
    square.shape("turtle")
    square.color("blue", "red")
    square.speed(2)
    for i in range(4):
        square.forward(100)
        square.right(90)
    window.exitonclick()
draw_square()
```

2. 阅读并实现下面程序，描述程序的含义。

```
import turtle

def draw_circle():
    window = turtle.Screen()
    window.bgcolor("white")
    circle = turtle.Turtle()
    circle.shape("turtle")
    circle.color("blue", "red")
    circle.speed(2)

    circle.circle(100)
    window.exitonclick()
draw_circle()
```

3. 请编写一个程序，在屏幕上绘制五星红旗。

4. 请编写一个程序，使用颜色填充一个圆形区域。要求该圆形区域在屏幕中心，半径为 200 像素，并且填充色为绿色。

5. 请编写一个程序，绘制一个奥运五环，将五种不同颜色的圆环依次绘制在屏幕上，要求圆环半径为 40 像素。

第10章 图形用户界面程序设计

图形用户界面（Graphical User Interface，GUI）是一种实现人与计算机通信的界面显示格式，允许用户使用鼠标等输入设备操纵屏幕上的图标或菜单选项，从而选择命令、调用文件、启动程序或执行其他的日常任务。与通过键盘输入文本或字符命令来完成任务的字符界面相比，图形用户界面有许多优点，它由窗口、下拉菜单、对话框及其相应的控制机制构成，在各种新式应用程序中都是标准化的，即操作总是以同样的方式来完成。在图形用户界面中，用户看到的和操作的都是图形对象，应用的都是计算机及图形学的技术。图形用户界面的广泛应用是当今计算机发展的重大成就之一，它极大地方便了非专业用户，减少了错误，用户不再需要记住大量的命令，而是追求严谨细致、精益求精的工匠精神。

10.1 GUI 编程

此前，我们编写的程序都在控制台中运行，并完成用户交互（如输入和输出数据）。然而，单调的命令行界面不仅让非专业用户使用困难，还极大地限制了程序的使用效率。20 世纪 80 年代，苹果公司首先将 GUI 引入计算机领域，其提供的 Macintosh 系统以全鼠标、下拉菜单式操作和直观的图形界面著称，并引发了微机、人机界面的历史性变革。可以说，GUI 的开发直接影响了终端用户的使用感受和使用效率。

可以通过多种 GUI 开发库进行 GUI 编程，包括内置在 Python 中的 Tkinter 图形库，以及优秀的跨平台的 GUI 开发库 PyQt 和 wxPython 等。本节将以 Tkinter 图形库为例，介绍 Python 中的 GUI 编程。下面首先简要地介绍 GUI 编程中的基础概念。

10.1.1 窗口与组件

在进行 GUI 编程时，首先需要创建一个顶层窗口。该窗口充当容器的角色，可以存放程序所需的各种组件，如按钮、下拉菜单、单选框等。每个 GUI 开发库都提供了大量的组件，因此一个 GUI 程序是由众多具有不同功能的组件组成的。顶层窗口包含所有的组件，而组件本身也可以作为容器使用。这些包含其他组件的组件被称为父组件，而被包含在其中的组件则被称为子组件。这是一种相对的概念，通常可以用树形结构来表示组件之间的关系。

10.1.2　事件驱动与回调机制

当每个 GUI 组件构建并完成布局后，程序的界面设计就完成了。但此时的用户界面仅是可视化的，还需要为每个组件添加相应的功能。当用户使用 GUI 程序进行操作时，如移动鼠标、单击鼠标、按下键盘上的按键等，这些操作均被称为事件。同时，每个组件也对应一些专有的事件，如拖动滚动条、在文本框中输入文本等。整个 GUI 程序会在事件驱动下完成各项功能。GUI 程序从启动时开始监听这些事件，当某个事件发生时，GUI 程序将调用对应的事件处理函数并做出相应的响应，这种机制被称为回调，而事件对应的处理函数被称为回调函数。因此，为了使一个 GUI 程序具有预期的功能，用户需要为每个事件都编写适当的回调函数。

10.2　Tkinter 图形库的主要组件

Tkinter 是标准的 Python GUI 库，它可以帮助用户快速且轻易地完成一个 GUI 程序的开发。使用 Tkinter 图形库创建一个 GUI 程序只需要以下几个步骤。

（1）导入 Tkinter 模块。

（2）创建 GUI 程序的主窗口（顶层窗口）。

（3）添加完成程序功能所需要的组件。

（4）编写回调函数。

（5）进入主事件循环，对用户触发的事件做出响应。

10.2.1　标签

标签（Label）是用来显示图片和文本的组件，它可以给一些组件添加要显示的文本。下面为前面创建的主窗口添加一个标签，在标签内显示两行文字，如【例 10-1】所示。

【例 10-1】为主窗口添加标签，并在标签内显示两行文字。

```
#coding:utf-8
from tkinter import *
top = Tk()
top.title(u"主窗口")
label = Label(top, text="Hello World,\n 你好 中国") #创建标签
label.pack() #将标签显示出来
top.mainloop() #进入主事件循环
```

程序运行结果如图 10-1 所示。值得一提的是，text 只是 Label 的一个属性。如同其他组件一样，Label 还提供了很多设置，可以改变其外观或行为，具体细节可以参考 Python 开发文档。

图 10-1　程序运行结果

10.2.2 框架

框架（Frame）是其他组件的一个容器，通常是用来包含一组控件的主体。用户可以定制框架的外观。【例 10-2】展示了如何定义不同样式的框架。

【例 10-2】定义不同样式的框架。

```
#coding:utf-8
from tkinter import *
top = Tk()
top.title(u"主窗口")
for relief_setting in ["raised", "flat", "groove", "ridge", "solid",
"sunken"]:
    Label(frame, text=relief_setting, width=10).pack()
#显示框架，并设定向左排列，左右、上下间距均为 5 像素
    frame.pack(side=LEFT, padx=5, pady=5)
top.mainloop() #进入主事件循环
```

代码运行结果如图 10-2 所示，我们可以通过图 10-2 所示的这行并列的框架看到不同样式的区别。为了显示浮雕模式的效果，可将框架的宽度设置为大于 2 的值。

图 10-2 代码运行结果

10.2.3 按钮

按钮（Button）也称命令按钮（Command Button），是图形用户界面中最常见的控件，可命令程序执行某项操作。可用下面的语句在主窗口 w 中创建一个按钮。

```
>>> btn=Button(w,text="Quit",command=w.quit)
```

对按钮来说，最重要的属性是 command，它用于指定按钮的事件处理函数或方法，将按钮与某个函数或方法关联。当用户单击按钮时，该函数或方法就执行具体的操作。上面的语句将按钮与主窗口 w 的内置函数 quit()关联，其功能是退出主事件循环。注意，传递给command 属性的是函数对象，函数名后不能加括号。

按钮在窗口中的位置需要使用布局管理器来安排，例如，使用 pack 布局管理器实现布局管理的语句如下：

```
>>> btn.pack()
```

与标签类似，按钮以紧凑方式布置并变为可见的状态。因为 pack()函数是在 Tkinter 模块的父类中定义的，而所有控件都是这个父类的子类，所以标签、按钮和其他控件都可以调用pack()函数。

为了验证按钮的功能，需要进入主事件循环，语句如下：

```
>>> w.mainloop()
```

Python 解释器的提示符没有了，表明现在是程序接管了控制权。单击"Quit"按钮，将

会回到 Python 解释器的提示符状态，这就是 quit()函数的作用，用户可以使用按钮的 command 属性为每个按钮绑定一个回调程序，用于处理单击按钮时的事件响应。同时，用户也可以通过其 state 属性禁用一个按钮的单击行为，【例 10-3】展示了这个功能。

【例 10-3】通过 state 属性禁用按钮的单击行为。

```
#coding:utf-8
top.title(u"主窗口")
bt1 = Button(top, text=u"禁用", state=DISABLED) #将按钮设置为禁用状态
bt2 = Button(top, text=u"退出", command=top.quit) #设置回调函数
bt1.pack(side=LEFT)
bt2.pack(side=LEFT)
top.mainloop() #进入主事件循环
```

程序运行结果如图 10-3 所示，可以明显地看出"禁用"按钮是灰色的，并且单击该按钮不会有任何反应；"退出"按钮被绑定了回调函数 top.quit()，在单击该按钮后，主窗口会从主事件循环 mainloop 中退出。

图 10-3 程序运行结果

10.2.4 输入框

输入框（Entry）是用来接收用户输入的文本的组件。

【例 10-4】构建一个登录页面的界面。代码如下，代码运行结果如图 10-4 所示。

```
#coding:utf-8
from tkinter import *
top = Tk()
top.title(u"登录")
#第一行框架
f1 = Frame(top)
Label(f1, text=u"用户名").pack(side=LEFT)
E1 = Entry(f1, width=30)
E1.pack(side=LEFT)
f1.pack()
#第二行框架
f2 = Frame(top)
Label(f2, text=u"密 码").pack(side=LEFT)
E2 = Entry(f2, width=30)
E2.pack(side=LEFT)
f2.pack()
#第三行框架
f3 = Frame(top)
Button(f3, text=u"登录").pack()
f3.pack()
top.mainloop()
```

图 10-4　代码运行结果

上述代码利用了框架来对其他组件进行布局。在前两个框架组件中，分别加入了标签和输入框组件，用于提示并接收用户输入的文本。在最后一个框架组件中加入了"登录"按钮。输入框与按钮相同，用户可以通过将 state 属性设置为"DISABLED"的方式禁用输入框，以禁止用户输入或修改输入框中的内容，这里不再赘述。

10.2.5　单选按钮和复选按钮

单选按钮（Radiobutton）和复选按钮（Checkbutton）是用户进行选择性输入的两种组件。前者是互斥性选择，即用户只能从一组选项中选择一个选项；而后者支持用户选择多个选项。它们的创建方式略有不同：在创建一组单选按钮时，需要将这些按钮与一个相同的变量关联，以设定或获取单选按钮的当前选中状态；在创建一个复选框时，需要将每个选项与一个不同的变量关联，以表示每个选项的当前选中状态。同样地，这两种按钮也可以通过 state 属性设置为禁用状态。

【例 10-5】单选按钮的使用。

```
#coding:utf-8
from tkinter import *
top = Tk()
top.title(u"单选")
f1 = Frame(top)
choice = IntVar(f1) #定义一个动态绑定变量
for txt, val in [('1', 1), ('2', 2), ('3', 3)]:
#将所有的选项与 choice 绑定
    r = Radiobutton(f1, text=txt, value=val, variable=choice)
    r.pack()
choice.set(1) #设定默认选项
Label(f1, text=u"您选择了:").pack()
Label(f1, textvariable=choice).pack() #将标签与变量动态绑定
f1.pack()
top.mainloop()
```

在这个例子中，变量 choice 与 3 个单选按钮绑定，实现了一个单选框的功能。同时，变量 choice 也通过动态标签属性 textvariable 与一个标签绑定，在选中不同选项时，变量 choice 的值发生变化，并在标签中动态显示。例如，在图 10-5 中选中第一个选项，底部的标签就会更新为"1"。

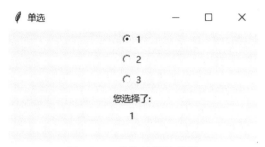

图 10-5　单选按钮的使用

【例 10-6】多选按钮的使用。

```
#coding:utf-8
from tkinter import *
top = Tk()
top.title(u"多选")
f1 = Frame(top)
choice = {} # 存放用于绑定变量的字典
cstr = StringVar(f1)
cstr.set("")
def update_cstr():
# 被选中的选项的列表
    selected = [str(i) for i in [1, 2, 3] if choice[i].get() == 1]
# 设置动态字符串 cstr，用逗号连接选中的选项
    cstr.set(",".join(selected))
for txt, val in [('1', 1), ('2', 2), ('3', 3)]:
    ch = IntVar(f1) # 建立与每个选项绑定的变量
    choice[val] = ch # 将绑定的变量加入字典 choice 中
    r = Checkbutton(f1, text=txt, variable=ch, command=update_cstr)
    r.pack()
Label(f1, text=u"您选择了:").pack()
Label(f1, textvariable=cstr).pack() # 将标签与变量字符串 cstr 绑定
f1.pack()
top.mainloop()
```

在这个示例中，3 个不同的变量分别绑定了 3 个复选框，每个复选框都设置了回调函数 update_cstr()。当选中一个复选项时，回调函数 update_cstr()就会被触发，该函数会根据与每个选项绑定的变量的值来确定该选项是否被选中（若对应的变量值为 1，则表示该选项被选中，否则为 0）。最终，被选中的选项对应的变量值会保存在以逗号分隔的动态字符串 cstr 中，并在标签中显示出来。例如，在图 10-6 中选中了第一个和第二个选项，底部的标签就会显示这两个选项被选中的信息。

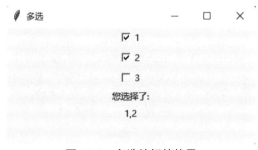

图 10-6　多选按钮的使用

10.2.6　列表框与滚动条

列表框（Listbox）以列表的形式展示多个选项以供用户选择。同时，在某些情况下，这个列表框会比较长，所以可以为列表框添加一个滚动条（Scrollbar），以处理界面无法完全显示内容的情况。

【例 10-7】添加列表框和滚动条，运行结果如图 10-7 所示。

```
例 10-7 testListbox.py
# coding:utf-8
from tkinter import *
top = Tk()
top.title(u"列表框")
scrollbar = Scrollbar(top) #创建滚动条
scrollbar.pack(side=RIGHT, fill=Y) #设置滚动条的布局
#将列表框与滚动条绑定，并加入主窗体中
mylist = Listbox(top, yscrollcommand=scrollbar.set)
for line in range(20):
    mylist.insert(END, str(line))
mylist.pack(side=LEFT, fill=BOTH) #设置列表框的布局
scrollbar.config(command=mylist.yview) #将滚动条行为与列表框绑定
top.mainloop()
```

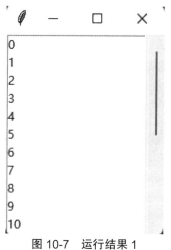

图 10-7　运行结果 1

10.3　对象的布局方式

布局指的是安排子控件在父控件中的位置。Tkinter 模块提供了三种布局管理器，即 pack、grid 和 place，其任务是根据设计要求来安排子控件的位置。

10.3.1　pack 布局管理器

pack 布局管理器将所有控件组织为一行或一列，子控件的添加顺序决定了它们在父控件

中的位置。可以使用属性对子控件进行布局，如 side、fill、expand、ipadx/ipady 和 padx/pady。side 属性用于改变子控件的排列位置，其属性值 LEFT 表示左对齐，RIGHT 表示右对齐。fill 属性用于设置填充空间，当取值为 X 时，表示在水平方向填充；当取值为 Y 时，表示在垂直方向填充；当取值为 BOTH 时，表示在水平和垂直两个方向填充；当取值为 NONE 时，表示不填充。expand 属性用于指定如何使用额外的"空白"空间，若取值为 1，则子控件随着父控件的变化而变化；若取值为 0，则子控件大小不能改变。ipadx/ipady 用于设置子控件内部在水平或垂直方向的距离。padx/pady 用于设置子控件外部在水平或垂直方向的距离。

【例 10-8】pack 布局管理器应用示例。

代码如下：

```
from tkinter import *
w=Tk()
w.geometry('250x100') #改变 w 的大小为 250x100
Lbl2=Label(w,text='中国',bg='red')
Lbl2.pack(fill=BOTH,expand=1,side=LEFT,padx=10)
Lbl1=Label(w,text='北京',bg='red')
Lbl1.pack(expand=1,side=LEFT,ipadx=20)
Lbl3=Label(w,text='南昌',bg='red')
Lbl3.pack(fill=X,expand=0,side=RIGHT,padx=10)
w.mainloop()
```

运行结果如图 10-8 所示。

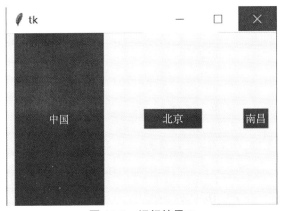

图 10-8　运行结果 2

10.3.2　grid 布局管理器

grid 布局管理器将窗口或框架视为一个行列形式的二维表格，并将控件放入行列交叉的单元格。使用 grid 布局管理器进行布局管理非常容易，只需要先创建控件，再使用 grid() 方法告诉布局管理器在合适的行和列位置去显示它们。不需要预先指定每个网格的大小，布局管理器会自动根据网格里面的控件进行调整。

可以使用 grid() 方法的 row 和 column 选项指定控件要放置的行和列位置的编号。行、列位置都从 0 开始编号，row 默认为空行，column 的默认值总为 0。可以在布置控件时指定不连续的行号或列号，这相当于预留了一些行、列位置，但这些预留的行、列位置是不可见的，因为行、列位置上没有控件，也就没有宽度和高度。

　　grid()方法的 sticky 选项可用来改变对齐方式，通常使用方位来指定对齐方式，如 N、S、E、W、CENTER 分别表示北、南、东、西、中心点，还可以使用 NE、SE、NW、SW 表示东北角、东南角、西北角、西南角。若将 sticky 选项设置为某个方位，就表示将控件沿单元格的某个边或角进行对齐。如果控件比单元格小，未能填满单元格，则可以指定处理多余空间的方法，如通过拉伸控件以填满单元格。还可以利用方位的组合来延伸控件，如将 sticky 选项设置为"E+W"，表示控件在水平方向上延伸，以占满单元格的宽度；若设置为"E+W+N+S"或"NW+SE"，则控件将在水平和垂直两个方向上延伸，以占满整个单元格。如果想让一个控件占满多个单元格，则使用 grid()方法的 rowspan 和 columnspan 选项来指定其在行和列方向上的跨度。

　　【例 10-9】grid 布局管理器应用示例。

　　代码如下：

```
from tkinter import *
w=Tk()
var1=IntVar()
var2=IntVar()
Label(w,text="姓名").grid(row=0,column=0,sticky=W)
Label(w,text="住址").grid(row=1,column=0,sticky=W)
Entry(w).grid(row=0,column=1)
Entry(w).grid(row=1,column=1)
lframe=LabelFrame(w,text='性别')
radiobutton1=Radiobutton(lframe,text='男',variable=var1)
radiobutton2=Radiobutton(lframe,text='女',variable=var2)
lframe.grid(sticky=W)
radiobutton1.grid(sticky=W)
radiobutton2.grid(sticky=W)
photo=PhotoImage(file="e:\\mypython\\photo.png")
label=Label(image=photo)
label.image=photo
label.grid(row=2,column=1,sticky=W+E+N+S,padx=5,pady=5)
w.mainloop()
```

　　代码没有为左边的两个标签指定具体的位置，在这种情况下，column 将从 0 开始计数，而 row 将从第一个没有被使用的值开始计数。运行结果如图 10-9 所示。

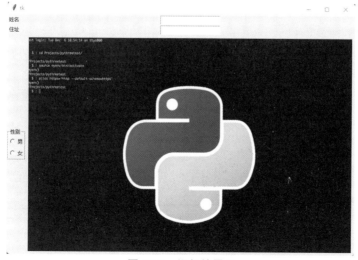

图 10-9　运行结果 3

10.3.3　place 布局管理器

place 布局管理器可以直接指定子控件在父控件（窗口或框架）中的位置。要使用这种布局，需要先创建控件，再调用控件的 place()方法，并使用该方法的 x 和 y 选项设定坐标。父控件的坐标系以左上角为原点(0,0)，x 轴轴向为水平向右，y 轴轴向为垂直向下。

由于(x,y)坐标确定的是一个点，而子控件可看成一个矩形，因此需要利用"锚点"来处理这个问题：先使用方位值指定子控件的锚点，再利用 place()方法的 anchor 选项将子控件的锚点定位于父控件的指定坐标处。这种精确的定位方式可以实现一个或多个子控件在父控件中的对齐方式。anchor 选项的默认值为 NW，即左上角。例如，分别使用下面两条语句将两个标签置于主窗口的指定坐标处，即(0,0)和(199,199)，锚点分别是 NW（默认值）和 SE。示例如下：

```
>>> Label(w,text="Hello").place(x=0,y=0)
>>> Label(w,text="World").place(x=199,y=199,anchor=SE)
```

place 布局管理器既可以像上面这样用绝对坐标指定位置，也可以用相对坐标指定位置。相对坐标可通过 relx 和 rely 选项来设置，取值范围为 0～1，表示子控件在父控件中的相对坐标位置，如 relx=0.5 表示父控件在 x 方向上的 1/2 处。相对坐标的好处是，当改变窗口大小时，子控件的位置将随之调整，不像使用绝对坐标一样固定不变。例如，下面这条语句将标签布置于水平方向 1/4、垂直方向 1/2 处，锚点是 SW。

```
>>> Label(w,text="Hello").place(relx=0.25,rely=0.5,anchor=SW)
```

除了指定控件的位置，place 布局管理器还可以指定控件的大小。既可以通过选项 width 和 height 定义控件的绝对尺寸，也可以通过选项 relwidth 和 relheight 定义控件的相对尺寸，即相对于父控件在两个方向上的比例值。Place 布局管理器是最灵活的布局管理器，但用起来比较麻烦，通常不适合对普通窗口和对话框进行布局，其主要用途是实现复合控件的定制和布局。

10.4　对话框

除了窗口中的各种控件，应用程序与用户进行交互的另一个重要手段是对话框。对话框是一个独立的顶层窗口，通常是在程序执行过程中根据需要弹出的窗口，用于从用户处获取输入的数据或者向用户显示消息。对话框包括自定义对话框和标准对话框。

10.4.1　自定义对话框

设计自定义对话框的窗口与设计其他窗口并无本质上的不同，都是先创建顶层窗口对象，然后添加所需的按钮和其他控件。

【例 10-10】简易的自定义对话框应用示例。

代码如下：

```
from tkinter import *
```

```
def Msg():
    top=Toplevel(width=400,height=200)
    Label(top,text='Python').pack()
w=Tk()
Button(w,text='OK',command=Msg).pack()
w.mainloop()
```

运行此程序后，可看到主窗口中有一个"OK"按钮，如图 10-10（a）所示。单击"OK"按钮将调用函数 Msg()，并创建一个顶层窗口，并在其中添加一个标签，这相当于设计了一个简易的自定义对话框，如图 10-10（b）所示。

(a) 主窗口 　　　　　　　　　　　　　　　　　　(b) 顶层窗口

图 10-10　简易的自定义对话框

10.4.2　标准对话框

Tkinter 模块还提供一些子模块用于创建通用的标准对话框。

1. messagebox 子模块

messagebox 子模块提供了一系列用于显示信息或进行简单对话的消息框，可通过调用函数 askyesno()、askquestion()、askyesnocancel()、askokcancel()、askretrycancel()、showerror()、showinfo()和 showwarning()来创建。一起看下面的程序。

```
from tkinter.messagebox import *
ask=askyesno(title='消息框演示',message='是否继续？ ')
if ask:
    showinfo(title='信息提示',message='继续！ ')
else:
    showinfo(title='信息提示',message='终止！ ')
```

运行结果如图 10-11 所示。如果单击"是"按钮，则 askyesno()函数返回 True；如果单击"否"按钮，则 askyesno()函数返回 False。根据用户的不同选择，弹出不同的对话框，单击"是"按钮时弹出如图 10-12 所示的"信息提示"对话框。

图 10-11　运行结果 　　　　　　　　　　　　图 10-12　"信息提示"对话框

2. filedialog 子模块

filedialog 子模块提供了用于文件浏览、打开和保存的对话框，可通过调用 askopenfilename()、

asksaveasfilename()等函数来创建。示例如下：

```
from tkinter.filedialog import *
askopenfilename(title='文件对话框',\
    filetypes=[('Python 源文件','.py')])
```

执行程序后，创建了一个标准的文件对话框。

3. colorchooser 子模块

colorchooser 子模块提供了选择颜色的对话框，可通过函数 askcolor()创建。示例如下：

```
from tkinter.colorchooser import *
askcolor(title='颜色对话框')
```

执行程序后，创建了一个标准的颜色选择对话框。

10.5　事件处理

遇到事情要积极面对，寻找解决的办法，尽量避免和减少损失。前面介绍的图形用户界面中的各种控件的用法及对象的布局方法，都可以用于设计应用程序的图形用户界面的外观部分。图形用户界面的一个重要部分是各界面对象所对应的操作功能。与一般字符界面应用程序不同的是，图形用户界面应用程序的执行与界面对象的事件关联，由此产生了一种新的程序执行模式——事件驱动。本节将详细介绍 Tkinter 模块的事件处理机制。

10.5.1　事件处理程序

当用户通过键盘或鼠标与图形用户界面进行交互操作时，会触发各种事件（Event），应用程序需要响应或处理这些事件。在 Tkinter 模块中定义了许多类型的事件，以支持图形用户界面应用程序的开发。

1. 事件的描述

事件可以用特定形式的字符串来描述，一般形式如下：

```
<修饰符>-<类型符>-<细节符>
```

其中，修饰符用于描述鼠标的单击、双击操作，以及组合键等情况；类型符可指定事件类型，最常用的事件类型有分别表示鼠标事件和键盘事件的 Button 和 Key；细节符可指定具体的鼠标键或键盘按键，如鼠标的左、中、右三个键分别用 1、2、3 表示，键盘按键用相应字符或按键名称表示。修饰符和细节符是可选的，而且事件经常使用简化形式。例如，描述符<Double-Button-1>中的修饰符是 Double，类型符是 Button，细节符是 1，其描述的事件就是双击鼠标左键。

（1）常用的鼠标事件。

<ButtonPress-1>：按下鼠标左键，可简写为<Button-1>或<1>。类似的有<Button-2>（按下鼠标中键）和<Button-3>（按下鼠标右键）。

<B1-Motion>：按下鼠标左键并移动鼠标。类似的有<B2-Motion>和<B3-Motion>。

<Double-Button-1>：双击鼠标左键。

<Enter>：鼠标指针进入控件。

<Leave>：鼠标指针离开控件。

（2）常用的键盘事件。

<KeyPress-a>：按下"a"键。可简写为<Key-a>或 a（不用尖括号）。可显示的字符（字母、数字和标点）都可以这样使用，但有两种情况除外：空格键对应的事件是<space>，小于号键对应的事件是<less>。注意，不带尖括号的数字（如 1）是键盘事件，而带尖括号的数字（如<1>）是鼠标事件。

<Return>：按下回车键。不可显示的字符都可以像回车键一样用<键名>表示对应事件，如<Tab>、<Shift_L>、<Control_R>、<Up>、<Down>、<F1>等。

<Key>：按下任意键。

<Shift-Up>：同时按下 Shift 键和↑键。类似的还有 Alt 键的组合、Ctrl 键的组合。

2．事件对象

每个事件都会导致系统创建一个事件对象，并将该事件对象传递给事件处理函数。事件对象具有描述事件的属性，常用的属性如下。

x 和 y：鼠标单击位置相对于控件左上角的坐标，单位是像素。

x_root 和 y_root：鼠标单击位置相对于屏幕左上角的坐标，单位是像素。

num：单击的鼠标键号，1、2、3 分别表示左、中、右键。

char：如果按下可显示字符键，则此属性就是该字符。如果按下不可显示字符键，则此属性为空字符串。例如，按下任意键都可触发<Key>事件，在事件处理函数中可以根据传递来的事件对象的 char 属性来确定具体按下的是哪个键。

keysym：如果按下可显示字符键，则此属性就是该字符。如果按下不可显示字符键，则此属性被设置为该键的名称，如回车键是 return、插入键是 insert、光标上移键是 up。

keycode：指所按的键的 ASCII 码。注意，当一个键有上、下档字符时，此编码无法得到上档字符的 ASCII 码。

keysym_num：表示 keysym 的数值。对普通单字符键来说，就是 ASCII 码。

3．事件处理函数的一般形式

事件处理函数是在触发了某个对象的事件时调用并执行的程序段，它一般都带一个 event 类型的形参，在触发事件调用事件处理函数时，将传递一个事件对象。事件处理函数的一般形式如下：

```
def 函数名(event):
    函数体
```

可以在函数体中调用事件对象的属性。事件处理函数定义在应用程序中，但不由应用程序调用，而由系统调用，所以一般称其为回调（Call Back）函数。

10.5.2　事件绑定

图形用户界面应用程序的核心是各种事件的处理程序。该应用程序一般在建立图形用户界面后进入事件循环，等待事件发生并触发相应的处理程序。事件与相应处理程序是通过绑定来建立关联的。

1. 事件绑定的方式

在 Tkinter 模块中有四种不同的事件绑定方式。

（1）对象绑定和窗口绑定。

最常见的对象绑定方式是事件绑定。针对特定控件对象进行事件绑定也称对象绑定，或称实例绑定。对象绑定仅对该控件对象有效，对其他控件对象（即使是相同类型的对象）无效。可以调用控件对象的 bind()方法实现绑定。通常的形式如下：

控件对象.bind（事件描述符，事件处理程序）

若控件对象发生了与事件描述符匹配的事件，则上述形式的语句会调用指定的事件处理程序。在调用事件处理程序时，系统会传递一个 event 类的对象作为实参，该对象描述了发生的事件的详细信息。

窗口绑定是对象绑定的一种特殊情况（因为窗口本身也是一种对象）。在窗口绑定中，绑定的事件处理程序对窗口中的所有控件对象都有效。此时可以使用窗口的 bind()方法来实现窗口绑定。

【例 10-11】窗口绑定应用示例。

代码如下：

```
from tkinter import *
def callback(event):
    print("clicked at",event.x,event.y)
w=Tk()
w.bind("<Button-1>",callback)
w.mainloop()
```

上述代码把主窗口与<Button-1>事件进行了绑定，对应的事件回调函数是 callback()，每当单击主窗口时，都将触发 callback()函数。在调用 callback()函数时，将一个描述事件的 event 类对象作为参数传递给该函数，该函数从事件对象参数中提取鼠标单击位置的坐标信息，并在 Python 解释器窗口中输出鼠标单击位置的坐标信息。如果主窗口中有控件对象，则窗口的鼠标单击事件对控件对象有效。

（2）类绑定和应用程序绑定。

除了对象绑定和窗口绑定，Tkinter 模块还提供了其他两种事件绑定方式：类绑定和应用程序绑定。因类绑定针对控件类，故对该类的所有对象有效，可用任何控件对象的 bind_class()方法实现，一般形式如下：

控件对象.bind_class（控件类描述符，事件描述符，事件处理程序）

【例 10-12】类绑定应用示例。

代码如下：

```
from tkinter import *
def callback(event):
    print("Python")
w=Tk()
b1=Button(w,text="OK1")
b2=Button(w,text="OK2")
```

```
b1.bind_class("Button","<Button-1>",callback)
b1.pack()
b2.pack()
w.mainloop()
```

上述代码为 Button 类绑定了鼠标单击事件，使得所有按钮对象都以同样的方式响应鼠标单击事件，执行同一事件处理函数。应用程序绑定对应事件处理程序中的所有控件都有效。用任意控件对象的 bind_all()方法实现的一般形式如下：

```
控件对象.bind_all(事件描述符,事件处理程序)
```

【例 10-13】应用程序绑定应用示例。

代码如下：

```
from tkinter import *
def callback(event):
    print("Python")
w=Tk()
b1=Button(w,text="OK1")
b2=Button(w,text="OK2")
l=Label(w,text="OK3")
b1.bind_all("<Button-1>",callback)
b1.pack()
b2.pack()
l.pack()
w.mainloop()
```

上述代码在【例 10-12】的基础上，在主窗口中放置了两个按钮和一个标签，通过应用程序绑定，使得窗口的全部对象都执行了相同的事件处理函数。

2. 键盘事件与焦点

焦点是指当前正在操作的对象。例如，当用户使用鼠标单击某个对象时，该对象就成了焦点。在键盘事件的处理中，要求焦点位于期望的位置，即当用户按下键盘上的一个键时，焦点则在此处。

在图形用户界面中，只有一个焦点，可以通过调用对象的 focus_set()方法进行设置，也可以使用 Tab 键来移动焦点。因此，在处理键盘事件时，需要执行一个额外的步骤，即设置焦点。与处理鼠标单击事件相比，处理键盘事件有更多的注意事项。

【例 10-14】焦点应用示例。

代码如下：

```
from tkinter import *
def show1(event):
    print("pressed",(event.char).lower())
def show2(event):
    print("pressed",(event.char).upper())
w=Tk()
b1=Button(w,text='OK1')
b1.bind('<Key>',show1)
b2=Button(w,text='OK2')
b2.bind('<Key>',show2)
b1.focus_set()
b1.pack()
```

```
b2.pack()
w.mainloop()
```

上述代码创建了两个按钮控件，每个按钮都与按任意键事件<Key>进行绑定，事件处理程序是回调函数 show1()和 show2()。在用 b1.focus_set()方法将"OK1"按钮设为焦点后，就可以用 Tab 键来移动焦点。当按下任意键时，由焦点所在按钮响应键盘事件并调用相应的回调函数。回调函数中分别显示按键对应的字符，对于字母则分别输出其小写和大写字母。

10.6 图形用户界面应用举例

前面介绍了利用 Tkinter 图形库进行图形用户界面设计的步骤和方法，为了更加深入的学习和掌握图形用户界面，下面举一个综合案例来说明图形用户界面。

【例 10-15】设计并实现一个简易计算器，这个计算器能进行加、减、乘、除运算，有退格键（Backspace）、清除键（Clear）和正、负号键（±）。计算器有菜单栏，其中有"计算"和"视图"两个菜单，两个菜单分别有"退出"命令和"显示千位分隔符"复选框（Checkbutton）的菜单项。人生没有"清除"和"退出"，所以我们在人生的各个选择点要做出正确选择。在达到目标前要日积月累，持之以恒，也要善于钻研，坚持不懈，遇到困难不放弃，继续努力。

代码如下：

```
from tkinter import *
from tkinter.ttk import *
#将框架的共同属性作为默认值，以简化创建过程
def my_frame(master):
    w=Frame(master)
    w.pack(side=TOP,expand=YES,fill=BOTH)
    return w
#将按钮的共同属性作为默认值，以简化创建过程
def my_button(master,text,command):
    w=Button(master,text=text,command=command,width=6)
    w.pack(side=LEFT,expand=YES,fill=BOTH,padx=2,pady=2)
    return w
#将数字字符串末尾的字符删除并将其返回
def back(text):
    if len(text)>0:
        return text[:-1]
    else:
        return text
#利用 eval()函数计算表达式中字符串的值
def calc(text):
    try:
        if sep_flag.get()==0:
            return eval(del_sep(text))
        else:
            return add_sep(str(eval(del_sep(text))))
    except (SyntaxError,ZeroDivisionError,NameError):
        return 'Error'
```

往数字字符串中添加千位分隔符，可分为如下三种情况：纯小数部分、纯整数部分，以及同时有整数和小数部分。因为字符串是不可改变的，所以先由字符串生成列表，以便执行 insert 操作和 extend 操作，操作完成后再由列表生成的字符串将其返回。

代码如下：

```python
def add_sep(text):
    dot_index=text.find('.')
    if dot_index>0:
        text_head=text[:dot_index]
        text_tail=text[dot_index:]
    elif dot_index<0:
        text_head=text
        text_tail=''
    else:
        text_head=''
        text_tail=text
    list_=[char for char in text_head]
    length=len(list_)
    tmp_index=3
    while length-tmp_index>0:
        list_.insert(length-tmp_index,',')
        tmp_index += 3
    list_.extend(text_tail)
    new_text=''
    for char in list_:
        new_text+=char
        return new_text
#删除数字字符串中的所有千位分隔符
def del_sep(text):
    return text.replace(',','')
#实现计算器界面
wind=Tk()
wind.title("简易计算器")
main_menu=Menu(wind)
#创建“计算”菜单，并加入主菜单
calc_menu=Menu(main_menu,tearoff=0)
calc_menu.add_command(label='退出',command=lambda:exit())
main_menu.add_cascade(label='计算',menu=calc_menu)
#创建“视图”菜单，并加入主菜单，其中“显示千位分隔符”菜单项是一个 Checkbutton
text=StringVar()
sep_flag=IntVar()
sep_flag.set(0)
view_menu=Menu(main_menu,tearoff=0)
view_menu.add_checkbutton(label='显示千位分隔符',variable=sep_flag,\
    command=lambda t=text:t.set(add_sep(t.get())))
main_menu.add_cascade(label='视图',menu=view_menu)
wind['menu']=main_menu #将主菜单与主窗口 wind 绑定
#创建文本框
Entry(wind,textvariable=text).pack(expand=YES,fill=BOTH,\
    padx=2,pady=4)
#创建 Style 对象，设置按钮内边距
style=Style()
style.configure('TButton',padding=3)
#创建第一行的三个按钮
```

```
fedit=my_frame(wind)
my_button(fedit,'删除',lambda t=text:t.set(back(t.get())))
my_button(fedit,'清除',lambda t=text:t.set(''))
my_button(fedit,'±',lambda t=text:t.set('-('+t.get()+')'))
#创建其余四行的按钮，每行四个
for key in ('789/','456*','123-','0.=+'):
    fsymb=my_frame(wind)
    for char in key:
        if char=='=':
            my_button(fsymb,char,\
                lambda t=text:t.set(calc(t.get())))
        else:
            my_button(fsymb,char,\
                lambda t=text,c=char:t.set(t.get()+c))
wind.mainloop()
```

运行结果如图 10-13 所示。

图 10-13　运行结果

习　题

一、选择题

1. 下列控件类中，可用于创建单行文本框的是（　　　）。

A. Button　　　　　　　B. Label　　　　　　　C. Entry　　　　　　　D. Text

2. 如果要输入学生的兴趣爱好，比较好的方法是采用（　　　）。

A. 单选按钮　　　　B. 复选框　　　　　C. 文本框　　　　　D. 列表框

3. 如果要输入学生的性别，比较好的方法是采用（　　　）。

A. 单选按钮　　　　B. 复选框　　　　　C. 文本框　　　　　D. 列表框

4. 为使 Tkinter 模块创建的按钮起作用，应在创建按钮时为按钮控件类的（　　　）方法指明回调函数或语句。

A. pack()　　　　　B. command()　　　　C. text()　　　　　D. bind()

5. 关于主窗口和顶层窗口（Toplevel 对象）关系的描述中，错误的是（　　　）。

A. 若关闭主窗口，则自动关闭顶层窗口　　　　B. 若创建顶层窗口，则自动创建主窗口

C. 顶层窗口和主窗口是相互独立的　　　　　　D. 顶层窗口不能脱离主窗口存在

6. 下列选项中，可将 Tkinter 模块创建的控件放置于窗体中的是（　　　）。

A. pack　　　　　　　　B. show　　　　　　　C. set　　　　　　　　D. bind

7. 事件<Button-1>表示（　　　）。

A. 单击鼠标右键　　　　　　　　　　　　　　B. 单击鼠标左键

C. 双击鼠标右键　　　　　　　　　　　　　　D. 双击鼠标左键

8. 以下表示按下回车键事件的是（　　　）。

A. <↙>　　　　　　　B. <回车>　　　　　　C. <Enter>　　　　　D. <Return>

9. 在运行下列程序后按回车键，此时出现的结果是（　　　）。

```
def cb1():
print('button1')
def cb2(Event):
    print('button2')
from tkinter import *
w=Tk()274 Python 语言程序设计
b1=Button(w,text='Button1',command=cb1)
b2=Button(w,text='Button2')
b2.bind("<Return>",cb2)
b1.pack()
b2.pack()
b2.focus_set()
w.mainloop()
```

A. button1　　　　　　B. button2　　　　　　C. Button1　　　　　D. Button2

10. 关于下列程序的运行结果的描述中，正确的是（　　　）。

```
def hf():
    tkinter.messagebox.showinfo("Hello","Python Programming!")
import tkinter
import tkinter.messagebox
win=tkinter.Tk()
tkinter.Button(win,text="开始",command=hf).pack()
win.mainloop()
```

A. 在主窗口中显示"Hello"和"Python Programming!"两行文字

B. 在单击"开始"按钮后，主窗口中显示"Python Programming!"

C. 单击"开始"按钮，弹出"Hello"信息提示框

D. 单击"Hello"按钮，弹出"开始"信息提示框

二、填空题

1. 通过控件的_____和_____属性，可以设置控件的宽度和高度。

2. 通过控件的_____属性，可以设置内容停靠位置；通过控件的_____属性，可以设置其显示的内容；通过_____属性，可以指定多行内容的对齐方式。

3. 通过控件的_____属性，可以设置其 3D 显示样式；通过控件的_____或_____属性，可以设置其边框宽度。

4. 通过控件的_____和_____属性，可以设置其显示内容与边框之间的填充宽度和

高度；通过控件的_____属性，可以将 StringVar 对象绑定到控件上。

5. Tkinter 模块提供了三种几何布局管理器，它们分别是_____、_____和_____。

三、编程题

1. 在下面给出的代码中，哪些语句会将标签文本框的值设置为"Hello World!"？

```
import tkinter as tk
root = tk.Tk()
label = tk.Label(root, text="")
entry = tk.Entry(root)
entry.insert(0, "Hello World!")
label.configure(text=entry.get())
```

2. 下面是一个简单的 Python Tkinter GUI 程序，用于显示窗口并添加一个按钮。请填写缺失的代码。

```
import tkinter as tk

class MyGUI:
    def __init__(self):
        self.root = tk.Tk()
        self.root.geometry("400x300")
        button = tk.Button(self.root, text=___)
        button.pack()
        self.root.mainloop()
if __name__ == "__main__":
    gui = MyGUI()
```

3. 下面的代码实现了什么功能？

```
import tkinter as tk
from tkinter import messagebox
class MyGUI:
    def __init__(self):
        self.root = tk.Tk()
        self.root.geometry("400x300")
        button = tk.Button(self.root, text="Click me", command=self.button_click)
        button.pack()
        self.root.mainloop()
    def button_click(self):
        messagebox.showinfo("Hello World!", "You clicked the button.")
if __name__ == "__main__":
    gui = MyGUI()
```

4. 下面的代码实现了一个简单的文本编辑器，但是代码中有一个错误，请找出这个错误并进行修复。

```
import tkinter as tk
class MyEditor:
    def __init__(self):
        root = tk.Tk()
        root.geometry("400x300")
        text_area = tk.Text(root)
        text_area.pack(fill=tk.BOTH, expand=True)
        menu_bar = tk.Menu(root)
```

```
        file_menu = tk.Menu(menu_bar, tearoff=0)
        file_menu.add_command(label="Open")
        file_menu.add_command(label="Save")
        menu_bar.add_cascade(label="File", menu=file_menu)
        root.config(menu=menu_bar)
        root.mainloop()
if __name__ == "__main__":
    editor = MyEditor()
```

5. 以下是一个使用 Tkinter 图形库创建按钮和标签的 Python 程序，请问如何在窗口中显示一个带有"Hello, World!"标签和一个名为"Click Me！"的按钮？

```python
import tkinter as tk
def click_button():
    print("Button clicked")
root = tk.Tk()
root.title("My App")
label = tk.Label(root, text="Hello, World!")
label.pack()
button = tk.Button(root, text="Click Me!", command=click_button)
button.pack()
root.mainloop()
```

第 11 章　文件操作

在应用系统中,输出/输入数据可以通过标准输入/输出设备进行传输。但是当数据量较大、访问频繁或需要长期保存处理结果时, 通常将数据以文件形式保存。文件是一组用文件名标识的数据集合, 存储在外部介质(如磁盘)上。

文件操作是一种基本的输入/输出方式,在解决实际问题的过程中经常使用。操作系统以文件为单位进行管理, 因此了解文件对象(包括内置函数、方法和属性)、标准文件、文件系统的访问方法、执行文件和相关模块都是非常必要的, 它们都能直接影响系统性能。

本章将介绍文件的概念、文件的打开与关闭、文本文件的操作及二进制文件的操作、文件管理方法及文件操作应用举例。

11.1　文件的概念

文件(File)是指存储在外部介质上的一组相关的信息的集合。例如, 程序文件包含程序代码的集合, 数据文件包含数据的集合。

11.1.1　文本格式

一个文件就是一个整体,可以存放到磁盘中,并在需要时从磁盘读取到内存中。每个文件都有自己的名称(文件名),以及一些特有的信息,如长度、被修改的最后日期等,用于将其与其他文件区别开。一批数据以文件的形式存放在外部介质(如磁盘)上,操作系统以文件为单位对其进行管理。如果要查找存放在外部介质上的数据,则必须先根据文件名找到相应的文件,然后从该文件中读取数据。同样地,如果要往外部介质中存放数据,则必须先建立一个文件,并使用文件名来标识它,然后将数据传输到该文件中。

在运行程序时,通常需要将一些数据(如运行的中间数据或最终结果)输出到磁盘上进行存储,在需要读取时再从磁盘读入计算机内存,这就用到了磁盘文件。因此,磁盘既可作为输入设备,也可作为输出设备,分别被称为磁盘输入文件和磁盘输出文件。此外,操作系统将每个与主机相连的输入/输出设备都作为文件进行管理,这些文件被称为标准输入/输出文件。例如,键盘是标准输入文件,打印机是标准输出文件。

根据文件数据的组织形式,可将 Python 中的文件分为文本文件和二进制文件。文本文件每字节都放置了一个 ASCII 码,代表一个字符。而二进制文件则是将内存中的数据按照其在内存中的存储形式原样输出到磁盘上进行存储。常见的二进制文件有数据库文件、图像文件和可执行文件等。

所谓文本文件，即文件中存储着人类可读的字符，如"hello""你好"等。当然，它们最终也以二进制形式存储在计算机上。在文本文件中，一字节代表一个字符，因此可以逐个对字符进行处理，便于输出字符。但是，文本文件占用的存储空间较多，且需要花费时间进行转换（二进制字符与 ASCII 码的转换）。相比之下，用二进制形式输出数值可以节省外部存储空间和转换时间，但由于一字节并不一定对应一个字符，因此不能直接以字符形式输出。通常情况下，需要暂时将中间数据保存在外部存储器中，且在以后需要读入内存中时，再使用二进制文件进行存储。

11.1.2　文件操作

文本文件和二进制文件的操作过程是一样的，即首先打开文件并创建文件对象，然后通过该文件对象对文件内容进行读/写操作，最后关闭文件。

文件的读（Read）操作就是先从文件中取出数据，再输入计算机内存；文件的写（Write）操作是向文件中写入数据，即从内存中取出数据并输出到磁盘文件中。读/写操作是相对磁盘文件而言的，而输入/输出操作是相对于内部存储器而言的。文件的读/写过程就是时间数据的输入/输出过程。

11.2　文件的打开与关闭

在对文件进行读/写操作之前，要了解文件的打开和关闭操作。Python 提供了文件对象，可以通过 open()函数按指定的方式打开指定文件并创建文件对象。

11.2.1　打开文件

打开文件是指在程序和操作系统之间建立联系，程序把操作文件的信息传达给操作系统，这些信息包括文件名、读/写方式及读写位置。对于读操作，首先要确认文件是否已存在；对于写操作，要检查原来是否有同名文件，如果有，则先将该文件删除，然后新建一个文件，并将读/写位置设置于文件开头，准备写入数据。

1. open()函数

Python 通过解释器内置的 open()函数打开一个文件，可以指定打开模式，并创建文件对象。open()函数的一般调用格式如下：

```
文件对象名=open(文件名[, 打开方式][, 缓冲区])
```

其中，文件名是指定的被打开的文件的名称，可以包含盘符、路径和文件名，它是一个字符串。如果要打开的文件不在当前目录中，则需要指定相对路径或绝对路径。注意，文件路径中的"\"要写成"\\"，例如，打开"D:\\python"中的 test.py 文件，文件路径要写成"D:\\python\\test.py"。打开方式用于控制系统使用何种方式打开文件，该参数是字符串，必须使用小写字母。文件操作方式用具有特定含义的符号表示，如表 11-1 所示。通过缓冲区的参数设置文件操作是否使用缓冲区进行存储。如果缓冲区参数被设置为 0，则表示不使用缓冲区进行存储；如果该参数被设置为 1，则表示使用缓冲区进行存储；如果指定的缓冲区参数被设置为大于 1 的整数，则表示使用缓冲区进行存储，并且该参数指定了缓冲区的大小。如果缓冲区参数被指定为-1，则使用缓冲区进行存储，并且使用系统默认的缓冲区大小，这也是缓冲区参数的默认设置。

表 11-1　文件操作方式

操作方式	含义	注意事项
R（只读）	为输入打开一个文本文件	待操作的文件必须存在
rb（只读）	为输入打开一个二进制文件	
r+（读/写）	为读/写打开一个文本文件	
rb+（读/写）	为读/写打开一个二进制文件	
w（只写）	为输出打开一个文本文件	若文件存在，则清空其原有内容（即覆盖文件），否则创建新文件
wb（只写）	为输出打开一个二进制文件	
w+（读/写）	为读/写建立一个新的文本文件	
wb+（读/写）	为读/写建立一个新的二进制文件	
a（追加）	向文本文件尾增加数据	
ab（追加）	向二进制文件尾增加数据	
a+（追加读/写）	为追加读/写打开一个文本文件	
ab+（追加读/写）	为追加读/写打开一个二进制文件	

open()函数以指定的方式打开指定的文件，具体含义如下：

● 用"r"方式打开文件时，只能从文件向内存输入数据，不能从内存向该文件写数据。以"r"方式打开的文件应该已经存在，不能用"r"方式打开一个并不存在的文件（即输入文件），否则将出现"File Not Found Error"错误。这是默认的打开方式。

● 用"w"方式打开文件时，只能从内存向该文件写数据，而不能从该文件向内存输入数据。如果该文件原来不存在，则在打开时建立一个以指定文件名命名的文件。如果该文件已经存在，则在打开时将该文件删除，重新建立一个新文件。

● 如果希望向一个已经存在的文件的尾部添加新数据（保留原文件中已有的数据），则应用"a"方式打开。如果该文件不存在，则创建并写入新的文件。打开文件时，文件的位置指针在文件末尾。

● 用"r+""w+""a+"方式打开的文件可以写入和读取数据，其中用"r+"方式打开文件时，该文件必须存在，这样才能对文件进行读/写操作；用"w+"方式打开文件时，如果文件存在，则覆盖已有文件，如果文件不存在，则建立新文件并进行读/写操作；用"a+"方式打开文件时，保留文件中原有的数据，文件的位置指针在文件末尾，此时可以进行追加或读取文件操作，如果该文件不存在，则创建新文件并进行读/写操作。

● 可以用类似的方法对二进制文件进行操作。

2. 文件对象属性

文件被打开后，可以通过文件对象的属性得到有关该文件的各种信息，表 11-2 是文件对象属性的列表。

表 11-2　文件对象属性

属性	含义
closed	如果文件被关闭则返回 True，否则返回 False
mode	返回该文件的打开方式
name	返回文件的名称

文件属性的引用方法如下：

文件对象名.属性名

示例代码如下：

```
>>> file=open("file.txt", "wb")
>>> print("The name is:", file.name)
The name is: file.txt
>>> print("Closed or not:", file.closed)
Closed or not: False
>>> print("Opening mode:", file.mode)
Opening mode: wb
```

3. 文件对象函数

Python 文件对象有很多函数，通过这些函数可以实现各种文件操作。表 11-3 概要地列出了文件对象的常用函数。

表 11-3　文件对象的常用函数

函数	说明
close()	把缓冲区的内容写入文件，同时关闭文件，并释放文件对象
flush()	把缓冲区的内容写入文件，但不关闭文件
read([size])	从文本文件中读取 size 个字符作为结果返回，或从二进制文件中读取指定数量的字符并返回，如果省略 size 则表示读取全部内容
readline()	从文本文件中读取一行内容作为结果返回
readlines ()	从文本文件中读取所有行的内容，也就是读取整个文本文件的内容。文本文件的每一行都作为列表的成员，并返回这个列表
seek(offset[, where])	把文件指针移动到新的字节位置，offset 表示相对于 where 的位置。Where 为 0 表示从文件头开始计算，where 为 1 表示从当前位置开始计算，where 为 2 表示从文件尾开始计算，where 默认为 0
seekable()	测试当前文件是否支持随机访问，如果文件不支持随机访问，则在调用函数 seek()、tell()和 truncate()时抛出异常
tell()	返回文件指针的当前位置
truncate([size])	删除从当前指针位置到文件末尾的内容，如果指定了 size，则不论指针在什么位置都留下前 size 字节，其余的都被删除
write(string)	把 string 字符串写入文件中
writelines(list)	把 list 列表中的字符串按行写入文本文件，且是连续写入，没有换行
next()	返回文件的下一行，并将文件操作标记移到下一行

11.2.2　关闭文件

当文件的内容被操作完以后，一定要关闭文件，以保证所有的修改内容都得到保存，使用格式如下：

```
文件对象名.close()
```

close()函数用于关闭已打开的文件，将缓冲区中尚未保存的数据写入文件，并释放文件对象。此后，如果再使用刚才的文件，则必须重新打开。应该养成在访问完文件之后及时关闭文件的习惯，一方面是避免数据丢失，另一方面是及时释放内存，减少系统资源被占用。代码如下：

```
>>> file=open("file.txt", "wb")
>>> print("The name is: ", file.name)
>>> file.close()
```

11.3　文本文件的操作

文本文件是指以 ASCII 形式存储的文件，常见的英文、数字等字符都以 ASCII 形式存储，而汉字存储的是机内码。文本文件中除了存储文件的有效字符信息（包括能用 ASCII 值表示的回车、换行等），不能存储其他任何信息。文本文件的优点是方便阅读和理解，使用常见的文本编辑器或文字处理器就可以对其进行创建和修改。

11.3.1　文本文件的读取

Python 提供了 read()、readline()和 readlines()函数，用于读取文本文件的内容。

1. read()函数

read()函数的用法如下：

```
变量=文件对象.read()
```

其功能是读取从当前位置到文件末尾的内容，并以字符串形式返回，最终赋给变量。如果刚打开的是文件对象，则读取整个文件。read()函数通常将读取的文件内容存放到一个字符串变量中。

read()函数可以带参数，其用法如下：

```
变量=文件对象.read(size)
```

其功能是从文本文件的当前位置开始读取 size 个字符的内容并以字符串形式返回，最终赋给变量。如果 size 大于文件从当前位置到文件末尾的字符数，则返回这些字符。

用 Python 解释器或 Windows 记事本建立文本文件 file.txt，其内容如下：

```
Python is very nice.
Programming in Python is very easy.
```

执行语句如下：

```
file=open("file.txt"，"r")
content=file.read()
print(content)
content=file.read(6)
print(content)
```

运行结果如下：

```
Python is very nice.
Programming in Python is very easy.
'Python'
```

【例 11-1】建立文本文件 file.txt，统计该文件中字母 a 出现的次数。

分析：先读取文本文件的全部内容，将字符串赋给变量，然后遍历字符串，统计字母 a 出现的次数。

代码如下：

```
file=open("file.txt","r")          #打开文本文件，准备读取
s=file.read()                       #读取文本文件的全部内容
print(s)                            #输出文本文件的内容
n=0
for c in s:                         #遍历并读取字符串
    if c in 'a':n+=1
print(n)
file.close()                        #关闭文本文件
```

运行结果如下：

```
Python is very nice.
Programming in Python is very easy.

2
```

2. readline()函数

readline()函数的用法如下：

```
变量=文件对象.readline()
```

其功能是读取当前位置到行末（即下一个换行符）的所有字符，并以字符串形式返回，最终赋给变量。通常用此函数来读取文件的当前行的内容，包括行结束符。如果当前位置处于文件末尾，则返回空字符串。

代码如下：

```
>>> file=open("file.txt","r")
>>> content=file.readline()
>>> print(content)
Python is very nice.
>>> content=file.readline()
>>> print(content)
Programming in Python is very easy.
```

运行结果如下：

```
"
```

【例 11-2】建立文本文件 file.txt，用 readline()函数统计该文件中字母 a 出现的次数。

分析：先使用 readline()函数按行读取文本文件的内容，得到一个字符串，然后遍历字符串，统计字母 a 出现的次数。在文本文件读取完毕后得到了一个空字符串，用于控制循环结束。

代码如下：

```
file=open("file.txt",   "r")              #读取文本文件
s = file.readline()                       #读取一行内容
n=0
while s!='':                              #若没有读取完则继续循环
   print(s[:1])                           #显示文本文件的内容
   for c in s:                            #遍历并读取字符串
       if c in 'a':n+=1
   s=file.readline()                      #读取下一行内容
print(n)
file.close()                              #关闭文本文件
```

运行结果如下：

```
Python is very nice.
Programming in Python is very easy.
2
```

"print（s[:-1]）"用"[:-1]"去掉从每行内容中读入的换行符。如果输出的字符串末尾带有换行符则自动跳到下一行，在用 print()函数输出完文本文件的内容后换行，这样各行之间就会出现一行空行，也可以用字符串的 strip()函数去掉最后的换行符，即"print(s.strip())"。

3. readlines()函数

readlines()函数的用法如下：

```
变量=文件对象.readlines()
```

其功能是读取从当前位置到文件末尾的所有行，将这些行构成的列表返回，最终赋给变量。如果当前处于文件末尾，则返回空列表。

代码如下：

```
file=open("file.txt", "r")
list=file.readlines()
print(list)
file.close()
```

运行结果如下：

```
['Python is very nice.\n', 'Programming in Python is very easy.\n']
```

【例 11-3】建立文本文件 file.txt，用 readlines()函数统计该文件中字母 a 出现的次数。

分析：先用 readlines()函数读取文本文件的所有行，可得到一个字符串列表，然后遍历列表，统计字母 a 出现的次数。

代码如下：

```
file=open("file1.txt", "r")              #打开文本文件，准备读取
list = file.readlines()                  #读取所有行的内容，并存储到列表中
n=0
for s in list:                           #遍历列表
```

```
        print(s[:-1])                        #显示文本文件的内容
        for c in s:                          #遍历列表的字符串元素
            if c in 'a':n+=1
print(n)
file.close()                                 #关闭文本文件
```

运行结果如下：

```
Python is very nice.
Programming in Python is very easy.
2
```

11.3.2 文本文件的写入

当文本文件以写方式打开时，可以向文本文件写入文本内容。Python 文件对象提供了两个写入文本文件的函数：write()函数和 writelines()函数。

1. write()函数

write()函数的用法如下：

```
文件对象.write(字符串)
```

其功能是在文本文件的当前位置写入字符串，并返回字符的个数。

代码如下：

```
>>> file=open("file1.dat", "w")
>>> num1=file.write("Python 语言")
>>> print(num1)
8
>>> num2=file.write("Python 程序\n")
print(num2)
9
>>> num3=file.write("Python 程序设计")
print(num3)
10
```

上面的语句被执行后，将会创建 file1.dat 文件，并将给定的内容写入该文件中，最终关闭该文件。用编辑器查看该文件的内容，具体内容如下：

```
Python 语言 Python 程序
Python 程序设计
```

从文件的内容可以看出，write()函数被执行完后并不换行，如果需要换行则在字符串尾加换行符 "\n"。

【例 11-4】从键盘输入若干字符串，并逐个将它们写入 file1.txt 中，当输入"*"时结束写入操作，从该文件中逐个读出字符串，并在屏幕上显示出来。

分析：先输入一个字符串，如果该字符串不等于"*"，则写入文件，然后输入一个字符串进行循环判断，直到输入"*"则结束循环。

代码如下：

```
file=open("file1.txt", "w")                  #打开文本文件
print("输入多行字符串(输入"*"结束): ")
```

```
s=input()                                    #从键盘输入一个字符串
while s!= "*":                               #不断输入，直到输入结束标志
    file.write(s+'\n')                       #将字符串写入文本文件
    s=input()                                #从键盘输入一个字符串
file.close()
file= open("file1.txt", "r")                 #打开文本文件，准备读取
s=file.read()
print("输出文本文件:")
print(s.strip())
```

运行结果如下：

```
输入多行字符串(输入"*"结束):
Good preparation, Great opportunity.
Practice makes perfect.
*
```

输出的文件内容如下：

```
Good preparation, Great opportunity.
Practice makes perfect.
```

2. writelines()函数

writelines()函数的用法如下：

```
文件对象.writelines(字符串元素的列表)
```

其功能是在文件的当前位置依次写入列表中的所有字符串，示例如下：

```
file=open("file2.dat", "w")
file.writelines(["Python 语言", "Python 程序\n", "Python 程序设计"])
file.close()
```

上面的语句被执行后，将会创建 file2.dat 文件，该文件的内容如下：

```
Python 语言 Python 程序
Python 程序设计
```

writelines()函数接收一个字符串列表作为参数,并写入文件,但它并不会自动加入换行符,如果需要则必须在每一行字符串结尾加上换行符。

【例 11-5】先从键盘输入若干字符串，逐个将它们写入 file1.txt 的尾部，直到输入"*"结束。然后从该文件中逐个读出字符串，并在屏幕上显示。

分析：首先以"a"方式打开文件，将当前位置定位在文件末尾，就可以继续写入内容而不改变原来的内容。本例先输入若干个字符串，并将字符串存入一个列表中，然后通过writelines()函数将全部字符串写入文件中。

代码如下：

```
print("输入多行字符串(输入"*"结束)")
list=[]
while True:                                  #不断输入，直到输入结束标志
    s=input()                                #从键盘输入一个字符串
    if s== "*":break
    list.append(s+ "\n")                     #将字符串加在列表末尾
file=open("file1.txt", "a")                  #打开文件，准备输入
file.writelines(list)                        #将字符串写入文件中
```

```
file.close()
file=open("file1.txt", "r")          #打开文件，准备读取
s=file.read()
print(s.strip())
```

运行结果如下：

```
输入多行字符串(输入"*"结束):
Python 语言
Python 程序设计
*
```

文件内容如下：

```
Good preparation, Great opportunity.
Practice makes perfect.
Python 语言
Python 程序设计
```

注意，相对于【例 11-4】，这里在控制字符串的重复输入时，采用了"永真"循环，即循环的条件永远是"True"。当在循环体中输入"*"时，通过执行 break 语句退出循环。

11.4　二进制文件的操作

文本文件是按顺序从第一个数据开始读/写的，因此也被称为顺序文件（Sequential File）。但是，在实际对文件进行操作时，有时候需要对文件中的某个特定数据进行处理，这就要求文件能够随机进行读/写，也就是强制将文件指针指向用户所需要的指定位置。这种可以任意读/写的文件被称为随机文件（Random File）。

与文本文件不同，二进制文件存储的内容是以字节为单位来存储的。有些情况下，甚至可以用一个二进制位来代表一个信息单位（位运算）。而文本文件的信息单位至少是一个字符，有些字符需要 1 字节，有些则需要多字节。因此，二进制文件通常采用随机存取的方式进行读/写。

11.4.1　文件的定位

文件中有一个指向当前读/写位置的指针，读/写一次则指针向后移动一次（一次移动多少字节，根据读/写方式而定）。为了主动调整指针位置，可用 Python 系统提供的文件指针定位函数。

1. tell()函数

tell()函数的用法如下：

```
文件对象.tell()
```

其功能是获取文件的当前位置。
代码如下：

```
file=open("file.txt", "r")
```

```
num=file.tell()
print(num)
content=file.read(6)
print(content)
Python
num=file.tell()
print(num)
```

运行结果如下：

```
0
Python
6
```

运行结果表示读取 6 个字符后的文件位置。

2. seek()函数

seek()函数的用法如下：

```
文件对象.seek(偏移[, 参考点])
```

这个函数的作用是将文件读取指针移动到指定位置。其中，偏移参数表示移动的字节数。在移动时，以设定的参考点为基准。当偏移量为正数时，表示向文件尾方向移动；而当偏移量为负数时，则表示向文件头方向移动。参考点指定了移动的基准位置，当参考点被设置为 0 时，意味着将该文件的开始位置作为基准位置（默认情况）；当参考点被设置为 1 时，则使用当前位置作为基准位置；如果参考点被设置为 2 时，则将该文件的末尾位置作为基准位置。示例如下：

```
file=open("file.txt", "rb")          #以二进制方式打开文件
content=file.read()
print(content)
content=file.read()
print(content)
```

运行结果如下：

```
B'Python is very nice.\r\nProgramming in Python is very easy.\r\n'
"b"
```

file.txt 是一个文本文件，可以用文本方式读取，也可以用二进制方式读取。这两种读取方式的唯一区别在于回车、换行符的处理。在以二进制方式读取时，需要将"\n"转换为"\r\n"，即多一个字符。但是当文件中不存在回车、换行符时，文本读取和二进制读取的结果是一样的。此外，在读完文件的全部字符后，文件的读写位置处于文件末尾。如果再次读取文件，则会得到空字符串。因此，在这种情况下需要移动文件位置。示例如下：

```
>>> distance=file.seek(6, 0)
>>> print(distance)
6
>>> content=file.read()
>>> print(content)
b' is very nice.\r\nProgramming in Python is very easy.\r\n'
```

上述代码表示从文件的开始位置移动 6 字节后，读取全部字符。

移动文件位置的结果如下：

```
>>> distance=file.seek(6, 0)
```

```
>>> print(distance)
6
>>> distance=file.seek(6, 1)
>>> print(distance)
12
>>> distance=file.seek(-6, 1)
>>> print(distance)
6
>>> distance=file.seek(0, 2)
>>> print(distance)
59
>>> distance=file.seek(-6, 2)
>>> print(distance)
53
>>> distance=file.seek(6, 2)
>>> print(distance)
65
```

注意：Python 3.x 限制了文本文件只能相对于文本文件的起始位置移动，当相对于当前位置和末尾位置进行位置移动时，偏移量只能取 0，seek(0,1)和 seek(0,2)分别表示定位于当前位置和末尾位置。

示例如下：

```
>>> file=open"file.txt", "r")          #以文本方式打开
>>> content=file.read()
>>> print(content)
'Python is very nice. \nProgramming in Python is very easy. \n'
>>> distance=file.seek(6, 0)
>>> print(distance)
6
>>> distance=file.seek(0, 1)
>>> print(distance)
6
>>> distance=file.seek(0, 2)
>>> print(distance)
59
```

11.4.2　二进制文件的读写

使用 open()函数打开文件时，可以在打开方式中加上 "b" 以打开二进制文件，如 "rb" "wb" "ab" 等，二进制文件可直接存储字节编码。

1. read()函数和 write()函数

二进制文件的读/写可以用文件对象的 read()函数和 write()函数实现。

【例 11-6】从键盘输入一个字符串，以字节数据形式写入二进制文件中；从文件末尾到文件头一次读取一个字符，在对其加密后反向输入全部字符。加密规则是对字符编码的中间两个二进制位取反。

分析：对中间两个二进制位取反的方法是将读出的字符编码与二进制数 00011000（十进制数 24）进行异或运算，将进行异或运算后的结果写到原位置。

代码如下：

```
s=input('输入一个字符串：')
s=s.encode()                         #变成字节数据
file=open('file2.txt', "wb")         #创建二进制文件
file.write(s)
file.close()
file=open('file2.txt', "rb")         #读二进制文件
list=[]
for n in range(1, len(s)+1):
    file.seek(-n, 2 )
    s=file.read(1)                   #读一字节
    s=chr(ord(s.decode())^24)        #加密处理
    list.append(s)
list="".join(list)                   #将序列元素组合成字符串
print(list)
file.close()
```

运行结果如下：

```
输入一个字符串：abcd
|{zy
```

输入的字符串为"abcd"，将其取反后得到"dcba"，加密后为"|{zy"，即"d"加密后为"|"、"c"加密后为"{"、"b"加密后为"z"、"a"加密后为"y"。"d"的 ASCII 码为十进制数 100、二进制数 011010100，01100100^00011000 结果为 01111100，即十进制数 124，这是"|"的 ASCII 码。

2. struct 模板

read()函数和 write()函数都以字符串作为参数，而其他类型的数据则需要进行转换。Python 没有二进制类型，但可以存储二进制类型的数据，就是用字符串类型来存储二进制类型的数据。Python 中 struct 模块的 pack()和 unpack()函数都可以处理这种情况。

pack()函数的用法如下：

```
字符串= struct.pack('包装类型', 包装数据)
```

pack()函数可以把整型（或浮点型）数据打包成二进制类型的字符串（Python 中的字符串可以是任意字节的），示例如下：

```
>>> import struct
>>> a=65
>>> bytes=struct.pack('i', a)
>>> print(bytes)
b'A\x00\x00\x00'
```

此时，bytes 是一个 4 字节的字符串，如果要写入文件，则可以写成如下形式：

```
>>> file=open("file3.txt", "wb")
>>> num=file.write(bytes)
>>> print(num)
4
>>> file.close()
```

unpack()函数的用法如下：

```
解包元组= struct.unpack('解包类型', 解包数据)
```

相应地，读文件的时候可以先一次读 4 字节数据，然后用 unpack()函数转换成 Python 的整数。示例如下：

```
>>> file=open("file3.txt", "rb")
>>> bytes=file.read(4)
>>> a=struct.unpack('i', bytes)
>>> print(a)
(65, )
```

注意，在 unpack()函数被执行后，得到的结果是一个元组。

如果写入的数据是由多个数据构成的，则需要在 pack()函数中使用格式化字符串。示例如下：

```
>>> a=b'hello'
>>> b=b'word! '
>>> c=6
>>> d=36.123
>>> bytes=struct.pack('5s6sif', a, b, c, d)
>>> print(bytes)
b'helloworld!\x00\x06\x00\x00\x00\xf4}\x10B'
```

此时的 bytes 是二进制形式的数据，可以直接写入二进制文件。示例如下：

```
>>> file=open("file3.txt", "wb")
>>> num=file.write(bytes)
>>> print(num)
20
>>> file.close()
```

当需要二进制文件的内容时可以将其读出来，通过 struct.unpack()函数解码成 Python 变量。示例如下：

```
>>> file=open("file3.txt", "rb")
>>> bytes=file.read(20)
>>> a, b, c, d=struct.unpack('5s6sif', bytes)
>>> print(a, b, c, d)
(b'hello', b'world!', 6, 36.12300109863281)
```

在 unpack()函数中，"5s6sif"被称为格式化字符串，由数字、字符串构成，5s 表示占 5 个字符的字符串，2i 表示 2 个整数。表 11-4 列出了 unpack()函数的可用的格式符及对应的 Python 类型。

表 11-4　unpack()函数的可用的格式符及对应的 Python 类型

格式符	Python 类型	字节数	格式符	Python 类型	字节数
b	整型	1	B	整型	1
h	整型	2	H	整型	2
i	整型		I	整型	4
l	整型	4	L	整型	4
q	整型	8	Q	整型	8
p	字符串型	1	P	整型	
f	浮点型	4	d	浮点型	8
s	字符串型	1	?	布尔型	1
c	字符串型（单个字符）	1			

3. pickle 模块

字符串很容易从文件中读/写，数值则需要进行转换，当处理更复杂的数据类型时，如列表、字典等，进行转换更加复杂。Python 带有一个 pickle 模块，用于将 Python 的对象（包括内置类型和自定义类型）直接写入文件中，而不需要先转化为字符串再保存，也不需要通过底层的文件访问操作把它们写入一个二进制文件中。

在 pickle 模块中有两个常用的函数 dump()和 load()。

dump()函数的用法如下：

```
pickle.dump(数据, 文件对象)
```

其功能是直接把数据转换为字符串，并保存到二进制文件中。例如，通过以下程序创建二进制文件 file4。

```
import pickle
info={'one':1, 'two':2, 'three':3}
file=open('file4', 'wb')
pickle.dump(info, file)
file.close()
```

load()函数的用法如下：

```
变量=pickle.load(文件对象)
```

其功能正好与上面的 dump()函数相反，load()函数可从文件中读取字符串，并将它们转化为 Python 的数据对象，从而像使用常用的数据一样使用它们。例如，通过以下程序显示二进制文件 file4 的内容。

```
>>> import pickle
>>> file2=open('file4', 'rb')
>>> info1=pickle.load(f2)
>>> file2.close()
>>> print(info1)
{'three':3, 'two':2, 'one':1}
```

11.5　文件管理方法

Python 的 os 模块提供了类似于操作系统级的文件管理功能，如文件重命名、文件删除、目录管理等。要使用这个模块，需要先导入，然后调用相关函数。

11.5.1　文件重命名

使用 rename()函数实现文件重命名，一般格式如下：

```
os.rename("当前文件名", "新文件名")
```

例如，将文件 test1.txt 重命名为 test2.txt，命令如下：

```
>>> import os
```

```
>>> os.rename("test1.txt", "test2.txt")
```

11.5.2　文件删除

可以使用 remove()函数删除文件，一般格式如下：

```
os.remove("文件名")
```

例如，删除现有文件 test2.txt 的命令如下：

```
>>> import os
>>> os.remove("text2.txt")
```

11.5.3　Python 中的目录操作

os 模块有以下几种操作方法，可以帮助我们创建、删除和更改目录。

1. mkdir()函数

使用 mkdir()函数在当前目录下创建目录，一般格式如下：

```
os.mkdir("新目录名")
```

例如，在当前磁盘的当前目录下创建 test 目录，命令如下：

```
>>> import os
>>> os.mkdir("test")
```

2. chdir()函数

可以使用 chdir()函数改变当前目录，一般格式如下：

```
os.chdir("要成为当前目录的目录名")
```

例如，将"d:\home\newdir"目录设定为当前目录，命令如下：

```
>>> import os
>>> os.chdir("d:\\home\\newdir")
```

3. getcwd()函数

使用 getcwd()函数显示当前工作目录，一般格式如下：

```
os.getcwd()
```

例如，显示当前目录的命令如下：

```
>>> import os
>>> os.getcwd()
```

4. rmdir()函数

使用 rmdir()函数删除空目录，一般格式如下：

```
os.rmdir("待删除目录名")
```

在用 rmdir()函数删除目录时，先删除目录中的所有内容，例如，删除空目录"d:\aaaa"

的命令如下：

```
>>> import os
>>> os.rmdir('d:\\aaaa')
```

11.6 文件操作应用举例

在前面讨论了文件的基本操作，本节将介绍一些实例来加深我们对文件操作的认识和理解，以更好地使用文件。

【例 11-7】有两个文件 file1.txt 和 file2.txt，各存放了一行已经按升序排列的字母，要求按字母升序排列，将两个文件中的内容合并，并输出到一个新文件 file.txt 中。

分析：分别从两个有序的文件中读取一个字符，将 ASCII 码值小的字符写到 file.txt 文件中，直到其中一个文件结束而终止。将未结束的文件内容复制到 file.txt 文件中，直到该文件结束而终止。

代码如下：

```
def ftcomb(fname1, fname2, fname):          #合并文件
    file1=open(fname1, "r")
    file2=open(fname2, "r")
    file3=open(fname3, "w")
    c1=file1.read(1)
    c2=file2.read(1)
    while c1!= "" and c2!= "":
        if c1<c2:
            file3.write(c1)
            c1=file1.read(1)
        elif c1==c2:
            file3.write(c1)
            c1=file1.read(1)
            file3.write(c2)
            c2.file2.read()
        else:
            file3.write(c2)
            c2=file2.read(1)
    while c1!= "":                          #复制 file1 未结束
        file3.write(c1)
        c1=file1.read(1)
    while c2!= "":                          #复制 file2 未结束
        file3.write(c2)
        c2=file2.read(1)
    file1.close()
    file2.close()
    file3.close()
def ftshow(fname):                          #输出文件内容
    file=open(fname, "r")
    s=file.read()
    print(s.replace('\n', ''))              #去掉字符串中的换行符，并将其输出
```

```
    file.close()
def main():
    ftcomb("file1.txt", "file2.txt", "file.txt")
    ftshow("file.txt")
main()
```

假设 file1.txt 的内容如下：

ACBNMCSC

假设 file2.txt 的内容如下：

ANCLKOxxxxxxxxx

执行程序后，file.txt 的内容如下：

AABCCCCKLMNNO
xxxxxxxxx

屏幕显示内容如下：

AABCCCCKLMNNOxxxxxxxxx

【例 11-8】在 number.dat 文件中存有若干个不小于 2 的正整数（数据间以逗号分隔），编写程序实现如下功能。

（1）使用 prime()函数判断和统计这些正整数中的素数及其个数。

（2）在主函数中将 number.dat 中的全部素数及其个数输出到屏幕上。

代码如下：

```
def prime(a, n):                        #判断列表 a 中的 n 个元素是否为素数
    k=0
    for i in range(0, n):
        flag=1                          #素数标志
        for j in range(2, a[i]):
            if a[i]%j==0:
                flag=0
                break
        if flag:
            a[k]=a[i]                    #将素数存入列表中
            k+=1                         #统计素数个数
    return k
def main():
    file=open("number.dat", "r")
    s=file.read()
    file.close()
    x=s.split(seq=', ')                  #以 "," 为分隔符，将字符串分割为列表
    for i in range(0, len(x)):           #将列表元素转化成整型数据
        x[i]=int(x[i])
    m=prime(x, len(x))
    print('全部素数为: ', end='')
    for i in range(0, m):
        print(x[i], end='')              #输出全部素数
    print()                              #换行
    print('素数的个数为: ', end='')
    print(m)                             #输出素数个数
main()
```

假设 number.dat 的内容如下：

2, 3, 4, 5, 6, 7, 8, 9, 10, 11, 12, 13, 14, 15, 16, 17, 18, 19, 20, 21, 22, 23

输出结果如下：

```
全部素数为：2 3 5 7 11 13 17 19 23
素数的个数为：9
```

习　题

一、选择题

1. 在读/写文件之前，用于创建文件对象的函数是（　　）。

A. open()　　　　　　　　　　　　B. create()

C. file()　　　　　　　　　　　　D. folder()

2. 关于语句"f=open('demo.txt','r')"，下列说法中不正确的是（　　）。

A. demo.txt 文件必须已经存在

B. 只能从 demo.txt 文件读数据，而不能向该文件写数据

C. 只能向 demo.txt 文件写数据，而不能从该文件读数据

D. "r"方式是默认的文件打开方式

3. 下列程序的输出结果是（　　）。

```
f=open('c:\\out.txt','w+')
f.write('Python')
f.seek(0)
c=f.read(2)
print(c)
f.close()
```

A. Pyth　　　　　B. Python　　　　　C. Py　　　　　D. th

4. 下列程序的输出结果是（　　）。

```
f=open('f.txt','w')
f.writelines(['Python programming.'])
f.close()
f=open('f.txt','rb')
f.seek(10,1)
print(f.tell())
```

A. 1　　　　　B. 10　　　　　C. gramming　　　　　D. Python

5. 下列语句的作用是（　　）。

```
import os
os.mkdir("d:\\ppp")
```

A. 在 D 盘的当前文件夹下建立 ppp 文本文件

B. 在 D 盘的根文件夹下建立 ppp 文本文件

C. 在 D 盘的当前文件夹下建立 ppp 文件夹

D. 在 D 盘的根文件夹下建立 ppp 文件夹

6. 如何使用 Python 打开一个名为"file.txt"的文件，用来实现覆盖写？（　　　）

A. open("file.txt")　　　　　　　　　　B. open("file.txt", "r")

C. open("file.txt", "w")　　　　　　　　D. open("file.txt", "a")

7. 以下哪个访问模式不可以用于向文件写入文本？（　　　）

A. "r"　　　　　　　B. "w"　　　　　　　C. "a"　　　　　　　D. "x"

8. 以下哪个 Python 库可以用于处理 CSV 文件？（　　　）

A. Pandas　　　　　　B. NumPy　　　　　　C. datetime　　　　　　D. os

9. 在使用 Python 中的 readlines()方法读取文本文件时，默认情况下返回什么类型的对象？（　　　）

A. 字符串　　　　　　B. 列表　　　　　　C. 字典　　　　　　D. 元组

10. 可以在 Python 中逐行读取文本文件的内容的选项是（　　　）。

A. file.read()　　　　　　　　　　　　B. file.readline()

C. file.readlines()　　　　　　　　　　D. next(file)

二、填空题

1. 根据文件数据的组织形式，Python 的文件可分为_____文件和_____文件。一个 Python 程序文件是一个_____文件，一个 JPG 图像文件是一个_____文件。

2. Python 提供了_____、_____和_____方法用于读取文本文件的内容。

3. 二进制文件的读取与写入可以分别使用_____和_____方法。

4. seek(0)将文件指针定位于_____，seek(0,1)将文件指针定位于_____，seek(0,2)将文件指针定位于_____。

5. Python 的_____模块提供了许多文件管理方法。

三、编程题

1. 阅读下面程序，并描述其含义。

```
import os
file_dir = 'dir_path'
output_file = 'output.txt'
with open(output_file, 'w') as out_file:
    files = sorted(os.listdir(file_dir))
    for file_name in files:
        file_path = os.path.join(file_dir, file_name)
        with open(file_path, 'r') as in_file:
            out_file.write(in_file.read())
```

2. 以下程序可以统计指定文件中的每个单词出现的次数，并将结果按照频率从高到低的顺序输出到另一个文件中，请补全缺少的部分。

```
from collections import Counter
with open('input.txt', 'r') as input_file, open('output.txt', 'w') as output_file:
    word_counts = Counter(input_file.read().split())
    for word, count in sorted(word_counts.items(), key=_____):
        output_file.write(f"{word}: {count}\n")
```

3. 请编写一个程序，从指定的 PDF 文件中提取文本内容，并将其保存到指定的文件中。

4. 请编写一个程序，在指定的文件中查找指定的字符串，并将找到字符串的位置并输出到另外一个文件中。

5. 请编写一个程序，从指定的文件中读取所有行的内容，将其中包含指定字符串的行内容输出到另外一个文件中。

第 12 章　Python 语言与大数据挖掘（包含访问数据库）

大数据（Big Data）是指海量、高增长率和多样化的信息资产，因此无法用常规软件或工具在一定时间内进行捕捉、管理和处理，需要具有更强的决策力、洞察力和流程优化能力的新处理模式。大数据涉及数据挖掘和数据处理，Python 语言是数据处理的最佳选择，这也是 Python 与大数据之间的联系。对很多公司或者个人来说，数据挖掘是首选，因为大部分公司或者个人都没有生产数据的能力，只能依靠数据挖掘。网络爬虫是 Python 的强项领域，在爬虫框架 Scrapy、HTTP 工具包 urllib2、HTML 解析工具 BeautifulSoup、XML 解析器 lxml 等方面都有良好支持。由于 Python 能够很好地支持协程操作，因此基于此发展起来了许多并发库，比如 Gevent、Eventlet 等，有了高并发的支持，网络爬虫才能真正达到大数据规模。在数据处理方面，Python 也是数据科学家最喜欢的语言之一，因为 Python 本身就是一门工程性语言，数据科学家用 Python 实现的算法可以直接应用，更加省事。

12.1　大数据的概念

最早提出大数据时代已经到来的是麦肯锡："数据，已经渗透当今每个行业和业务职能领域，成为重要的生产因素。人们对于海量数据的挖掘和运用，预示着新一波生产率增长和消费者盈余浪潮的到来"。

12.1.1　大数据的含义

业界将大数据的特征归纳为 4 个"V"，即体量大（Volume）、速度快（Velocity）、类型多（Variety）、价值大（Value），或者说其特征有四个层面的含义：第一，数据体量巨大，大数据的起始计量单位至少是 PB（10^3TB）、EB（10^5TB）或 ZB（10^9TB）；第二，数据类型繁多，比如网络日志、视频、图片、地理位置信息等；第三，价值密度低，商业价值高，需要进行数据挖掘；第四，数据的收集频率高、维度大、处理速度快。最后一点和传统的数据分析技术有着本质的不同。

大数据正在不断改变人们的生活，未来，大数据将成为企业、社会和国家层面的重要战略资源。大数据将不断成为各类机构（尤其是企业）的重要资产，成为提升各类机构竞争力的有力武器。企业将更加"钟情"于用户数据，充分利用客户与其在线产品或通过服务交互产生的数据，并从中获取价值。此外，在市场影响方面，大数据也将扮演重要角色，影响广告、产品推销和消费者行为。

数据科学作为一个与大数据相关的新兴学科，促进了大量的数据科学类专著的出版，大数据也将催生一批新的就业岗位，如数据分析师、数据科学家等。具有丰富经验的数据分析人才将成为稀缺资源，数据驱动型工作将呈现爆炸式增长。

12.1.2 大数据的应用方法

近年来，大数据越来越为大众所熟悉。大数据一直以"高冷"的形象出现在大众面前，面对大数据，许多人都一头雾水。下面通过几个经典案例来接触大数据。

1. 啤酒和尿布

这个故事发生于 20 世纪 90 年代的美国超市，超市管理人员在分析销售数据时发现了一个令人难于理解的现象：在某些特定的情况下，啤酒和尿布这两件看上去毫无关系的商品会经常出现在同一个购物篮中，这种独特的现象引起了超市管理人员的注意。经过调查发现，男性顾客在购买婴儿的尿布时，常常会搭配几瓶啤酒来犒劳自己。于是超市尝试推出了将啤酒和尿布摆在一起的促销手段，没想到这居然使啤酒和尿布的销量都大幅增加。如今，这一案例已经被列为数据分析的经典，被人津津乐道。

2. 数据新闻让英国撤军

2010 年 10 月 23 日，《卫报》利用维基解密的数据发布了一篇名为《维基解密：伊拉克战争日志》(*WikiLeaks：Iraq War Logs*) 的数据新闻，将伊拉克战争中所有的人员伤亡情况标注于地图之上。在地图上，一个红点代表一次死伤事件，在鼠标单击红点后弹出的窗口中有详细说明，包括伤亡人数、时间、造成伤亡的具体原因。红点多达 39 万个，触目惊心。该新闻一经刊出立即引起轰动，最终推动英国做出撤出驻伊拉克军队的决定。这是数据新闻引起社会变革的一个重要案例。

3. Netflix 的推荐系统

早期的大数据应用案例是 Netflix 的推荐系统。Netflix 是一家美国的流媒体视频公司，其原始业务是 DVD 租赁服务。随着时代的变迁，Netflix 逐渐转向在线视频服务，并且开始利用大数据分析技术来改进算法。Netflix 收集用户的历史观看记录、评级和评论等数据，并将其用于构建个性化的推荐系统。通过对用户的历史观看记录进行分析，Netflix 可以准确地为每个用户推荐他们感兴趣的电影和电视节目，从而提高用户留存率和消费金额。

4. 健康码的应用

伴随着互联网的快速发展，医疗行业也开始探索 C 端市场，健康码就是一个极好的例子。居民在出入宅区、商业区，甚至是乘坐公共交通工具时，都要出示健康码，健康码的背后少不了智慧医疗的支持。

当然，不论哪个行业的大数据分析和应用场景，其典型特点之一就是无法离开以人为中心所产生的各种用户行为数据、用户业务活动和交易记录、用户社交数据，这些核心数据的相关性加上可感知设备的智能数据采集功能，就构成了一个完整的大数据生态环境。

12.1.3　大数据的分析方法

越来越多的应用开始涉及大数据，这些大数据的属性包括数量、速度、多样性等，都呈现了大数据不断增长的复杂性，所以大数据分析在大数据领域就显得尤为重要，可以说其是决定最终信息是否有价值的决定性因素。基于此，可得出大数据分析的如下方法和理论。

（1）大数据分析方法的基础知识。

● 数据库基础知识。

● 数学及编程能力。

● 统计理论与相关知识。

（2）大数据分析的基本方面。

● 预测性分析能力。

数据挖掘可以让分析员更好地理解数据，而预测性分析可以让分析员根据可视化分析和数据挖掘的结果做出预测性判断。

● 数据质量和数据管理。

数据质量和数据管理是管理方面的最佳实践。通过标准化的流程和工具对数据进行处理，可以保证一个预先定义好的高质量的分析结果。

● 可视化分析。

不管是数据分析专家还是普通用户，数据可视化都是数据分析工具最基本的功能。可视化可以直观地展示数据，让数据"自己说话"，让观众"听"到结果。

● 语义引擎。

非结构化数据的多样性带来了数据分析的新挑战，这就需要一系列工具进行数据解析、提取、分析，语义引擎能够从文档中智能地提取信息。

● 数据挖掘。

可视化是让人看到数据，数据挖掘是让机器"看到"数据。集群、分割、孤立点分析及其他算法都能让我们深入数据内部并挖掘价值。数据挖掘算法不仅要能面对大数据的量，也要能提升大数据的处理速度。

大数据处理理念的三大转变如下：要全体而不只是样本，要效率而不仅是绝对精确，要相关性也要因果关系。大数据处理方法有很多种，整个处理流程可以概括为四步，分别是采集、导入和预处理、统计和分析、挖掘。

1. 采集（存储）

大数据的采集指利用多个数据库接收来自客户端的数据，并且用户可以通过这些数据库进行简单的查询和处理工作。比如，电商使用传统的关系型数据库 MySQL 和 Oracle 来存储事务数据，此外，Redis 和 MongoDB 这样的非结构化数据库也常用于大数据的采集。

在大数据的采集过程中，主要特点和挑战是并发数高，因为可能有成千上万个用户同时进行访问和操作，比如火车票售票网站和淘宝网，它们的并发访问量的峰值可达到上百万，所以需要在采集端部署大量数据库才能支撑大数据采集。如何在这些数据库之间进行负载均衡和分片呢？这需要进行深入思考和设计。

2. 导入和预处理

虽然采集端本身就有很多数据库，但如果要对这些海量数据进行有效分析，还应该将这些来自前端的数据导入一个集中的大型分布式数据库或者分布式存储集群中，并且可以在导入数据的基础上做一些简单的清洗和预处理工作。有些用户会在导入数据时使用来自 Twitter 的 Storm 对数据进行流式计算，以满足部分业务的实时计算需求。导入与预处理的特点和挑战是数据量大，每秒钟的数据量经常能达到百兆甚至千兆级别。

3. 统计和分析

统计和分析主要利用分布式数据库或者分布式计算集群对存储在其中的海量数据进行分析和分类汇总，以满足需求。在这方面，一些实时性需求可以用 EMC 的 GreenPlum、Oracle 的 Exadata、基于 MySQL 的列式存储 Infobright 等来解决。而一些批处理或者基于半结构化数据的需求则可以使用 Hadoop。统计和分析的主要特点和挑战是数据量大，对系统资源的占用量极大，特别是 I/O。

4. 数据挖掘算法

与前面的统计和分析不同，数据挖掘一般没有预先设定好的主题，而是对现有数据进行基于各种数据挖掘算法的计算，从而达到预测的效果，并实现一些高级别的数据分析需求。典型的数据挖掘算法包括用于聚类的 K-Means 算法、用于统计学习的 SVM 算法，以及用于分类的 Naive Bayes 算法等，常用的工具有 Hadoop 和 Mahout 等。数据挖掘的主要特点和挑战是数据挖掘算法很复杂，涉及的数据量和计算量都很大。此外，常用的数据挖掘算法通常以单线程为主，这也是一个挑战。

12.2　Python 文本预处理

Python 文献计量分析没有现成的函数与方法，但可以根据 Python 自带的字符处理函数编写文献计量分析所需要的函数。首先将文献题录数据当成一般的中文文本数据集，然后根据其自身特征进行文本预处理。下面介绍一些常用且简单的字符处理函数，在掌握这些函数后，做文献计量分析就得心应手了。

12.2.1　字符及字符串统计

直接使用 len()函数分别对字段长度、列表长度和嵌套列表长度进行统计，len()函数也可以直接对中文字段进行操作。示例如下：

```
>>> str1='abc'
>>> print(len(str1))
3
>>>str2=["asfef", "dsdasd", "sdasd", "b", "ldasd.yech"]
```

```
>>> print(len(str2))
5
>>> [len(s) for s in str2]
[5, 6, 5, 1, 10]
```

12.2.2　字符串连接与拆分

1. 连接方法：加号

直接使用加号就可以对两个或多个字符串进行连接。示例如下：

```
>>> print('Python'+'Data Analysis')
Python Data Analysis
>>> print('应用'+'及方法')
```

运行结果如下：

```
应用及方法
```

2. 连接方法：字符串格式化输出

有时要对连接进行自定义操作，就可以采用字符串格式化输出。示例如下：

```
>>> website='%s%s%s'%('Python', 'tab', 'com')
>>> print(website)
Pythontabcom
```

3. 连接方法：join()函数

如果操作的对象是列表，则可以用 join()函数。示例如下：

```
>>> listStr=['Python', 'tab', '.com']
>>> sentence = ''.join(listStr)
>>> print(sentence)
Pythontab.com
```

4. 拆分方法：split()函数

Python 内置了拆分字段的 split()函数。示例如下：

```
>>> S1='Python;;人工智能;;大数据;;人工智能与大数据'
>>> list_str=S1.split(';;')
>>> print(list_str)
['Python', '人工智能', '大数据', '人工智能与大数据']
可以针对列表，自定义一个列表拆分函数 list_spilt()
S2='机器学习;;深度学习;;自然语言处理;;计算机视觉;;聊天机器人'
S3='强化学习;;知识图谱;;数据挖掘;;人工智能风险;;ChatGPT'
S4=[S1,S2,S3]
def list_split (content,sep):
    new_list=[]
    for i in range(len (content)) :
        new_list.append(list(filter(None,content[i].split(sep))))
return new_list
list=list_ split(S4,';;')
print(list)
```

运行结果如下：

[['Python', '人工智能', '大数据', '人工智能与大数据'], ['机器学习', '深度学习', '自然语言处理', '计算机视觉', '聊天机器人'], ['强化学习','知识图谱','数据挖掘','人工智能风险',' ChatGPT']]

12.2.3　字符串查询

在 Python 中可以使 in 实现直接查询（集合操作）。示例如下：

```
>>> S5=['大数据', 'Python', '人工智能', '人工智能与大数据']
>>> print('人工智能' in S5)
True
```

可以根据 in 的特点自定义一个列表查询函数 find_words()。示例如下：

```
def find_words(content,pattern):
    list=[]
    for i in range(len(content)):
      if (pattern in content[i]):
            list.append(content[i])
    return list
list=find_words(S5, '人工智能')
print(list)
```

运行结果如下：

['人工智能', '人工智能与大数据'])

同理，直接使用 len()函数就可以对所查询内容的数量进行统计。示例如下：

```
print(len(find_words(S5,'人工智能')))
print(len(find_words(S5, 'a')))
```

运行结果如下：

```
2
0
```

12.2.4　字符串替换

使用 replace()函数对字符串的内容进行替换。示例如下：

```
>>> str='Python.com'
>>> str=str.replace("Python","Pythonab")
>>> print(str)
Pythonab.com
```

同理，可以自定义一个针对列表的字符串替换函数。示例如下：

```
def list_replace(content, old, new):
    if(content):
        for i in range(len(content)):
            content[i]=content[i].replace(old, new)
        return content
list_replace(S5, '人工智能', 'Artificial Intelligence')
print(S5)
```

运行结果如下：

['大数据', 'Python', 'Artificial Intelligence', 'Artificial Intelligence 与大数据']

12.3　网络爬虫

网络爬虫又称网页蜘蛛或网络机器人，可按照一定的规则自动抓取网络信息。它是一个程序，可为搜索引擎从互联网上下载网页，是搜索引擎的重要组成部分。下面将介绍如何使用 Python 的 requests 和 bs4 这两个第三方包从网页中获取数据，并导入 Python 中进行后续处理。

数据量日益增加，对于数据分析者而言，如何使用程序将网页中的大量数据进行自动汇入是非常重要的。通过 Python 网络爬虫技术，可以直接将大量结构化数据导入 Python 中进行数据分析，这样可以节省整理数据的时间。

12.3.1　网页的基础知识

1. 网页资料结构

首先简单介绍 HTML 的网页资料结构、CSS 选择器（Selector）的使用方式，有了这些信息才能精准地抓取网页资料。

目前，网络上的绝大部分网页都是以 HTML 格式呈现的，因此若要抓取其中的资料，就必须对 HIML 的格式有初步了解，这里简单介绍基本的 HTML 网络资料格式与概念，了解了基本的概念才能做进一步的资料抓取。以下是一个简单的网页的原始程序代码。

```
<html>
 <head>
  <title>网页标题</title>
 </head>
 <body>
  <div class="container">
   <p>网页内容</p>
   <p>
    <ul> <li>foo</li> <li>bar</li> </ul>
   </p>
  </div>
 </body>
</html>
```

一个 HTML 网页含有各种元素，每个元素通常都会使用 HTML 的标签（tags）包起来，示例如下：

```
<p>网页内容</p>
```

而大部分元素都是以巢状资料结构存在的，也就是说，一个元素可能包含其他很多不同的元素，示例如下：

```
<ul>
```

```
        <li>foo</li>
        <li>bar</li>
    </ul>
```

以上这种情况就是一个<ul>元素包含两个<li>元素。

基本上每个 HTML 网页的资料都是以这样的结构呈现的，当要抓取网页资料时，只要明确网页资料在这个结构中的位置，就可以很容易地将网页资料以编程的方式自动抓取出来。若只抓取网页资料，则了解 HTML 的巢状资料结构即可。

2. 路径选择工具

SelectorGadget 是 Google 浏览器的一个插件，可以用来显示网页中的任意元素的 CSS 选择器路径，快速抓取网页上的资料。有了 SelectorGadget，就可以直接定位需要的数据，而不必学习复杂的网页设计等知识，通过结合 Python 就可以将需要的信息从网页中提取出来。有了 SelectorGadget 和 Python，就算没有任何计算机知识也可以轻松爬取网络数据。

SelectorGadget 的安装方式有两种，一种是从 Chrome 在线应用程序商店中直接安装（建议一般用户采用此方式安装），另一种是直接将 SelectorGadget 官方网站提供的链接拖至浏览器书签中，在使用时单击该链接即可。

12.3.2 Python 爬虫步骤

1. 读取网页

下面以百度翻译网页为例，系统地讲解 Python 爬虫的每个步骤。在谷歌浏览器中，按 Ctrl+U 组合键就可调出要分析的源代码。使网络爬虫爬取网页实际上是利用网页的规则从网页源代码中检索需要的信息，其本质就是一个文本搜索过程。

将 requests 和 bs4 中的函数整理成读取网页函数 read_html()，该函数可以将整个网页的原始的 HTML 程序代码抓取出来。但抓取过程要注意数据安全问题，合理使用数据，不能使用没有脱敏的数据，不得危害数据安全，不能利用自己所学的专业知识和技能去做违法犯罪的事情。

```
import requests                          #加载网页抓取包
def read_html(url,encoding='utf-8'):     #定义一个读取网页的函数
    response =requests.get(url)
    response.encoding = 'utf-8'
    return(response.text)
url='https://fanyi.baidu.com/translate?aldtype=16047&query=%E7%88%AC%E8%99%AB%0D%0A&keyfrom=baidu&smartresult=dict&lang=auto2zh#zh/en/'
page=read_html
print(page)
<!DOCTYPE html>
<html>
    <head>
        <meta charset="utf-8">
        <!--IE 内核浏览器，强制使用用户已安装的最高版本浏览器渲染，若有 Chrome 框架则优先使用 Chrome 框架-->
        <meta http-equiv="X-UA-Compatible" content="IE=edge,chrome=1">
        <title>百度翻译-200 种语言互译、沟通全世界! </title>
        <meta name="keywords" content="翻译,在线翻译,文档翻译,网页翻译,百度翻译,词典">
```

```
            <meta name="description" content="百度翻译提供即时免费 200+语言翻译服务,拥有网页、APP、
API 产品,支持文本翻译、文档翻译、图片翻译等特色功能,满足用户查词翻译、文献翻译、合同翻译等需
求,随时随地沟通全世界">
            <!--强制国内双核浏览器使用 Webkit 内核渲染页面-->
            <!--360 6.X 以上可识别-->
            <meta name="renderer" content="webkit">
            <!--其他双核可识别-->
            <meta name="force-rendering" content="webkit">
            <script
src="//passport.baidu.com/passApi/js/uni_login_wrapper.js?cdnversion=202303301910"></script>
            <script>
```

注意：网页信息可能随百度翻译网址发布的信息变化。

2. 提取信息

选取网页节点的步骤如下。

● 打开百度翻译网页，开启 SelectorGadget 工具列，通常显示在网页的右下角。

● 用鼠标单击要抓取的网页资料。被选中的 HTML 元素会以绿色标识，SelectorGadget 会尝试侦测用户要抓取网页资料的规则，产生一组 CSS 选择器并显示在 SelectorGadget 工具列上。同时，网页上所有符合这组 CSS 选择器的 HTML 元素都会以黄色标识，也就是说，这组 CSS 选择器会抓取所有以绿色与黄色标识的 HTMIL 元素。

● 用 SelectorGadget 自动侦测的 CSS 选择器可能包含一些不想要的网页资料，这时可用鼠标单击那些被标识为黄色的，但是应该排除的 HTML 元素。在鼠标单击黄色的 HTML 元素之后，该 HTML 元素就会变成红色的，并且将该 HTML 元素排除在外。

● 使用鼠标的选择与排除功能，将所有要抓取的 HTML 元素精准地标识出来，产生一组精确的 CSS 选择器。有了这组精确的 CSS 选择器就可以利用 Python 的 info.select()函数将网页资料直接截取至 Python 中处理。

12.4 数据库技术及其应用

在前面的章节中提到了大数据具有四个主要特征,即体量大(Volume)、速度快(Velocity)、类型多（Variety）和价值大（Value）。不过，本书作为一本大数据分析的入门教程，无法全面涉及大数据领域的各个方面，因此仅从大数据分析的角度出发，介绍基本的大数据挖掘与分析方法。在这些方法中，我们会使用传统的结构化数据，并且使用常用的关系型数据库。

最典型的结构化数据包括人口普查数据、经济普查数据、金融证券数据、交通通信数据等。

12.4.1 Python 中数据库的使用

1. 关系数据库的使用

当分析的数据量很大时，采用电子表格软件有一个大问题，即电子表格软件有数据量限

制，例如，Excel 2007 以下版本最多容纳 65560 条记录，虽然 Excel 2007 以上版本可包含百万条的记录，但当记录超过几十万条以后，运行速度就会变慢，用 Excel 直接分析大量数据已不现实。

Python 目前不支持数据共享，因为当多个用户获取数据的时候，存在需要更新同一个数据的情况，这样的话，一个用户的操作对另一个用户是不可见的。

数据库管理系统可用来完成这些工作，尤其是关系型数据库管理系统，其功能如下。

- 提供在大数据集中快速选取部分数据的功能。
- 数据库功能和交叉列表功能。
- 以比长方形格子模型的电子表格更加严格的方式保存数据。
- 多用户并发存取数据，同时确保存取数据的安全性。
- 作为一个服务器，为大范围的用户提供服务。

2. Python 中的数据库接口

网络上有很多包可以实现 Python 和数据库的通信，它们提供了将整个数据框读/写到数据库中的功能。

在 Python 中连接数据库需要安装其他扩展包，根据连接方式的不同，我们有两种选择：一种是选择 ODBC（开放数据库接口）方式，需要安装 ODBC 驱动；另一种是选择基于 Pandas 的 pandas.io.sql 模块的 SQLAlchemy 统一接口。SQLAllchemy 是 Python 的一款 ORM 框架，该框架建立在数据库 API 之上，可使用关系对象映射进行数据库操作，即先将对象转换成 SQL，然后使用数据库 API 执行 SQL 语句并获取执行结果。SQLAlchemy 的目标是提供能兼容众多数据库（如 SQLite、MySQL、PostgreSQL、Oracle、MSSQL、SQL Server 和 Firebird）的企业级的持久性模型。

根据配置文件的不同来调用不同的数据库 API，从而实现对数据库的操作，如以"数据库类型+数据库驱动名称://用户名:口令@机器地址:端口号数据库名"格式进行调用。示例如下：

```
from sqlalchemy import create_engine
MySQL:
    engine=create_engine ('mysql+mysqldb://scott:tiger@localhost/foo')
MySQL:
    engine=create_engine ('mssql+pyodbe://mydsn')
Postgres:
    engine-create_engine('postgressql ://scott:tigerelocalhost:5432/mydatabase')
Oracle :
    engine=create_engine('oracle://scott:tiger@127.1.1.1:1521/sidname')
sqlite:
    engine=create_engine('sqlite:///foo.db')
```

在这些数据库中，SQLite 是一个轻量级的数据库，完全免费，使用方便，不需要安装，无须任何配置，也不需要管理员。如果只进行本地单机操作，则用它配合 Python 来存取数据是非常方便的。

12.4.2　数据的建立与使用

从数据管理和编辑的方便性来说，最好用的软件是微软的 Excel 和金山的 WPS 表格，数据可以放在一个电子表格中，但我们知道，电子表格是有数据量限制的（Excel 2003 的最大记录数是 65536 条，从 Excel 2007 开始的版本的最大记录数是 1048576 条）。

对于文本和大量非结构化数据来说，使用电子表格进行保存和分析显然是不行的。当数据量很大时，通常需要用数据库来管理数据。最简单的数据库当属 SQLite3，大量的网站和研究通常是用 SQLite3 来管理数据的。

可以从网上下载一个 Navicate Premium 可视化管理工具，用它来对 SQLite3 数据库进行管理。Navicate Premium 是一款 SQLite 数据库的可视化管理工具，是使用 SQLite 数据库进行开发和应用的必备软件，很小巧，很实用。比起其他可视化管理工具，这个可视化管理工具方便易用，支持中文。

将爬取的文本存入 SQLite3 数据库中，示例如下：

```
from sqlalchemy import create_engine
create=create_engine ('sqlite:///C:/Users/tako/data.db')
data.to_sql('data', engine, index=False)
```

使用 Navicate Premium 就能管理和编辑该数据库了。SQLite3 数据库如图 12-1 所示。

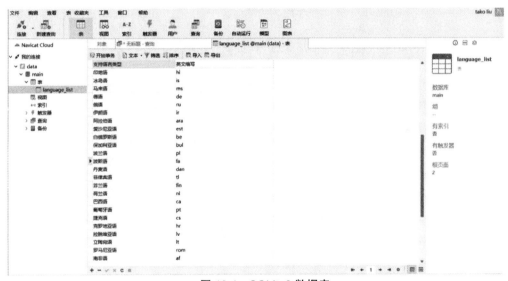

图 12-1　SQLite3 数据库

12.4.3　SQLite3 数据的读取

1. 数据读取

首先导入了 SQLAlchemy 库中的 create_engine()函数和 Pandas 库，然后使用 create_engine()函数创建了一个 SQLite 数据库引擎对象 engine，并指定数据库文件路径为之前创建的 data.db。接下来使用 pd.read_sql()方法从数据表"data"中读取数据并存入 DataFrame 的对象 data 中。最后使用 data.info()方法查看 DataFrame 的对象 data 的基本信息，包括数据类型、缺失值情况等。示例如下：

```
import pandas as pd
from sqlalchemy import create_engine
engin=create_engine ('sqlite:///C:/Users/tako/data.db')     #创建引擎
```

```
data=pd.read_sql('language_list',engine)          #读取数据
print(data.info())
<class 'pandas.core.frame.DataFrame'>
RangeIndex: 33 entries, 0 to 32
Data columns (total 2 columns):
 #   Column    Non-Null Count   Dtype
---  ------    --------------   -----
 0   支持语言类型    33 non-null     object
 1   英文缩写       33 non-null     object
dtypes: object(2)
memory usage: 656.0+ bytes
```

12.5　数据处理应用举例

【例 12-1】创建一个 Python 脚本，完成以下功能。

（1）生成 2 个 3×3 的矩阵，并计算矩阵的乘积。

（2）求矩阵 $A = \begin{pmatrix} -1 & 1 & 0 \\ -4 & 3 & 0 \\ 1 & 0 & 2 \end{pmatrix}$ 的特征值和特征向量。

（3）设矩阵 $A = \begin{pmatrix} 5 & 2 & 1 \\ 2 & 0 & 1 \end{pmatrix}$，试对其进行奇异分解。

分析：首先需要生成 2 个 3×3 的矩阵，可以使用 Python 中的 NumPy 库来生成随机矩阵。接下来使用 NumPy 库中的 np.dot()函数计算矩阵的乘积，打印出生成的两个矩阵和它们的乘积。然后使用 NumPy 库中的 np.linalg.eig()函数计算矩阵的特征值和特征向量。将矩阵 A 作为参数传递给 np.linalg.eig()函数，该函数会返回特征值和特征向量。使用 NumPy 库中的 np.linalg.svd()函数对矩阵进行奇异分解。将矩阵 A 作为参数传递给 np.linalg.svd()函数，该函数会返回 3 个矩阵 U、S 和 V，代码如下：

```
import numpy as np
mat1 = np.matrix([[3,6,9],[7,8,10],[11,15,19]])
mat2 = np.matrix([[1,2,3],[6,9,10],[12,13,15]])
mat3 = mat1 * mat2
print(mat3)
mat4 = np.matrix([[-1,1,0],[-4,3,0],[1,0,2]])
mat4_value, mat4_vector = np.linalg.eig(mat4)
print('特征值为：',mat4_value)
print('特征向量为：',mat4_vector)
mat5 = np.matrix([[5,2,1],[2,0,1]])
U, Sigma, V = np.linalg.svd(mat5, full_matrices=False)
```

运行结果如下：

```
[[147 177 204]
 [175 216 251]
 [329 404 468]]
特征值为： [2. 1. 1.]
特征向量为： [[ 0.    0.40824829   0.40824829]
```

```
            [ 0.    0.81649658   0.81649658]
            [ 1.    -0.40824829 -0.40824829]]
```

【例 12-2】模拟生成一组数据，并使用 K-Means 聚类算法将其分为两组，求其聚类结果和聚类中心。

分析：首先使用 NumPy 库中的 array()函数创建数据，然后从 sklearn.cluster 库中引入并创建 KMeans 模型，将数据聚类为两组，获取聚类结果和聚类中心。

```
from sklearn.cluster import KMeans
import numpy as np
# 模拟生成一组数据
X = np.array([[1, 2], [1, 4], [1, 0], [4, 2], [4, 4], [4, 0]])
# 创建 KMeans 模型，并将数据聚类为两组
kmeans = KMeans(n_clusters=2, random_state=0).fit(X)
# 获取聚类结果
labels = kmeans.labels_
# 获取聚类中心
cluster_centers = kmeans.cluster_centers_
print("聚类结果：", labels)
print("聚类中心：", cluster_centers)
```

运行结果如下：

```
聚类结果： [0 0 0 1 1 1]
聚类中心： [[1. 2.]
 [4. 2.]]
```

习　题

一、选择题

1. Python 语言可以通过以下哪种方式访问数据库？（　　）

A. 仅限使用 SQL 语句

B. 使用 Python 标准库中的 SQLite3 模块

C. 使用 Python 标准库中的 math

D. 使用第三方库（如 MySQLdb、psycopg2 等）

2. 在 Python 中，用于实现对大型数据集进行操作的常用库是（　　）。

A. NumPy　　　　　B. Pandas　　　　　C. Scikit-learn　　　　D. Matplotlib

3. 大数据通常指大小超过（　　）的数据集。

A. 100MB　　　　　B. 1GB　　　　　C. 1TB　　　　D. 10TB

4. 下列选项中，哪个是非关系型数据库？（　　）

A. MySQL　　　　　B. Oracle　　　　　C. MongoDB　　　　D. PostgreSQL

5. 下列哪个模块支持 Python 与 MySQL 交互？（　　）

A. SQLite3　　　　　B. MySQL Connector　　　　C. PyMongo　　　　D. Pandas

6. 在 Python 中，哪个库用于进行网络请求和数据爬取？（　　）

A. BeautifulSoup　　　B. requests　　　　C. Pandas　　　　D. NumPy

7. 在使用 Selenium 进行自动化测试或爬取数据时，需要下载哪个浏览器驱动程序？（   ）

A. ChromeDriver

B. GeckoDriver

C. SafariDriver

D. EdgeDriver

8. 在使用 Scrapy 爬取数据时，哪个命令可以将爬取的结果保存到 JSON 格式的文件中？（   ）

A. scrapy crawl spidername-o output.json

B. scrapy crawl spidername-o output.csv

C. scrapy crawl spidername-o output.txt

D. scrapy crawl spidername-o output.xml

9. 在使用 Python 爬取 Web 页面时，以下哪个第三方库可以进行 HTML 解析和处理操作？（   ）

A. NumPy   B. requests   C. BeautifulSoup   D. Scikit-learn

10. 以下哪种技术可以用于爬虫数据的存储和分析？（   ）

A. Hadoop   B. TensorFlow   C. Spark   D. 以上所有选项

二、填空题

1. _____模块可以用来连接 Python 程序和 MySQL 数据库。

2. 可以使用_____方法在 Python 中向 MongoDB 数据库插入一条记录。

3. 在使用 Python 进行数据挖掘时，_____是一个重要的数据分析工具。

4. 在使用 Python 进行数据分析时，_____模块可以用来进行数据可视化。

5. Spark SQL 中用于查询数据的语言是_____。

三、编程题

1. 补全下面的代码，向 MongoDB 数据库插入一条学生记录，该记录包含名字和住址。

```python
import pymongo
myclient = pymongo.MongoClient("mongodb://localhost:27017/")
mydb = myclient["mydatabase"]
mycol = mydb["customers"]
mydict = {_____}
x = mycol.insert_one(mydict)
print(x.inserted_id)
```

2. 请阅读下面的代码并回答问题。

```python
import pandas as pd
data = {'Name': ['Tom', 'Jack', 'Steve', 'Ricky'],
        'Age': [28, 34, 29, 42],
        'Country': ['US', 'Canada', 'UK', 'India']}
df = pd.DataFrame(data)
print(df[df['Age'] > 30])
```

请问这段代码的输出结果是什么？

3. 编写一个程序，使用 Python 连接 MongoDB 数据库，并在查询其中的文档数据后，将文档数据输出到控制台上。

4. 编写一个程序，使用 Python 爬取某个网站的数据，将爬取的数据存储到 MongoDB 数据库中。

5. 请阅读下面的代码并回答问题。

```
from pyspark.sql import SparkSession
spark = SparkSession.builder.appName("Python example").getOrCreate()
df = spark.read.csv("file.csv", header=True)
df.show()
```

请问这段代码的作用是什么？